LA SÉLECTION HUMAINE

8° R.
81 (122)

LIBRAIRIE FÉLIX ALCAN

AUTRES OUVRAGES DE M. LE PROFESSEUR RICHET

L'Anaphylaxie. 1 vol. in-16, 3e édit. . . . . 3 fr. 50

Structure des Circonvolutions cérébrales. 1 vol. in-8. . . . . 5 fr.

La Chaleur animale, 1 vol. in-8 de la *Bibliothèque scientifique internationale*, avec figures. . . . . 6 fr.

Physiologie. Travaux du laboratoire du prof. Ch. Richet.

Tome I. *Système nerveux. Chaleur animale* . . . . (Épuisé.)

Tome II. *Chimie physiologique, Toxicologie*. . . . . (Épuisé.)

Tome III. *Chloralose, Sérothérapie*, etc. In-8, avec grav. 1895. . . . . . 12 fr.

Tome IV. *Appareils glandulaires, nerfs et muscles, sérothérapie; chloroforme.* In-8, avec gravures, 1898 . . . . 12 fr.

Tome V. *Muscles et nerfs, Épilepsie. Zômothérapie. Réflexes psychiques.* In-8, avec gravures. 1902 . . . . 12 fr.

Tome VI. *Anaphylaxie, Alimentation, Toxicologie.* In-8. 1909 . . . . 12 fr.

Tome VII. *Anaphylaxie, Fermentation lactique, Aviation*, in-8. 1913 . . . . 12 fr.

Dictionnaire de Physiologie, publié avec le concours de savants français et étrangers. Formera 10 à 12 volumes gr. in-8, se composant chacun de 3 fascicules; chaque volume, 25 fr.; chaque fascicule, 8 fr. 50. 9 volumes parus.

Tome I (*A-Bac*). — Tome II (*Bac-Cer*). — Tome III (*Cer-Cob*). — Tome IV (*Coc-Dig*). — Tome V (*Dig-Fac*). — Tome VI (*Fiam-Gal*). — Tome VII (*Gal-Gra*). — Tome VIII (*Gra-Hus*). — Tome IX (*Ibos-Ins*). — Tome X (Int. Nion).

Essai de Psychologie générale, 8e édit. 1 vol. in-16 de la *Bibliothèque de Philosophie contemporaine*. . . . . 2 fr.

Ce que toute femme doit savoir. Conférences faites à la Croix-Rouge par le prof. Charles Richet. 1 vol. in-16 . . . . 2 fr.

BIBLIOTHÈQUE SCIENTIFIQUE INTERNATIONALE

VOLUMES IN-8, CARTONNÉS A L'ANGLAISE

DERNIERS VOLUMES PARUS

STANISLAS MEUNIER, professeur au Muséum d'Histoire Naturelle. **La Géologie Biologique.** 1 vol. in-8 avec gravures . . . . 6 fr.

RAPHAEL DUBOIS, professeur à l'Université de Lyon. **La Vie et la Lumière.** 1 vol. in-8. . . . . 6 fr.

PEARSON. **La Grammaire de la Science** (*Physique*). 1 vol. in-8 Trad. de l'anglais par Lucien March. . . . . 9 fr.

CYON (E. de). **L'Oreille**, *organe d'orientation dans le temps et dans l'espace* 1 vol. in-8 avec 45 grav. dans le texte, 3 planches hors texte et 1 portrait de Flourens . . . 6 fr.

ANDRADE (J.), professeur à la Faculté des sciences de Besançon. **Le Mouvement.** *Mesures de l'étendue et mesures du temps.* 1 vol. in-8, avec 46 fig. dans le texte. 6 fr.

CUENOT (L.), professeur à la Faculté des Sciences de Nancy. **La Genèse des espèces animales.** 1 vol. in-8 avec 123 grav. dans le texte (*Cour. par l'Acad. des Sciences*). 12 fr.

ROUBINOVITCH (Dr J.), médecin en chef de l'hospice de Bicêtre **Aliénés et anormaux.** 1 vol. in-8 avec 63 gravures (*Cour. par l'Acad. de Médecine*). . . . . . . 6 fr.

LE DANTEC (F.), chargé de cours à la Sorbonne. **La Stabilité de la vie.** *Étude énergétique de l'évolution des espèces.* 1 vol. in-8. . . . . 6 fr.

DÉPOT LÉGAL
Nº 13 49

LA SÉLECTION HUMAINE

PAR

CHARLES RICHET
Membre de l'Institut
Professeur de Physiologie à l'Université de Paris

PARIS
LIBRAIRIE FÉLIX ALCAN
108, BOULEVARD SAINT-GERMAIN,

1919

Tous droits de traduction, reproduction et adaptation, réservés pour tous pays.

AVANT-PROPOS

Ce livre a été écrit avant la grande guerre, mais il ne semble pas qu'il ait perdu son actualité. Au contraire. Après des terribles événements, comme ceux de 1914-1918, il ne convient pas d'être craintif, et il faut envisager en face tout ce qui peut toucher à la régénération des nations ou des hommes.

L'auteur, en proposant la sélection humaine comme le but suprême de nos efforts, a cru faire œuvre scientifique et morale à la fois.

Il ne s'agit ici ni de fantaisies, ni de rêves, ni de chimères, mais d'un fait positif qui domine toute la vie terrestre : l'hérédité.

Les lois de l'hérédité sont connues. On sait que les parents transmettent aux descendants leurs qualités, bonnes ou mauvaises. On sait que de génération en génération les mêmes qualités, bonnes ou mauvaises, s'intensifient de plus en plus, si se continue la sélection.

On sait que la matière vivante est plastique, comme l'argile entre les mains du potier, et qu'on peut façonner des races; atténuer, amplifier, voire même créer ou détruire certaines fonctions, selon le choix des générateurs.

On l'a fait pour les plantes; on l'a fait pour les animaux.

On n'a pas osé le faire pour l'homme.

Et cependant pour l'avenir de l'homme on peut tout espérer de la sélection. On ne peut rien espérer sans elle.

Imaginons un despote tout-puissant, presque un Dieu, maître absolu des êtres humains, ne s'embarrassant pas de vains scrupules, et disposant d'une durée de cinq cents ans pour une merveilleuse expérimentation. Il pourrait, ce despote, en choisissant avec une irréprochable habileté les meilleurs des types humains pour générateurs, créer au bout de cinq cents ans une race humaine admirable. Ce seraient encore des hommes, mais des hommes beaux et vigoureux, d'intelligence extraordinaire.

Ce sage tyran n'existe pas. Qu'importe, si les sociétés humaines, énergiquement, courageusement, se substituent à lui.

Elles peuvent — et même elle doivent — entreprendre la sélection humaine, petitement d'abord, avec une légitime timidité. Mais, dès les premiers efforts, les résultats seront si éclatants qu'on se jettera avec passion dans cette étude. Alors l'humanité évoluera vers ce sublime effet, une humanité plus belle, plus noble, plus saine, plus brillante.

Je sais fort bien qu'on ne m'écoutera guère. Il n'est pas bon d'être seul, et ma faible voix ne trouvera pas d'écho.

Mais je serai pleinement satisfait si j'ai pu toucher quelques jeunes intelligences. La vérité est comme la flamme. Elle ne s'éteint plus, une fois qu'elle a été confiée aux hommes.

LA SÉLECTION HUMAINE

I

LE PROGRÈS ET LA SCIENCE.

Le but de la vie, c'est d'être heureux. Qu'on l'avoue ou qu'on le nie, qu'on le sache ou qu'on l'ignore, il n'en est pas d'autre.

Tout être humain, sans exception, bon ou méchant, conscient ou inconscient, aspire au bonheur.

La loi est générale : non seulement humaine, mais universelle. Tous les êtres animés fuient la douleur et cherchent la joie, quelles que soient les formes de cette douleur ou de cette joie. Et c'est presque une naïveté que de le dire, tant le contraire serait incompréhensible. Quoi ! il y aurait des êtres aspirant à la douleur, et repoussant la joie ; ou même cherchant autre chose que le bonheur, fuyant autre chose que la souffrance !

De là la conception du progrès.

Une humanité plus heureuse, ou moins infortunée, que l'humanité actuelle : voilà l'idéal vers lequel il faut tendre.

Donc la règle morale à adopter, c'est celle qui facilitera et qui assurera l'évolution de l'homme vers le bonheur.

Cette morale n'a d'ailleurs rien de bas ni de pervers; car, en parlant du bonheur, fin suprême de notre existence humaine, nous n'entendons pas seulement notre bonheur à nous, mais le bonheur des autres hommes.

Le bonheur des autres! Cela est simple et impératif. Toutes les théories morales qui ont été bâties sur autre chose, nuages métaphysiques ou traditions religieuses, prêtent à rire, encore qu'elles soient peu folâtres. *Le bonheur des êtres humains contient toute la morale.*

Ne prononçons pas les grands mots, — incompréhensibles d'ailleurs, — de bien absolu et de mal absolu. Nous ne pouvons juger les choses qu'à notre point de vue humain. La justice même, qui est peut-être la plus haute de nos pensées, est chose humaine, exclusivement humaine; car notre idéal de justice n'est que l'amplification d'une vanité qui nous fait attacher grand prix à notre petite personne. Aussi, lorsque nous parlons du bien et du mal, du juste et de l'injuste, n'est-ce jamais qu'à notre regard humain. L'esthétique et l'éthique ont, plus encore que nos autres concepts, la relativité des choses fragiles de l'homme.

Le bien, c'est le bien de l'homme. Le mal, c'est le mal de l'homme. Rien de plus. Mais c'est beaucoup. Ou, pour mieux dire, comme nous sommes sans contact avec l'absolu, c'est tout. La morale humaine n'a rien à faire avec les lois infinies de l'univers infini.

Donc il n'est d'autre devoir que la recherche du bonheur. Concevrait-on une morale dont le but serait de rendre les hommes moins heureux? Il suffit d'énoncer une pareille sentence pour qu'elle se réfute d'elle-même.

Par conséquent, le progrès, c'est une plus grande somme de bonheur répartie entre nos frères humains.

Or ce mot de frères humains doit être entendu dans son acception la plus vaste. Limiter la fraternité à une famille, ou à une cité, ou à une patrie, c'est une opinion assez misérable, qu'on n'oserait soutenir sérieusement. Il n'y a de réel progrès que si le bonheur peut s'étendre à tous les hommes.

Même à ceux qui n'existent pas encore, à nos enfants, à nos arrière-petits-enfants.

Nos ancêtres, par leur science et leur patience, ont amassé des trésors dont nous profitons. Nous serions impardonnables si à ce riche patrimoine nous n'ajoutions pas, nous aussi, quelque bien. Le seul moyen de n'être pas ingrats envers nos pères, qui ne sont plus, c'est de travailler pour nos enfants, qui ne sont pas encore.

De là l'idée vraiment grandiose d'une longue série d'êtres humains, évoluant vers le bonheur, luttant pour le bonheur, et cherchant par leurs efforts successifs et répétés à épargner aux générations qui suivent quelques-unes de leurs infortunes et de leurs angoisses.

Il y a progrès moral, progrès social, progrès humain, quand une génération d'hommes confie à la génération suivante une destinée matérielle moins pénible, et permet d'entrevoir, pour un temps moins éloigné, une humanité définitivement affranchie et prospère.

Par quelles voies ce bonheur plus grand? Par quelles méthodes cette moindre douleur?

Il n'est pas difficile de répondre.

Nous sommes entourés d'ennemis. La vie est une lutte incessante contre des forces diverses, hostiles, qui nous assiègent de toutes parts et à tous instants. Ces forces sont colossales, innombrables, infatigables, inexorables. Il y a les météores ennemis, le froid, la chaleur, la neige, la pluie, le vent. Il y a nos besoins organiques qui exigent des aliments de conquête laborieuse. Il y a ces parasites multiples et acharnés qui donnent les maladies et qui hâtent la vieillesse. Il y a nos vices, ces tyrans cruels auxquels nous nous abandonnons sans réserve. L'homme a donc besoin, pour vivre, de résister à tous ces adversaires, de suffire à tous ces besoins, de réduire tous ces tyrans. Mais cette lutte est une souffrance, même quand elle se termine par la victoire; et trop souvent l'homme est vaincu.

Or, pour triompher définitivement et sûrement de toutes ces misères, il n'est d'autre moyen que de les connaître. Savoir, c'est déjà presque être le plus fort. Que pourrions-nous contre des ennemis masqués, dont l'existence même est problématique, et qui ne se font connaître à nous que par leurs ravages? Comment se défendre contre des maux dont on ne peut deviner la cause? On est impuissant quand on ignore; et la première condition du pouvoir, c'est la connaissance.

Pour éviter les maladies, pour combattre les vices, pour être un peu moins les esclaves de cette matière épaisse qui entrave de toutes parts notre épanouissement, il faut connaître, il faut savoir.

Autrement dit, la science seule pourra atténuer les misères humaines.

Pour le dire en passant, les sociétés humaines ont bien mal compris jusqu'à présent le rôle prépondérant de la science dans l'évolution vers le progrès et le bonheur. Il est de toute évidence que notre devoir moral, impérieux, est de donner à la science, espoir des hommes à venir, une part digne d'elle. Mais les sociétés humaines, belliqueuses, ont toujours fait comme si leur sainte et essentielle mission était de lutter l'une contre l'autre. Le militarisme a été — et est encore — le primordial souci de chaque nation. Or la science a un objet tout différent : l'union au lieu de la lutte, la paix au lieu de la guerre, le concours à une même œuvre au lieu du déchirement destructeur.

Tout ce qu'il y eu d'intelligence, d'énergie, de courage, a été presque exclusivement consacré à la guerre. La science n'a eu que des restes. Quelle erreur abominable! Quelle monstrueuse incompréhension des choses! Imaginons par la pensée qu'au lieu de ces gigantesques machines guerrières, qui sont nos sociétés actuelles, consumant à des œuvres de mort notre travail et notre activité, il se soit constitué des sociétés pacifiques, ayant pour souci la recherche des causes, résolues à approfondir toutes études physiques, chimiques, physiologiques, médicales, sociales, est-ce qu'alors l'aspect du monde ne serait pas tout autre? presque un paradis à côté de notre enfer?

Laissons cela. Le temps approche où cette sinistre efflorescence d'une erreur universelle aura cessé de désoler notre planète.

Alors l'humanité comprendra que la science seule peut lui apporter quelques traces de bonheur. Les hommes, devenus sages, n'invoqueront plus les faux Dieux. Ils ne sacrifieront plus leurs enfants au Moloch de la guerre, et ils reprendront la doctrine socratique de la connaissance. Ils cultiveront la science, qui seule nous permettra de percer les ténèbres où nous sommes emprisonnés.

A vrai dire, si puissante que soit la science pour alléger

les misères humaines, il ne faut pas qu'elle nous paye d'illusions. La nature humaine, avec la science, ou sans la science, ne comporte pas ce bonheur complet auquel, impuissants, nous aspirons. Nulle force, céleste ou terrestre, ne pourra nous mettre dans un état permanent de bien-être, dans cette euphorie adorable, qu'on ressent parfois, pendant de rares et courts moments, quand on est très jeune.

Nous portons en nous, fixées sur notre *moi*, des infirmités de corps, et d'âme surtout, désespérantes.

Et d'abord c'est la fuite du temps. Notre organisme mental est construit de telle sorte que le temps présent n'est qu'un rêve. Nous appelons temps présent ce qui est très récent passé ou très proche avenir. Le présent est constitué par ces deux fugitives irréalités, qui d'ailleurs ne sont pas le temps présent. Rapide, mobile, insaisissable, il s'envole quand on veut le saisir : fantôme qui échappe à toute étreinte, et qui disparaît d'autant plus qu'on veut plus l'étreindre ; ombre qui fuit derrière nous sur le sable. Quelle joie peut donc être vraiment une joie, s'il n'est pas permis de se reposer en elle, de s'y étendre paresseusement ? Quelles délices peuvent être vraiment des délices, s'il faut, tout de suite après les avoir goûtées, ou avoir cru les goûter, partir à la recherche de délices nouvelles ? Peut-on parler de bonheur vrai, quand on est réduit au bonheur qui viendra, ou au souvenir, vibrant encore, du bonheur qui a passé ? Quelle douceur peut-on attendre de ces deux rêves ?

Par un contraste étrange, la conscience de la douleur n'a pas cette même instabilité ; car le souvenir récent d'une douleur intense est aussi angoissant que la douleur même. La douleur a le rare privilège de retentir longtemps, durablement, dans la conscience, et de faire sentir sa morsure longtemps après qu'elle a mordu. Hélas ! le bonheur est bien autrement fugace : il s'échappe plus vite, et, même quand il a été très intense,

Surgit amari aliquid...

Il est vrai que la plupart des hommes, en courant à la recherche de la fortune et de la jouissance, ne se donnent pas la peine d'analyser leurs sensations de bonheur ou d'infortune, de sorte que l'essentielle misère psychologique humaine ne fait guère souffrir que les rêveurs. Mais, sans qu'ils se rendent compte de ce qui est cause de leur mélancolie, tous les hommes, même les plus vulgaires, mènent une existence empoisonnée par cette instabilité inhérente à la condition humaine.

Une autre infirmité irrémédiable, c'est la vieillesse, c'est-à-dire la graduelle et fatale déchéance de tout notre être. Tout ce qui naquit est condamné à mourir : c'est entendu. Mais il y a plus que la mort : il y a la vieillesse. Sentir devant soi ce spectre, la mort, ce ne serait pas terrible, si ce spectre n'avait un camarade bien autrement redoutable, la vieillesse, qui nous démolit lambeau par lambeau. Elle se signale de bonne heure, même quand on est au faîte de la jeunesse, et alors, à partir de ce moment, chaque jour on assiste à cette dégradation de soi. Tout s'en va par fragments. Les muscles perdent leur souplesse ; et le caractère, sa gaieté. Au rire joyeux et perlé de l'enfance succède un sourire las. La mémoire fuit ; on oublie même les noms de ceux qu'on a jadis tant aimés. Les nuits sont agitées par des regrets, des angoisses, des remords peut-être !... Quelques-uns, moins infortunés, vieillissent en s'endormant d'une torpeur stupide, qui les abêtit à quelque sereine et puérile occupation, pour les figer dans une attitude grotesque jusqu'au moment où la mort vient les saisir, morts plus qu'à demi.

Ce n'est pas tout. Nous avons un corps robuste, et de fait imprudemment nous en abusons. Pourtant ce corps vigoureux n'est jamais ou presque jamais intact : pesanteur à l'estomac, lourdeur à la tête, sensibilité d'une dent, raideur d'une articulation, sommeil ou insomnie, faim, soif, digestion laborieuse, sensations de froid ou de chaleur, jamais on n'est absolument dispos. Les gens bien portants parlent toujours de leur santé. Et pour les autres, ceux qui sont malades, la vie est un supplice tel qu'on ne comprend pas pourquoi tant de pauvres invalides ont le triste courage de vivre. La médecine pourra faire disparaître les maladies : elle ne pourra sans doute jamais anéantir le mal-être, la douleur de vivre, beaucoup plus réelle que la joie de vivre, douleur liée sans doute à l'incessante usure de nos organes.

Il y a plus. Malgré les conseils de la raison et du bon sens, nous sommes sans cesse incités à comparer notre sort au sort de nos compagnons d'existence, et à regarder avec envie ceux qui sont plus riches, plus beaux, plus vigoureux, plus joyeux, plus glorieux, plus aimés que nous. Nous n'avons pas de peine à les découvrir : ils sont partout. Parfois même nous en voyons là où ils ne sont pas. Alors la source de toute joie est tarie. Nous aspirons aux biens, supposés ou réels, dont les autres sont pourvus, et nous en sommes tout meurtris.

Et puis nous ne sommes pas seulement des envieux : nous sommes des insatiables. Rien ne nous suffit, et nous ne pouvons jouir de rien, puisque nous désirons toujours autre chose, avec des appétits toujours renaissants, toujours inassouvis, qui tuent la jouissance même.

Il est douteux que la science, si avancée qu'on la suppose, puisse jamais corriger ces vices de notre physiologie et de notre psychologie ; car ces vices, c'est l'homme même, de sorte que l'homme devra toujours, en dépit des progrès matériels conquis par la science, se résigner à l'instabilité et à l'insatiabilité, s'il veut vivre et ne pas sombrer dans la désespérance.

Donc ne demandons pas à la science plus qu'elle ne pourra nous donner. Sachons virilement voir nos incurables misères, pour tâcher de faire disparaître celles qui sont curables. Celles-là sont assez abondantes et douloureuses pour que toute notre énergie doive s'employer à les combattre.

Les nuées du pessimisme ne doivent pas anéantir, sous prétexte de la développer, notre intelligence. Nous ne sommes faits ni pour rêver, ni même pour analyser. Nous avons une autre fonction, très sainte, très noble, et capable de donner, plus que toute autre, un fragment de bonheur : c'est d'être actifs. La joie est dans l'action : tandis que le rêve mène au désespoir. Certes il est bon de rêver, mais en sachant que le réveil est nécessaire. Boudha, il y a trente siècles, a prêché cette doctrine d'anéantissement, et elle n'a abouti qu'à la monstrueuse barbarie de la Chine et de l'Inde. Nous, les hommes de l'Occident, nous devons chasser ces visions malsaines, et revenir à la vie féconde et agissante.

Mais tout de même il ne fallait pas se nourrir de chimères : il était bon de faire cet examen de conscience. Après avoir pris connaissance de notre infortuné *moi*, si riche en désolantes faiblesses, nous n'en serons que mieux préparés pour l'action.

Eh bien! l'action, c'est la science. Peu importe, apres tout, puisque nous n'y pouvons rien, que certaines tares incurables soient inhérentes à notre pauvre intelligence humaine; le bonheur et le malheur des hommes dépendent aussi, pour une large part, des multiples conditions extérieures qui les entourent. Celles-là, c'est la science, et la science seule, qui pourra nous les rendre favorables (1).

On ne va pas ici tenter l'énumération des bienfaits que la science a répandus dans le monde; car ce serait l'histoire même de la civilisation. On ne va même pas prévoir les bienfaits qu'elle apportera; car la réalité de demain sera bien supérieure même à nos rêves. Non, nous supposerons les problèmes de l'avenir résolus; aussi bien les problèmes sociaux que les problèmes scientifiques.

Un jour viendra, qui n'est peut-être pas très loin, où les guerres et les préparations guerrières cesseront de désoler les nations; où les iniquités sociales auront disparu; où les initiatives individuelles s'exerceront sans entraves dans des états policés qui ne seront ni anarchiques, ni tyranniques. Un jour viendra où les forces de la nature seront

(1) On dit que le bonheur dépend de notre constitution psychologique personnelle, et que les événements extérieurs n'y sont pour rien. Ce n'est vrai qu'en partie, et même en très petite partie. Supposons deux frères ayant exactement le même caractère, triste ou gai, comme on voudra, mais en tout cas absolument identique. Alors mettons-les l'un et l'autre dans des conditions très diverses; l'un, riche, pourvu de tous les agréments du luxe et de la santé, réussissant en toutes ses entreprises, entouré d'une famille aimante et prospère; l'autre, miséreux, malade, toujours et partout rebuté, envoyant ses enfants à l'hôpital, où ils meurent. N'y aura-t-il pas quelque différence dans le bonheur intime de ces deux hommes? Autant vaudrait soutenir que chacun a la même dose de bonheur pendant toute son existence, si diverse qu'elle soit. Il est impossible que notre état d'âme (tristesse ou gaieté, joie ou souffrance) ne soit pas sans cesse modifié par les multiples accidents, soit favorables, soit hostiles, que nous rencontrons dans le cours de notre longue vie.

domptées : on franchira les espaces terrestres quatre ou cinq fois plus vite que maintenant, et toute notre planète pourra être parcourue sans peine en quelques jours. On naviguera dans l'air et sous les mers. On ne connaîtra plus, grâce à une hygiène publique rigoureuse, que quelques rares maladies. Une langue universelle sera parlée par tous les hommes. On aura sur toutes les choses des vues plus profondes que nos chétives connaissances d'aujourd'hui. Même, à n'en pas douter, on aura créé de nouvelles industries : on aura découvert de nouvelles sciences ouvrant des mondes inconnus, sciences et mondes dont nous ne soupçonnons même pas l'existence.

Pour nier que la civilisation progresse par la science humaine, il faudrait supposer ou la régression, ou la stagnation.

La régression est d'une invraisemblance criante. Chaque conquête scientifique est définitive. L'oxygène se combine avec l'hydrogène pour faire de l'eau. Comment supposer qu'un moment arrivera où cette notion scientifique sera oubliée ou méconnue? Les théories pourront se succéder; les faits resteront, plus durs que les airains. Toute vérité bien établie est à l'abri des outrages du temps. Pour que la science humaine, consignée dans des livres innombrables, fût anéantie, il faudrait que l'humanité fût détruite par je ne sais quel cataclysme planétaire, ou quelle invasion microbienne irrésistible. Mais les cataclysmes et les invasions ne sont que fantaisies auxquelles on se livre après boire. La régression des sciences n'est pas à craindre.

Reste la stagnation. Mais elle est tout aussi invraisemblable que la régression. Tout évolue, les hommes et les choses. Et on voudrait que la science restât stationnaire au milieu des transformations universelles!

Un paradoxal et ingénieux écrivain, F. Brunetière, a écrit quelque part que la grande erreur du XVIIIe siècle fut d'avoir introduit l'idée de progrès nécessaire, et il ajoutait que cette idée de progrès était la conséquence même de la culture scientifique. Ce jour-là, par hasard, F. Brunetière avait raison. La condition de la science, c'est le progrès. Car les vérités anciennes sont indélébiles; et toujours quelques notions nouvelles viendront s'ajouter aux notions antérieures que rien ne pourra ébranler.

Donc la science va marcher de l'avant. Aux vérités acquises vont sans cesse se superposer des vérités nouvelles, et nous pouvons concevoir de grandes espérances.

Et pourtant le progrès ne peut pas être indéfini. Il n'est pas possible qu'il n'atteigne pas son terme.

Le progrès a une limite, et cette limite, c'est la limite même de l'esprit humain.

Les bornes de l'intelligence, voilà l'obstacle devant lequel le progrès va s'arrêter, si nous ne rendons pas l'intelligence plus vaste et plus pénétrante.

Nous avons tout à l'heure fait des rêves d'avenir. Eh bien! nous pouvons supposer que tous ces rêves seront réalisés. Oui! admettons cela!

La réparation des iniquités sociales n'est pas un abîme sans fond, et on pressent déjà, plus ou moins vaguement, une société sans iniquités. Quant à nos connaissances, elles seront plus précises et plus abondantes, mais elles ne dépasseront pas notre puissance de comprendre. Or, à voir la rapidité avec laquelle, depuis quelque cent ans, la civilisation se précipite vers un idéal qui s'approche, un monde nouveau, de fraternité et de justice, sera constitué, qui aura pour base toute la quantité de science compatible avec notre humaine intelligence. Et pourtant la terre ne sera pas refroidie encore. Il lui restera quelques millions de siècles à traverser avant qu'elle ait perdu le pouvoir de donner chaleur et vie aux petites créatures qui l'habitent. L'espèce humaine ne sera pas anéantie. Il restera des hommes qui sauront penser et vivre. Vont-ils être condamnés à n'avoir plus de progrès à attendre? Quel sera leur souci, à ces hommes de l'avenir? Vers quelles destinées vont se diriger leurs évolutions? Où sera le terme de leurs espoirs?

Je paraîtrai bien téméraire d'y penser. Mais je ne crains pas de devancer l'opinion de mes contemporains, et il m'importe peu d'être accusé de chimérisme.

Assurément il est tout à fait impossible de prévoir cet avenir, même si proche. Pourtant, on peut affirmer ceci.

La science humaine ne pourra vraiment progresser qu'avec le progrès de l'intelligence humaine.

Quand on veut aller en avant, et marcher plus vite, on ne se préoccupe pas seulement d'avancer; on cherche à perfectionner la machine qui fait avancer. Quand on construit un bâtiment, en même temps qu'on en édifie les matériaux, on crée des machines mieux adaptées à la construction. Dans toute recherche scientifique, on n'avance que si l'on a pu imaginer des méthodes plus délicates, et fabriquer des instruments plus sensibles; car avec les vieux instruments on ne découvre plus rien. Il faut un nouveau télescope pour apercevoir des étoiles nouvelles. Il faut un nouveau microscope pour trouver des détails qui avaient jusque-là échappé. Il faut un nouveau galvanomètre pour surprendre des forces électriques qu'on n'avait pas soupçonnées.

Donc, pour faire plus et mieux, pour conquérir des

vérités nouvelles, pour asservir définitivement la matière, pour dépasser les limites que déjà nous entrevoyons à nos sciences si nous gardons notre constitution actuelle, il faut perfectionner l'appareil, l'outil, la machine qui crée les sciences.

Cet appareil, cet outil, cette machine, c'est l'homme, ou plutôt c'est l'intelligence de l'homme.

On ne fait pas de conquêtes scientifiques sans nouveaux instruments. Si en 1980 nos petits-enfants ne devaient avoir que nos microscopes, télescopes, galvanomètres, micromètres, balances de 1911, ils n'en sauraient guère plus long que nous. La condition du progrès scientifique, c'est une instrumentation nouvelle plus parfaite.

Et l'instrument de toute science, bien plus nécessaire et plus puissant que tous les télescopes et que tous les galvanomètres : c'est l'esprit.

Donc la condition primordiale, indispensable à tout progrès, c'est le progrès de la machine mentale humaine.

II

IMPUISSANCE DE LA CIVILISATION ACTUELLE POUR LA SÉLECTION.

Rien n'est plus extraordinaire que notre insouciance pour la sélection humaine. On pourrait en rire si ce n'était si triste. On améliore les races de poules, de canards, de chevaux, de vaches, de cochons, de moutons : voire même les races de choux, de betteraves, de fraises et de violettes ! L'homme améliore et perfectionne tout, excepté l'homme même.

Erreur d'autant plus grave que la civilisation, loin de fortifier la race, la dégrade, de sorte que nous allons précisément à l'encontre de la loi qui régit tous les êtres animés. Nous combattons contre la sélection naturelle.

Il est facile de le prouver.

Dans la vie sauvage, la sélection est la conséquence nécessaire de la lutte acharnée qui s'engage entre tous les êtres. Vivre est un combat perpétuel. Et dans ce combat de tous les instants les forts triomphent. Les faibles sont écrasés. La Nature est impitoyable. Elle ne prend pas souci des infirmes et condamne les impuissants. L'individu n'est rien, et l'espèce est tout. Peu importe que les individus souffrent, gémissent et crèvent. Avant tout il faut que l'espèce garde son intégrité. Ni clémence, ni pitié pour ce qui est médiocre. Les médiocres n'ont qu'une chose à faire, c'est de disparaître, puisqu'ils sont les vaincus. Un être vaincu, c'est un être inférieur; et les êtres inférieurs ne sont pas intéressants. Il faut, pour la vigueur de l'espèce, que tout ce qui est imparfait soit anéanti.

De là un immense dédain pour la faiblesse. Malheur aux vaincus! disait le vieux Brennus aux sénateurs terrifiés de Rome. C'est ce que la grande voix implacable de la Nature nous fait entendre quand elle assiste aux batailles sanglantes que se livrent tous les êtres, dans les profondeurs des mers, dans les ombrages des forêts, dans les aridités des sables. Malheur aux vaincus! Il n'est pas bon de naître débile; on ne mènera pas loin cette débilité. Il n'est pas bon d'être impuissant à la fuite ou à la chasse: on sera dévoré ou on mourra de faim.

Telle est la Nature vivante. Elle n'est ni cruelle, ni douce, ni juste, ni inique. Douceur, pitié, justice, sont des mots humains et des idées humaines. La Nature est la force et le fait : aussi étrangère à l'idée morale que peut l'être un rocher de granit. Elle ne connaît pas plus la générosité que la haine. Elle va son chemin, soucieuse seulement de produire des êtres vivants, et de les produire énergiques, vigoureux, puissants.

Mais l'humanité a introduit, dans les relations humaines, un élément nouveau; le respect de chaque personnalité humaine. La notion du droit a remplacé la notion de la force. La société a voulu que chaque être humain possédant une conscience eût les mêmes droits, quelles que fussent son infirmité et son infimité.

Quand une femme met au monde un enfant débile, au

lieu de l'abandonner, elle s'obstine à le faire vivre et lui prodigue des soins attendris. Ainsi font les sociétés humaines. Elles ont pour tous les malheureux l'attendrissement de cette mère. Elles portent secours aux malades, même lorsque leur maladie est à peu près incurable, et doit les laisser définitivement affaiblis. Non seulement elles ne condamnent pas, mais elles entourent de soins multipliés les rachitiques, les scrofuleux, les aveugles, les idiots, les sourds-muets. Il y a des assistances privées et des assistances publiques pour protéger toute cette engeance misérable. Les médecins se félicitent de pouvoir arracher à la mort les pauvres petites créatures atteintes de débilité congénitale, qui traineront plus tard une lamentable existence. On protège les impotents; on fortifie les invalides. Dans la mêlée sociale nous faisons rentrer des combattants déclassés, n'ayant que des forces d'emprunt, pourvus d'armes que nous avons forgées pour eux.

Quant aux criminels, aux récidivistes, aux malfaiteurs, quand on les châtie, c'est avec une exquise douceur; et on entoure de délicates attentions l'existence des bandits incorrigibles.

Ce n'est ni une approbation, ni un blâme; c'est la constatation du fait social, tout différent du fait naturel.

Le fait naturel, c'est l'écrasement des faibles. Le fait social, c'est la protection des faibles. Donc par l'état social se trouve viciée la grande loi de la sélection, qui est essentiellement la survivance des forts.

Après tout, le dommage n'est pas très grand; car ces invalides, ces infirmes, ces rachitiques, ces impotents, s'ils finissent par vivre à grand renfort de médicaments et d'hygiène, ne seront jamais de très féconds reproducteurs.

En dépit de nos efforts, leur descendance, quand ils peuvent en avoir une, est condamnée à une rapide déchéance.

Malheureusement la civilisation a apporté à la sélection naturelle d'autres éléments perturbateurs plus graves.

La lutte pour la vie, qui s'engage entre les êtres, dans les forêts, dans les océans, dans les sables, aboutit au triomphe du plus vigoureux. Mais chacun de ces êtres ne combat qu'avec ses armes personnelles : adresse, force, beauté, intelligence. Nulle tricherie dans ce jeu impitoyable. Nul subterfuge. Nul possible recours à des chances heureuses ; car il faudrait supposer une accumulation prolongée, bien invraisemblable, de chances heureuses pour faire vivre un débile ou un maladroit. La Nature, qui préside à ces batailles, est d'une impartialité sereine, que les recommandations, les imprécations et les supplications ne troublent pas ; et elle n'accorde de privilège à aucun de ses enfants.

Mais dans nos conflits sociaux il n'en est pas ainsi. Les combattants n'ont pas seulement leurs armes naturelles ; quelques-uns d'entre eux reçoivent à leur naissance des avantages que l'organisation sociale leur a réservés, ce qui fausse tous les résultats de la concurrence vitale.

Tel individu est copieusement favorisé par la société, qui n'a aucun mérite personnel. Le fils d'un prince, quelque stupide qu'il soit, reçoit une tout autre éducation que le fils d'un charretier. Quantité de jeunes filles, laides et presque difformes, trouvent des épouseurs parce qu'elles sont riches. De vieux hommes, mal faits et sots, se procurent de charmantes épouses, parce qu'ils ont une situation assurée.

Si ces laides et ces sots n'avaient pas la protection d'une fortune héréditaire (une fortune qu'ils n'ont d'ailleurs pas su gagner), ils n'eussent jamais pu se marier, et c'eût été tant mieux pour la race.

Hélas! le souci d'une race belle, et robuste, et intelligente, n'est pas le but des mariages. Ce ne sont pas les meilleurs qui épousent les meilleures. Nos sociétés ne connaissent la sélection sexuelle que par les unions libres (peu soucieuses d'ailleurs d'être fécondes). Les convenances privées, les circonstances fortuites, les charmes d'une fortune toute faite, les manigances des entremetteurs, les séductions de la vanité, tels sont les ressorts des mariages. L'attrait sexuel est absent. Le mariage est devenu fonction sociale, au lieu d'être fonction naturelle, apte à la conservation d'une race forte. Dans nos sociétés policées le choix de l'époux (ou de l'épouse) n'est déterminé que par le hasard ou la cupidité. Nul souci des qualités personnelles; encore moins l'espoir d'une postérité vigoureuse.

Ainsi la civilisation, qui a perverti la sélection naturelle, a perverti plus encore la sélection sexuelle. D'une part elle arme les faibles pour la concurrence vitale; et d'autre part elle empêche l'union sexuelle de s'exercer librement, en dotant d'avantages factices des individualités médiocres.

Les conséquences en sont graves. Les malvenus, les chétifs, les impotents, les maladifs, au lieu de succomber, survivent; et si, par aventure, malgré leur incapacité, on les pourvoit d'une certaine situation sociale, ils parviennent à se marier et donnent naissance à une génération abâtardie, maladive, imbécile de corps et d'esprit.

Ce qui aggrave encore les déchéances, c'est que notre vie est devenue, par le fait même de la civilisation, tout à fait différente de la vie naturelle. Toute cette population qui s'agite fiévreusement dans les grandes villes mène une vie factice qui n'est pas faite pour fortifier la race. Des boissons toxiques sont versées à flots. On s'entasse dans un étroit espace. Les uns mènent une vie sédentaire qui épuise; les autres, abrutis par un travail physique écrasant, s'atrophient par leur fatigue même. La nuit se passe dans des galetas infects, pour les pauvres, ou, pour les riches, à de stupides plaisirs. L'air vivifiant de la forêt, de la montagne ou de la mer est remplacé par l'air putride de l'atelier, de l'usine, de l'école ou du cabaret. Et pourtant ce sont les populations urbaines qui gagnent de l'argent, qui profitent de l'éducation, qui arrivent aux honneurs. Les populations rurales ont hâte de n'être plus rurales, car elles sont mal partagées au point de vue social, et ont conscience de leur infériorité.

Il semble — et c'est là un aveu douloureux, mais nécessaire — qu'il y ait une sorte d'antagonisme entre le progrès de l'intelligence et le progrès de la race. Les pâles enfants aux yeux caves qui fréquentent les écoles urbaines font piteuse figure à côté des petits gars rougeauds de la campagne. Mais leur intelligence, éveillée déjà, — corrompue peut-être, — est plus souple, plus rapide, plus alerte. Une dissociation se fait entre les qualités du corps et de l'esprit; et comme, dans notre état social, c'est l'intelligence qui est l'élément du succès, ces enfants chétifs l'emporteront sur les enfants vigoureux, au grand détriment de la race future.

La civilisation connaît donc aussi la lutte pour la vie. Elle a, elle aussi, son *struggle for life*. Mais les ressorts ne sont pas les mêmes que dans la lutte naturelle, et les résultats en seraient déplorables, si la Nature, en dépit de nos folies, très puissante encore, n'intervenait quelque peu pour en atténuer les effets. Dans le conflit biologique, ce sont les plus forts qui triomphent ; dans le conflit social, ce sont les plus intelligents. Mais les plus intelligents sont souvent les plus vicieux et les plus chétifs, nullement les plus aptes à créer une race vaillante et saine.

Il y a surtout un élément qui pervertit tout : l'inégalité des conditions à la naissance. Les enfants d'un millionnaire, quelque faible que soit leur intelligence, quelque imparfaite que soit leur constitution physique, quelque désagréable que soit leur aspect extérieur, sont mieux partagés, somme toute, que les enfants d'un rustre, de sorte que, dans la bataille qui s'engage, ils seront des vainqueurs, alors que, livrés à leurs propres forces, ils eussent été des vaincus.

Voici où je veux en venir, — car bien entendu il ne s'agit pas de condamner notre civilisation : — c'est que nos sociétés actuelles n'aboutiront pas au perfectionnement de la race humaine. Au contraire, ce sera dégénérescence et abâtardissement. Tout à l'heure, nous parlions du progrès nécessaire de la race ; mais nous sommes en présence d'un danger beaucoup plus redoutable que l'absence de progrès. Nous sommes menacés de la déchéance.

Et cependant personne n'en prend souci. Pas une voix ne s'élève pour avertir du danger. S'imagine-t-on que l'humanité est protégée contre ses propres erreurs par une divinité bienveillante? Et pouvons-nous compter, pour nous maintenir intacts, sur d'autres que sur nous-mêmes (1)?

Assurément non. Notre sort dépend de nous. Nous serons tels que nous aurons voulu être. Si nous n'enrayons pas la

(1) Voir à la fin de ce livre, à l'Appendice, ce que dit A. Wylm, *La Morale sexuelle*, 1 vol. in-8°, Alcan, 1907.

déchéance qui commence, nous périrons par une rapide dégradation.

Et qui donc se soucie de la race à venir? Parmi ces couples qu'ont formés tantôt d'âpres cupidités, tantôt de vaines fantaisies, où sont-ils, ceux qui songent à faire souche d'êtres nobles et beaux? Vraiment ces couples ont de bien autres aspirations. Les moins blâmables sont encore ceux qui, se livrant sans frein aux appétits amoureux, regardent les enfants comme une conséquence malheureuse, trop fréquente, de leurs ébats. Les autres pensent à la dot de leurs enfants et calculent l'héritage qu'ils pourront leur livrer, sans comprendre que le plus bel héritage, c'est la noblesse de l'âme et la beauté du corps. D'autres enfin, — et c'est l'immense troupeau des prolétaires, — abêtis par le travail journalier qui les écrase, attachent moins de prix à la qualité de leur descendance qu'à celle de leurs bestiaux.

Ni chez les uns, ni chez les autres, il n'y a le souci de l'avenir.

Avant le mariage comme après le mariage, la procréation des enfants est abandonnée à des hasards aveugles! Si encore, comme dans les espèces sauvages, la sélection avait conservé sa puissance souveraine! Mais non! il n'y a plus de sélection. Tout est faussé par nos institutions sociales. Toute la vie normale est pervertie.

La civilisation, qui a tant fait pour le progrès de l'individu, n'aboutit qu'à la dégradaion de l'espèce.

III

SÉLECTION ANIMALE ET SÉLECTION VÉGÉTALE.

S'il est une loi bien solidement établie par la science, c'est celle de la transmission héréditaire pour certains caractères, non seulement spécifiques ou ethniques, mais encore individuels.

Pour les caractères ethniques, l'évidence est absolue. Les caniches donnent naissance à des caniches; les lévriers à des lévriers. De même les enfants des nègres seront des nègres, et les enfants des blancs seront des blancs.

Mais que l'on y réfléchisse, et on verra les graves conséquences qu'entraîne cette élémentaire et indiscutable vérité.

Puisque la transmission héréditaire est certaine pour les caractères ethniques très apparents, elle sera tout aussi certaine pour des caractères ethniques moins réels, et dont les nuances seront plus difficiles à apercevoir. Nous savons que les caniches transmettent à leurs descendants les caractères des caniches. Mais supposons qu'il y ait parmi ces caniches certaines différences dans la taille, le pelage, la finesse de l'odorat : si l'on parvient à les nettement classer d'après ces différences, on pourra provoquer des croisements homogènes, et ainsi constituer des familles très distinctes, devenant de plus en plus distinctes, à chaque nouvelle génération, et finissant par acquérir des caractères stables, particuliers, qui permettront de les séparer les unes des autres.

Nous pourrons ainsi aller jusqu'à des nuances de plus en plus faibles, et finalement obtenir des variétés assez nettement caractérisées. On arrive ainsi, de groupement en groupement, jusqu'à l'individu, terme ultime de la différenciation.

C'est ce qu'ont compris les éleveurs. En Angleterre notamment, ils sont arrivés à créer des types bien déterminés pour les chiens, les moutons, les pigeons. En choisissant certains individus, mâle et femelle, ayant des caractères individuels bien accentués, ils ont pu fixer ces caractères et obtenir des variétés tout à fait spéciales. La spécialisation peut ainsi être poussée très loin.

Donc un grand principe domine l'histoire de l'hérédité : c'est la *transmission héréditaire des caractères individuels.*

Assurément cette transmission a une limite. D'abord, parmi les produits, il en est qui s'écartent, par régression atavique, et pour toute autre cause, des types du père et de la mère. Si l'on veut maintenir la permanence du type nouveau qu'on a créé, il faut aussitôt éliminer tous les types aberrants, et répéter cette élimination pendant plusieurs générations, sous peine de voir disparaître, dans l'uniformité commune de la race, les formes individuelles qu'on veut faire persister dans la variété nouvelle.

Mais, encouragés par les profits pécuniaires de leurs entreprises, les éleveurs ne se sont pas découragés. En continuant une sélection attentive pendant plusieurs générations, ils ont fini par obtenir des résultats vraiment extraordinaires. Même ils ont fait plus vite et mieux que la Nature. Ils ont créé d'étranges variétés de chiens, de moutons, de pigeons, que jamais la sélection naturelle n'eût réussi à faire apparaître. Car les éleveurs remplacent les vagues accouplements, plus ou moins livrés au hasard, par des accouplements méthodiques, dans lesquels le mâle et la femelle sont choisis avec soin, pourvus de certains attributs qu'on arrive à fixer et à perpétuer, si l'on a répété ces sages unions pendant plusieurs générations successives.

Assurément ces variétés nouvelles, ces types singuliers, forgés de toutes pièces par la volonté des éleveurs, ont une forte tendance à retourner à la banalité du type primitif. Même lorsque la nouvelle variété paraît bien constituée, il faut, pendant plusieurs générations encore, continuer la sélection, et éliminer, au fur et à mesure qu'ils viennent à naître, les individus qui s'éloignent du type qu'on veut créer, ou qu'on a déjà créé. Mais cela prouve seulement que ces caractères nouveaux, fixés sur une race par la volonté de l'homme, ont besoin, pour se transmettre définitivement, d'une très longue série de générations. Pour fixer d'une manière stable les caractères acquis, la multiplicité des générations est nécessaire; et il faut poursuivre la sélection pendant longtemps, si l'on veut obtenir quelques résultats durables.

Mais, cette réserve faite, en supposant toujours qu'on va prolonger l'effort sélectif, on peut transformer et améliorer les races : obtenir des chiens soit plus petits que des lapins, soit plus grands que des ânes; des raisins à grappes énormes, ou des raisins à grappes minuscules. La docilité de la matière vivante est étonnante; matière plastique qui, par des sélections habiles et patientes, devient, comme l'argile entre les mains du potier, apte à prendre les formes les plus diverses.

C'est affaire de temps et d'intelligence; et on ne saurait trop admirer, d'une part la sagacité des éleveurs, horticulteurs et agronomes, qui ont fait de si belles créations, d'autre part l'incurie de nos sociétés civilisées, qui n'ont rien fait, absolument et rigoureusement rien, pour la sélection humaine.

IV

SÉLECTION CHEZ L'HOMME.

Que la sélection puisse aboutir à des résultats aussi merveilleux pour l'espèce humaine que pour les espèces animales, il n'est pas permis d'en douter un seul instant.

D'abord le simple bon sens nous dit que l'homme ne peut échapper à une loi commune à tous les êtres vivants. L'homme n'est pas une exception dans la Nature. Entre l'homme et l'animal tous les organes sont similaires. Le sang est le même; le cœur fonctionne de la même manière; même température; mêmes fonctions respiratoires; la transmission nerveuse se fait de même, et dans le cerveau il y a les mêmes régions sensibles et les mêmes régions motrices. Supposer que l'homme, parce qu'il est intelligent, n'est pas soumis aux lois de l'hérédité, c'est comme si l'on prétendait qu'il n'y a pas d'hérédité pour l'éléphant parce qu'il a une trompe, ou pour la girafe parce qu'elle a un long cou.

Mais d'ailleurs les observations sont là, innombrables, indiscutables, pour établir cette hérédité des types humains.

Dans les pays où il y a beaucoup de blonds, la plupart des enfants sont blonds; de même qu'ils ont les cheveux noirs, dans les pays où les parents ont les cheveux noirs.

Malgré les unions croisées et les fusions de races, qui rendent presque inextricable l'ethnologie des peuples européens, on peut décrire des types nettement diversifiés : un Espagnol ne ressemble pas à un Suédois ; et un Écossais est très différent d'un Roumain.

Même en France, où la confusion des types ethniques est complète ; même pour les départements français qui constituent des groupements administratifs, sans rapport avec les groupements anthropologiques, il y a des spécificités départementales pour la couleur des yeux ou des cheveux, et pour la taille. La moyenne de la taille pour les conscrits du Jura et du Doubs est toujours beaucoup plus élevée que pour les conscrits de l'Ardèche et du Cantal. Et tous les ans, régulièrement, on constate les mêmes différences, si bien qu'on peut d'avance, d'après les statistiques, prévoir quelle sera, pour l'année à venir, la taille moyenne des conscrits de chaque département. Elle sera, à quelques fractions près, la même que les années précédentes, et elle variera de département à département. La stature est héréditaire. Il est tout à fait superflu de recourir à des statistiques familiales, qui seraient d'ailleurs tout aussi probantes. L'étude des statistiques provinciales suffit. Pour chaque province la moyenne de la stature des conscrits demeure à peu près la même et diffère de la moyenne des autres provinces. Et cela se répète d'année en année, pour les provinces d'Italie, d'Espagne, d'Allemagne, de Grande-Bretagne, de Russie, aussi bien que pour celles de la France.

Il en résulte ceci : c'est que là où il y a des hommes (et des femmes) de grande taille, les enfants auront une grande taille ; là où il y a des hommes (et des femmes) de petite taille, les enfants auront une petite taille. Cela est simple et évident.

Si nous avons pris pour exemple la taille, c'est que la mesure en est facile, et irrécusable. C'est un chiffre officiel, qui n'admet pas de contestation. Mais il va de soi que les autres particularités physiques sont aussi héréditaires que la taille. Qu'il s'agisse de la couleur des yeux ou des cheveux, de la force musculaire, de l'agilité à la course, des dimensions et de la forme du crâne, si toutes ces données relatives à la structure physique pouvaient être aussi exactement établies que la taille, on arriverait à trouver des moyennes, des *constantes*, pour chaque groupement un peu important, pour chaque agglomération humaine tant soit peu homogène, Catalans, Aragonais, Portugais, Basques, Siciliens, Auvergnats, Souabes, Écossais, etc. Les grandes villes ne donneraient que des résultats assez confus ; car elles ne fourniraient que des moyennes de moyennes, par suite de l'immigration perpétuelle de la population rurale dans les villes. Pourtant les villes de Londres, Paris, New-York, Berlin, qui reçoivent tant d'individus divers, diversement mélangés, ont aussi leurs moyennes spéciales.

En tout cas il est bien prouvé que des groupements humains déterminés transmettent par hérédité à leurs descendants des caractères spécifiques, qui les différencient les uns des autres.

A moins qu'on ne prétende que ces différences dans la taille, la force musculaire, et la couleur des yeux sont dues au climat et aux conditions extérieures. A la longue peut-être, et au bout de plusieurs siècles, l'ambiance modifie les individus et la descendance. Mais, quand il s'agit de quatre ou cinq générations, l'influence du milieu est négligeable. Autant vaudrait soutenir qu'en amenant à Stockholm un nègre et une négresse du Congo, les enfants de ce couple noir naîtraient sans lèvres épaisses ni cheveux crépus, mais avec les yeux bleus et les cheveux d'un blond pâle.

Donc les caractères physiques sont nettement héréditaires. Si l'on voulait créer une race humaine de grande taille, il suffirait de choisir (comme l'a fait jadis le père du grand Frédéric) des hommes et des femmes de grande taille, de les marier ensemble, et, pendant deux, trois, ou quatre générations, de provoquer des mariages entre leurs enfants, non sans avoir éliminé ceux qui, étant adultes, n'auraient pas de taille suffisante.

Ainsi serait créée artificiellement une race humaine de très grande taille. Quoique l'expérience n'ait pas été faite, on peut d'avance être assuré qu'elle donnerait le résultat annoncé, tant elle est logique, et conforme à des expérimentations mille et mille fois répétées sur les races animales et végétales.

Stature, force musculaire, couleur des yeux et des cheveux, il est certain que par l'hérédité l'espèce humaine serait assez plastique pour qu'on pût obtenir ce qu'on voudrait. En serait-il de même pour la résistance aux maladies, autrement dit, pour la santé et la longévité ? Cela ne paraît pas douteux.

Les maladies sont dues aux contagions : on l'a démontré avec une absolue rigueur : et les contagions ne sont que des accidents. Mais la résistance à ces contagions est variable suivant les races. La tuberculose, la malaria, la fièvre jaune n'atteignent pas également les blancs et les nègres. Pourquoi veut-on que, dans certaines variétés de la race blanche, il n'y ait pas quelques différences dans l'aptitude au contage ? De fait, comme les médecins l'ont remarqué depuis longtemps, certains tempéraments sont, plus que d'autres, disposés à contracter la tuberculose, et, comme ces tempéraments sont d'acquisition héréditaire, il s'ensuit que l'aptitude plus ou moins grande à la tuberculose est aussi, dans une certaine mesure, héréditaire.

La longévité, comme toutes les fonctions organiques, est héréditaire. Certainement cette hérédité n'empêchera ni les accidents, ni les traumatismes, ni même certaines contagions de gravité extrême. Mais, d'une manière générale, comme l'a reconnu l'opinion populaire, il est des familles où on meurt jeune; de même qu'il est des familles où on ne meurt qu'à un âge avancé. Fait d'observation, qui est aussi un fait de statistique; car, suivant la région où l'on est né, ou, ce qui est beaucoup plus exact, suivant le groupement ethnique auquel on appartient, on vit longtemps, ou on meurt jeune. L'âge moyen est très différent dans les divers pays, et même dans les provinces diverses d'un même pays; non pas parce que les conditions de bien-être sont diverses, mais surtout parce que des individus qui appartiennent à des races différentes ont une résistance plus ou moins grande aux maladies.

Ajoutons que la résistance aux infections n'est pas tout; il est un autre élément encore pour expliquer la plus ou moins grande longévité. Dans certaines races humaines qui évoluent vite, la précocité est remarquable. A trente ans une Indienne est déjà une vieille femme : elle a été nubile à douze ans, tandis qu'une Suédoise de trente ans est encore en pleine jeunesse. Dans les familles israélites, pures de tout mélange avec les autres races blanches, les jeunes garçons de quinze ans sont déjà des adultes, par la vivacité et la maturité de leur intelligence : et ils ont acquis leur taille définitive. A cinquante ans ils seront des vieillards.

Si donc on voulait créer une race d'hommes très résistants aux maladies, et de longévité supérieure à la moyenne, il faudrait chercher non seulement les familles où *l'habitude est de mourir vieux*, mais encore celles où les vieillards ont conservé, malgré un âge avancé, de la vivacité et de la vigueur.

La fécondité est aussi héréditaire que le reste. Dire que *la stérilité est héréditaire*, ce n'est pas tout à fait une plaisanterie, à condition qu'on entende par stérilité le petit nombre d'enfants. Assurément la volonté est la principale cause qui, dans une famille, règle le nombre des enfants : cependant, en tenant compte de cet élément perturbateur, on découvre bien vite qu'il y a, selon les diverses nationalités, soit chez l'homme, soit surtout chez la femme, des aptitudes différentes à engendrer plus ou moins d'enfants. Dans certaines familles les naissances de jumeaux sont fréquentes; dans d'autres il naît plutôt des filles; dans d'autres plutôt des garçons.

En définitive toute l'organisation de l'individu humain — anatomie et physiologie — est soumise à l'hérédité. Aussi, à supposer que l'ensemble des êtres humain soit à la disposition d'un très savant observateur, doté d'une puissance tyrannique, et ayant devant lui plusieurs siècles pour expérimenter, pourrait-il façonner des races humaines, ayant les caractères physiques, de vigueur, de taille, de couleur, de longévité, de fécondité, qu'il aura bien voulu leur donner.

L'hérédité domine tout. Elle détermine la taille, la vigueur, la santé. Elle détermine aussi la beauté. Un couple disgracieux et malingre ne donnera naissance qu'à de vilains enfants, tandis que deux beaux jeunes gens, surtout ceux dont les parents auront été déjà remarquables par les mêmes qualités, auront de beaux et robustes enfants. Quelquefois les faits démentent ces prévisions; mais certains cas isolés n'infirment pas la loi générale.

C'est sur cette notion, plus ou moins consciente, de l'hérédité que, depuis les âges les plus reculés, furent constituées des aristocraties. Les hommes, de tout temps, ont reconnu que certaines familles étaient supérieures aux autres, en force, en santé, en beauté. En conséquence ils leur avaient accordé certains privilèges. Si ces aristocraties ont succombé, c'est, comme nous le montrerons plus loin, à cause de ces privilèges mêmes. Mais le principe essentiel de l'aristocratie n'en est pas moins admirablement justifié par la formation, due à l'hérédité, de certains groupements familiaux, supérieurs aux autres par quelques qualités éminentes.

D'ailleurs le sentiment public est sur ce point, à tort ou à raison (et à raison suivant nous), absolument d'accord avec la notion d'une forte hérédité familiale. On ne traitera pas de la même manière le fils d'un criminel ou le fils d'un grand homme. C'est peut-être injuste au point de vue moral. C'est absolument juste au point de vue naturel, et combien juste! Le vulgaire raisonne bien. Les enfants sont l'image de leurs parents; et il est dans l'ordre qu'ils payent les fautes de leurs pères.

D'ailleurs, pour le moment, nous n'introduirons pas dans la discussion la personnalité humaine; nous nous contenterons d'établir que *les caractères physiques, taille, beauté, santé, vigueur, fécondité, se transmettent par l'hérédité.*

Voilà une proposition tellement simple, portant en elle une telle force d'évidence, qu'on va la traiter de banalité. Mais ce que je vais me proposer de démontrer étant assez révolutionnaire, il était indispensable de commencer par des lois indiscutables avant d'aller plus avant.

V

HÉRÉDITÉ DE L'INTELLIGENCE.

L'hérédité des caractères physiques entraîne naturellement celle des caractères intellectuels. Il serait puéril de supposer qu'il se fait une dissociation entre les uns et les autres. Ce serait considérer le système nerveux comme faisant exception à la loi d'hérédité, et d'ailleurs nier les vérités historiques et zoologiques les plus évidentes.

L'intelligence se transmet comme toutes les autres fonctions organiques. Les chats ont l'intelligence des chats, comme les pies l'intelligence des pies, et les grenouilles celle des grenouilles. Dans les diverses variétés de chiens, chaque variété a son intelligence spéciale, qui est caractéristique. Les fox-terriers, les caniches, les chiens de berger, les épagneuls, ont, les uns et les autres, une forme d'intelligence particulière, intelligence tout aussi héréditaire et spécifique que la longueur de leur museau, la couleur de leurs yeux, et la frisure de leur poil.

Pour les races humaines, c'est la même transmission psychologique héréditaire, et on ne nous accusera pas de paradoxe si nous prétendons qu'un nègre a une intelligence de nègre, et un blanc une intelligence de blanc.

Si cette proposition est vraie pour les grandes divisions ethniques, il est impossible qu'elle soit fausse pour les diverses variétés de ces groupes ethniques fondamentaux. On est pourtant exposé à les méconnaître ; car les nuances deviennent alors extrêmement délicates, et, faute d'une analyse méthodique et attentive, on arrive à tout confondre.

Précisons d'abord le mot intelligence. Chacun l'emploie dans un sens différent, et alors c'est comme si chacun parlait une langue différente, et on ne s'entend plus.

Qu'appelle-t-on intelligence ? Est-ce la mémoire, ou la facilité d'élocution, ou la promptitude dans l'assimilation des idées, ou l'invention, ou le don de répartie, ou la saine compréhension des choses ? Quelle place fera-t-on aux aptitudes diverses spéciales, souvent exclusives, comme le calcul, les arts mécaniques, le dessin, l'éloquence, la poésie, la musique ? Car enfin, à n'en pas douter, il est de grands mathématiciens qui ne comprennent rien qu'aux mathématiques ; des peintres qui n'ont d'esprit que dans leur pinceau ; et des musiciens fort bêtes, sauf pour la composition musicale. Et cependant, qui ne voudrait être grand par les mathématiques, la musique ou la peinture ?

Probablement, pour évaluer avec quelque justesse l'intelligence humaine, il faut classer à part ces intelligences spécialisées, plus ou moins anormales, et apprécier seulement l'intelligence en général, considérée dans son ensemble. Appréciation d'ailleurs fort difficile, et pour laquelle on ne saurait guère trouver de critérium absolu.

Alors nous laisserons résolument de côté ces individus exceptionnels, créateurs et novateurs, qui sont hors cadre, soit par l'éclat de leur pensée, soit par une puissance mentale extraordinaire limitée à un seul objet. Nous appellerons donc hommes intelligents, par rapport aux médiocres, ceux qui auront à la fois vivacité et exactitude dans la compréhension des choses; ceux qui n'auront ni lacunes graves, ni défaillances dans les raisonnements; ceux qui seront en état de comprendre ce qu'est le carré d'un nombre et ce qu'est la conjugaison d'un verbe; ceux qui auront une mémoire assez vaste et assez sûre pour retenir sans trop d'erreurs ni de lenteurs la leçon apprise; ceux qui, ayant à raconter un fait ou à donner une explication, parleront avec clarté et sans bredouiller; ceux qui seront capables de s'intéresser à une idée générale, et verront un peu plus loin que leur foyer ou leur clocher; ceux qui, dans une discussion, trouveront le mot juste, et iront tout droit à la solution la meilleure; toutes caractéristiques extrêmement vagues dès qu'on les veut formuler sur le papier, mais qui cependant, en pratique, nous autorisent à dire : « Celui-là n'est pas intelligent. Celui-ci est très intelligent. »

Nous ne donnerons donc pas à l'intelligence un attribut unique, dosable ; nous en ferons l'ensemble de diverses qualités dites intellectuelles : mémoire, élocution, compréhension, rectitude, bon sens, généralisation, aptitude à bien faire ce qu'on a entrepris de faire.

Au lycée, au régiment, à l'école, à l'atelier, les chefs, s'ils veulent s'en donner la peine, ont bien vite compris quels sont, parmi leurs subordonnés et leurs élèves, les plus intelligents. Ils font ce classement en prenant la moyenne des qualités intellectuelles avec assez de précision pour que le rang donné par un premier maître, avisé, demeure à peu près définitif quand après lui viendra un autre maître, également avisé.

Cette intelligence supérieure — telle que nous venons de la définir — est-elle héréditaire? La preuve directe, irréfutable, est impossible à donner; mais on peut, à défaut d'un argument unique, dirimant, accumuler des raisons extrêmement fortes qui toutes militent en faveur de l'hérédité.

D'abord la vivacité de l'esprit, la rectitude du jugement, cette mémoire souple et prompte sont des fonctions cérébrales. Elles répondent certainement à certaines qualités organiques du cerveau, inconnues encore; comme l'acuité visuelle aux qualités de la rétine, et la force musculaire aux qualités du muscle. Puisque l'acuité visuelle et la force musculaire sont héréditaires, ainsi d'ailleurs que toutes les aptitudes de nos organes, il est impossible de supposer que le cerveau fait exception. Ainsi tout serait héréditaire, la taille, la couleur des yeux, le timbre de la voix, la forme du crâne! Et l'intelligence ne serait pas héréditaire : l'intelligence, fonction du cerveau comme la voix est fonction du larynx, et la vision, fonction de l'œil!

Mais ce n'est pas seulement sur des arguments *a priori* que nous nous fondons pour établir cette hérédité. C'est surtout en vertu d'observations authentiques, qui sont innombrables. Quoique toute classification pour établir des *premiers*, des *moyens* et des *derniers* soit, par suite de la complexité extrême du mot intelligence, absolument impossible à rigoureusement établir, on constate tout de même, suivant les races, les nations, les personnes, des différences notables. L'intelligence moyenne d'un Provençal est plus prompte que celle d'un Breton ou d'un Flamand; l'esprit lourd, profond et sûr des Allemands est très loin de l'esprit vif, léger et insouciant des Napolitains. Ce n'est pas seulement affaire d'ambiance et de mœurs. C'est surtout, et pour la plus grande part, affaire d'hérédité.

« Rien de plus curieux, dit DE CANDOLLE, que de comparer une réunion de petits Italiens et de petits Allemands. Les premiers ont des physionomies éveillées, une grande vivacité, une singulière promptitude à saisir tout ce qu'on leur enseigne : les seconds se distinguent par le calme, le sérieux, l'application. Ces enfants diffèrent peut-être plus que les Italiens et les Allemands d'âge mûr. »

Si des enfants de dix ans sont déjà, suivant leur race, aussi divergents de caractère, pourra-t-on en accuser l'ambiance? Certes, le climat change les mœurs, et les mœurs changent les caractères. Mais le climat et les mœurs n'exercent leur action qu'à la longue sur les attributs physiques et psychiques des personnalités humaines.

Il faut des siècles, et peut-être une longue série de siècles, pour transformer une race humaine; tandis que l'hérédité s'exerce de la première à la seconde génération.

On a peine à comprendre l'état d'âme des écrivains qui opposent l'hérédité à l'ambiance. Comme si tous les êtres vivants n'étaient pas la résultante de ces deux influences nullement antagonistes! C'est l'ambiance et la sélection, qui ont, réunies, transformé l'*ascidie* et l'*amphioxus* en homme. Il a fallu quelques milliards de siècles. Mais, pour donner à un individu humain les caractères qui constituent sa personnalité, et le différencieront, l'hérédité a suffi.

L'ambiance et l'hérédité sont l'une et l'autre causes déterminantes : mais l'ambiance, étant prodigieusement lente dans son action, ne peut guère s'exercer sur l'individu. Elle agit sur l'espèce, et produit ses effets par l'hérédité directe, qui est immédiate.

Ici nous n'essayerons pas de faire la part réciproque des influences ambiantes ou des influences héréditaires. Disons seulement que l'hérédité est extrêmement puissante. Et cela ne peut être nié.

Quant au classement des intelligences, on ne voit guère ce qu'on pourrait adopter comme mesure : les circonstances extérieures jouent un tel rôle dans la vie sociale qu'elles troublent tout. Tel paysan qui aura cultivé son champ sans sortir de son canton sera] peut-être plus intelligent qu'un conseiller d'État et qu'un général. Le destin qui l'a rivé à la glèbe ne lui a permis ni d'exercer, ni de prouver son intelligence.

Dans les classes sociales privilégiées, le succès n'est pas non plus une très bonne mesure de l'intelligence. Il y a de tout dans le succès; intrigue, patience et chance. Même pour les examens avec concours, comme les examens d'entrée à l'École polytechnique, à l'École de Saint-Cyr, à l'École normale, le classement des candidats ne répond pas rigoureusement à un idéal classement des intelligences. Et encore l'ordre suivant lesquels sont classés les candidats d'après le mérite du concours est, tout compte fait, dans notre vie sociale, le classement le moins imparfait qu'on puisse imaginer. Pourtant, que de lacunes dans cette hiérarchie! Il y a ceux qui n'ont pas travaillé, ceux qui n'ont pas eu de chance, ceux qui ont été favorisés par le hasard, ceux qui ont été émus en composant... Quantité d'éléments interviennent qui faussent le résultat.

L'acquisition d'une position sociale ne constitue pas une preuve d'intelligence. Il y a des épiciers très bêtes, mais il y a des épiciers très intelligents; il est des médecins stupides, il est des médecins d'une intelligence admirable. Le fait d'être avocat, magistrat, officier, notaire, n'implique pas du tout qu'on est intelligent : cela veut dire simplement qu'on a fait ses études. Le fait d'être mineur, pêcheur, bûcheron, laboureur, vitrier ne signifie pas qu'on est bête : cela prouve simplement qu'on n'a pas été élevé dans un collège.

On ne peut donc classer les hommes au point de vue de l'intelligence, ni d'après la classe sociale à laquelle ils appartiennent, ni même d'après les succès qu'ils ont remportés.

Si déjà, pour les hommes, la classification est impossible, ou à peu près, que sera-ce si nous voulons classer celle des femmes. Quelle mesure adopterons-nous? Combien de femmes, peut-être de grand mérite et d'intellectualité puissante, ont végété obscurément, soit dans une petite ville, soit dans une chaumière, soit dans les taudis d'une grande ville! Quel moyen pour une femme du peuple d'exercer l'activité de son esprit? Elle a son ménage à faire, ses enfants à élever. Il faut préparer la soupe pour le mari qui rentre, laver le linge et nettoyer la maison. Il n'est pas d'intelligence qui, à la longue, résiste à ces basses besognes. Au bout de peu de temps une intelligence, peut-être belle, ne trouvant pas à s'exercer, s'atrophie et disparaît.

Nous voici embarrassés déjà pour classer un individu. Comment classerons-nous et son père, et sa mère?

Ce n'est pas tout. L'hérédité passe souvent une génération. Il faudrait donc, pour établir sûrement la condition de toute transmission héréditaire, connaître les deux grands-pères et les deux grand'mères de chaque enfant, et les classer au point de vue intellectuel, eux aussi, pour établir quelque hiérarchie entre eux. Nous ne le pouvons presque jamais même pour les qualités du corps. Comment le pourrions-nous pour les qualités de l'esprit? Ce serait une œuvre d'une difficulté telle, même en ne prenant que cinq ou six familles, qu'il faut, d'avance, renoncer à l'entreprendre.

Il s'ensuit que toute appréciation de l'intelligence comparative des ascendants est décidément impossible.

Nous voilà donc réduits, pour admettre l'hérédité de l'intelligence, à cette considération très générale, et pourtant très certaine, que l'intelligence, fonction cérébrale, est, quant à sa modalité et ses degrés, aussi héréditaire que les autres fonctions organiques.

A cette loi qui paraît très évidente, on a coutume d'opposer un argument assez singulier, argument qui n'a d'ailleurs aucune valeur, mais qui, dispensant de toute réflexion et de toute analyse, est assez favorablement accueilli : « Si, dit-on, l'intelligence était héréditaire, les enfants des grands hommes seraient extrêmement intelligents, et cependant l'observation établit qu'ils sont d'une médiocrité extrême. »

L'argument est détestable, parce que l'affirmation est fausse. On n'a jamais prouvé l'extrême médiocrité des enfants issus des grands hommes. Ils n'ont sans doute pas possédé la puissante intelligence de leur père; mais bien souvent les fils d'hommes glorieux ont été des hommes éminents. On n'a pas le droit de parler d'extrême médiocrité pour les fils de J. Racine, d'A.-M. Ampère, de Victor Hugo, de George Sand, d'Alexandre Dumas (je ne nomme que les Français, et je cite presque au hasard). Ils n'ont pas conquis la grande et universelle gloire, mais ils ont été des hommes de réel mérite, bien supérieurs à la moyenne de leurs contemporains. C'est donc un non sens que d'attribuer aux fils des hommes éminents une intelligence inférieure.

Et puis enfin que signifie cette comparaison? Il y a dans

un siècle trois ou quatre hommes de génie comme LUTHER, RABELAIS, COLOMB, GUTENBERG. La probabilité qu'un homme aussi grand qu'eux va naître est de un sur dix milliards. Et on veut que précisément ces deux hommes de génie supérieur soient le père et le fils! Dans toute la littérature française, il n'est pas de nom plus grand que VICTOR HUGO. Il serait insensé d'espérer que les deux fils de HUGO auront le génie de leur père, et que le même siècle et la même famille verront trois hommes ayant le génie de HUGO.

Affirmer que les enfants des grands hommes sont plus médiocres que le commun des hommes, c'est affirmer quelque chose de manifestement faux. MOLIÈRE et BOSSUET, LUTHER et RABELAIS, SCHILLER et SHAKESPEARE, PASCAL et VOLTAIRE, MUSSET et CHATEAUBRIAND, MICHEL-ANGE et RAPHAËL n'ont pas eu d'enfants. Mais que sait-on des enfants de CHRISTOPHE COLOMB, de CERVANTÈS, de GUTENBERG, de L. DE VINCI, de B. DE PALISSY? Ils ont été obscurs, et l'éclat de la gloire paternelle a épaissi l'ombre autour d'eux. Donc nous n'avons pas le droit de dire qu'ils ont été des sots. Il faudrait faire la preuve de cette sottise. Nous les ignorons, mais il y a des millions et des millions d'hommes du XVIe siècle que nous ignorons.

Dire que l'intelligence est héréditaire, ce n'est pas du tout prétendre que le génie est héréditaire. Un homme de génie comme PASCAL, MOLIÈRE, HUGO, est un être exceptionnel, unique, qui apparaît de loin en loin, émergeant au milieu de la multitude : il est une anomalie, une étrangeté, qui ne se perpétue pas dans sa race. Cela ne veut nullement dire qu'il n'ait pas transmis un peu de son intelligence à son fils.

En dépit du préjugé vulgaire, nous croyons qu'il y a peu de chance pour être intelligent, quand on a eu un père inepte et une mère bornée. Certes le fils d'un homme de génie ne sera pas nécessairement un homme de génie. Mais, à tout prendre, si j'avais à choisir, je préférerais le fils d'Achille au fils de Thersite.

Louis Racine n'a fait ni *Phèdre,* ni *Andromaque.* Mais qui donc, parmi des millions et des millions d'hommes, a fait mieux que *Phèdre* et *Andromaque*? François et Charles Hugo ne nous ont pas écrit une seconde *Légende des siècles.* Mais nous l'attendons, cette seconde *Légende des siècles,* et elle ne nous sera pas donnée avant quelque temps peut-être. Vraiment oui, c'est par un sentiment de basse jalousie qu'on dénigre les fils des hommes géniaux. On ne leur pardonne pas leur grand nom, et on croit se relever en les rabaissant.

On oublie, ou on feint d'oublier, le rôle de l'hérédité maternelle. Le fils d'un grand homme est parfois le fils d'une mère fort bête. Le duc de Reichstadt, le fils d'un très grand homme, avait pour mère une créature d'intelligence bien misérable, et il a été le fils de Marie-Louise, plus que celui de Napoléon. Caracalla était peut-être le fils de Marc-Aurèle : à coup sûr, il fut le fils de Faustine.

On dit que dans les familles royales ou impériales, après qu'un grand homme est apparu, la descendance va en s'abâtardissant très vite. Alexandre, Charlemagne, Charles-Quint, Henri IV ont eu d'assez pauvres successeurs. Cela est vrai; mais on avouera que les héritiers d'un monarque absolu ne sont guère dans des conditions favorables à l'éclosion des hautes facultés intellectuelles. Charlemagne disparait dans la légende, et je n'oserais me prononcer sur l'intelligence de ses fils. Alexandre était plutôt un aliéné qu'un grand homme; et on ne s'étonnera pas que ses enfants, conçus dans les orgies, aient eu une fin misérable. Quant aux descendants de CHARLES-QUINT et de HENRI IV, certains d'entre eux furent de haute intelligence. Quel que soit le jugement qu'on porte sur leur politique, on ne prétendra jamais que PHILIPPE II et LOUIS XIV étaient des imbéciles.

Disons-le pourtant, — et ce sera la seule concession que nous puissions faire à l'opinion commune, — les hommes d'un génie pénétrant, ceux qui ont changé le monde par la force de leur pensée et la grandeur de leur idéation, ces hommes-là ont souvent été de médiocres générateurs. Car ils n'ont pas pris le souci de l'être; ils ont rejeté le ménage et la paternité. La liste serait longue des grands hommes morts sans enfants.

« Je laisse deux filles immortelles, disait ÉPAMINONDAS, Leuctres et Mantinée. » NEWTON et MOLIÈRE, comme LUTHER et RABELAIS, comme PASCAL et VOLTAIRE, ont fait mieux que de créer une postérité. Ils ont laissé des œuvres immortelles.

Ce n'est donc pas par la descendance des hommes de génie que se relèvera la mentalité humaine. Les grands créateurs, anormaux par leur force créatrice extraordinaire, comptent pour beaucoup dans le progrès humain : ils ne peuvent compter pour rien dans le relèvement de la race. Intelligences puissantes, mais étranges, traversées par des aberrations extraordinaires, et qui poussent à l'excès leurs vertus mêmes. La Nature, après avoir produit ces fruits d'exception, se hâte de revenir à la production moyenne.

Mais qu'importe? L'histoire des hommes de génie ne peut, si faiblement que ce soit, ébranler cet axiome fondamental, que l'intelligence est héréditaire. La puissance intellectuelle n'échappe pas à la loi souveraine qui régit la destinée des êtres. Tous ceux qui ont examiné le problème sont arrivés à la même conclusion. Le doute n'est pas possible.

L'intelligence se transmet par hérédité comme tous les autres caractères individuels (1).

Bien entendu, les exceptions sont innombrables. Il serait facile de trouver des familles très intelligentes, dans lesquelles apparaissent soudain des individus très médiocres. Inversement on voit souvent des individus intelligents naître dans des familles dont le niveau intellectuel est très bas. De pareilles contradictions sont inévitables; car on les retrouve même pour la transmission héréditaire des caractères physiques, bien plus stables pourtant, et plus simples, que les caractères intellectuels. Tous les éleveurs ont constaté des faits analogues. Une brebis noire couverte par un bélier noir engendre parfois des agneaux tachetés de blanc, encore que, depuis plusieurs générations, il n'y ait eu que des individus noirs dans les ascendants.

L'hérédité du père et de la mère se complique de l'hérédité des grands-pères et des grand'mères; des arrière-grands-pères et des arrière-grand'mères. Et sans doute elle remonte beaucoup plus loin encore. A la cinquième génération il y a déjà eu soixante ascendants, qui les uns et les autres ont mis quelques-uns de leurs caractères dans leurs descendants, et une parcelle d'eux-mêmes.

Et puis les conditions variables extérieures, l'ambiance,

(1) Fr. Galton a écrit un livre remarquable sur l'hérédité (*Hereditary genius*, Londres, 1869) et montré par d'innombrables exemples à que point l'intelligence était héréditaire. Th. Ribot aussi a bien étudié le même sujet (*De l'hérédité*, Paris, 1875). D'ailleurs la bibliographie de cette vaste question est si considérable que je ne peux même pas l'ébaucher ici.

le climat, les événements, les maladies, des causes innombrables dont l'enchevêtrement passe toute appréciation, viennent ajouter leurs effets à l'hérédité. C'est miracle que, malgré toutes ces contingences, l'hérédité soit assez forte pour établir sa puissance, et triompher.

Et vraiment elle est triomphante. Notre personnalité mentale, en dépit de tous les événements qui la modifient à chaque instant, dépend surtout de notre hérédité. Les contingences y sont pour peu de chose. Dès la plus tendre enfance, avant qu'ils aient rencontré sur leur route rien qui puisse leur donner quelque empreinte, les enfants sont timides ou hardis, gais ou mélancoliques, alertes ou paresseux. Les circonstances extérieures ne changent pas beaucoup plus leur intelligence qu'elles ne peuvent changer la couleur de leurs cheveux ou la forme de leur nez.

L'hérédité domine le caractère des individus. Nous sommes ce que nos ancêtres ont été.

Ici apparaît une objection redoutable. S'il est vrai, dit-on, que l'hérédité est l'élément dominateur, il s'ensuivrait que, puisque l'intelligence des civilisés s'exerce plus que celle des barbares, l'intelligence aurait dû croître à mesure qu'a grandi la civilisation. Pourtant la civilisation a fait des progrès prodigieux, sans que l'intelligence des hommes ait avancé. Donc l'intelligence des hommes ne grandit pas. L'histoire est là, qui semble prouver qu'elle demeure immobile.

Un subtil écrivain, Remy de Gourmont, a même pu soutenir le principe de la *constance de l'intelligence*. « Ce qui augmente, dit-il, c'est le matériel avec lequel s'exerce l'intelligence de l'homme — et ce matériel devient chaque jour plus riche — mais, quant à l'intelligence elle-même, elle est invariable : elle ne peut pas varier. »

R. DE GOURMONT pourrait non sans raison comparer notre intelligence actuelle à celle des Athéniens de l'an 350 avant notre ère. Ils n'étaient guère plus de vingt-cinq mille, ces citoyens d'Athènes, bien moins nombreux que les habitants d'Orléans ou Stuttgart, Bologne ou Bukarest, Newcastle ou San Francisco.

Et certes aucune de ces villes (prises au hasard) n'a pu produire en cent années un SOCRATE et un PHIDIAS, un ARCHIMÈDE et un PLATON, un THUCYDIDE et un ARISTOPHANE, un SOPHOCLE et un PRAXITÈLE. Une telle comparaison au premier abord décourage ceux qui seraient tentés de croire à la perfectibilité de l'intelligence; car c'est presque un blasphème que de considérer les Athéniens du temps de PÉRICLÈS comme inférieurs à nous.

Je reconnais la force de cet argument pour établir que l'intelligence n'a pas grandi. Mais il ne me persuade pas du tout que l'intelligence *ne peut pas grandir*.

Si l'esprit grec, ingénieux et perspicace, a su imaginer des fictions charmantes, créer des arts nouveaux, inventer les sciences, établir les premières bases de la civilisation, c'est que tout était à découvrir. De même un adolescent, devant qui s'illumine le monde de la connaissance, fait chaque jour des découvertes imprévues. La musique et la peinture, l'algèbre et la physique, la poésie et la politique, s'ouvrent devant lui. Et quelques années suffisent pour cette initiation. De seize à vingt ans, le voile se déchire ; les trésors d'un monde inconnu apparaissent. Plus tard, à trente ans, il ne fera plus de si rapides conquêtes, et son intelligence paraîtra dormir, parce que des progrès seront moins vite acquis. Osera-t-on soutenir que l'homme est moins intelligent à trente ans qu'à seize ans ?

Les Grecs se sont trouvés, tout jeunes encore dans l'histoire humaine, en présence d'un univers inconnu, et ils ont tout de suite essayé de le comprendre. Or, malgré la féconde beauté de leur œuvre, c'est encore une œuvre de jeunesse. Que d'erreurs ! que d'illusions ! que d'enfantillages ! que de discussions oiseuses ! Ils croyaient que le soleil n'était pas plus grand que l'Attique, que la prêtresse de Delphes rendait des oracles, et qu'Atlas portait le monde sur ses épaules. SOCRATE, en mourant, a voulu qu'on sacrifiât un coq à ESCULAPE.

Et pourtant l'objection persiste. En deux mille ans le potentiel de l'intelligence humaine ne s'est pas accru. Il n'y eut pas dans le monde d'esprits plus puissants que SOCRATE, PLATON, ARISTOTE. Parmi les modernes, on en trouverait d'aussi grands peut-être, — et ce n'est pas bien sûr, — mais non de plus grands. Deux mille ans ont passé, et ils sont restés supérieurs aux autres hommes.

Vérité incontestable, mais dont il serait bien téméraire de tirer cette désolante conclusion que l'intelligence de l'homme ne peut pas grandir.

Elle n'a pas grandi, l'intelligence de l'homme : cela est sûr. Mais de quel droit prétendre qu'elle ne pouvait pas grandir ? Qu'a-t-il été fait, depuis le temps de PÉRICLÈS, pour développer l'intelligence des descendants? Quel effort a été tenté pour sélectionner les meilleurs ? Rien, absolument rien.

J'accorderai à R. DE GOURMONT qu'il n'y a pas eu de progrès; mais je me garderai d'en déduire que le progrès est impossible.

Il n'y a pas eu de progrès, parce que l'homme n'a pas cherché le progrès. Les unions ont été livrées à tous les hasards. Il s'est fait des mélanges de toutes les races ; les barbares se sont mêlés aux civilisés ; les criminels et les imbéciles n'ont pas été écartés. Une anarchie effroyable a dirigé les procréations. Toutes les races, toutes les cultures, toutes les individualités, les meilleures et les pires, se sont accouplées sans guide ni loi. Et pendant deux mille ans l'humanité a erré à la dérive, sans gouvernail ni boussole.

Alors la moyenne de l'intelligence est restée la même. Et comment eût-elle pu s'améliorer? Par quel prodige, alors que rien n'était fait pour le progrès, le progrès aurait-il été possible? Ce qui est étonnant, c'est que l'esprit de l'homme n'ait pas définitivement sombré.

Oui, certes, depuis deux mille années l'âme humaine ne s'est pas développée : elle n'a pas accru sa puissance. Elle est restée stationnaire. Mais, au lieu d'en déduire que l'intelligence est condamnée éternellement à rester identique à elle-même, j'en tirerai une tout autre conclusion.

Cette stabilité de l'intelligence humaine nous donne, en effet un admirable enseignement. Il est prouvé par l'histoire de l'humanité que, si nulle tentative n'est faite pour le développement de l'intelligence par la sélection, l'intelligence ne grandira pas. Il y a eu stagnation dans la mentalité des hommes, parce que rien n'a été fait pour la mentalité des hommes. A supposer la même insouciance, la même incurie, la même anarchie, l'homme restera ce qu'il était. Qui sait même s'il ne tombera pas dans une dégradation progressive?

Ne nous laissons pas éblouir par le mirage de la civilisation. L'homme civilisé vit dans des conditions plus douces que ne vit un sauvage ; mais sa pensée ne s'exerce pas avec plus d'intensité que la pensée du sauvage. Même on peut admettre qu'elle s'exerce moins.

En effet, l'homme d'aujourd'hui ne fait plus cet effort individuel, qui est le seul moyen efficace de transmettre aux descendants une intelligence supérieure. Au lieu de développer sa mentalité créatrice, il se contente de mettre à profit les travaux de ses devanciers.

Tout effort est supprimé par la facilité de la vie. G. Mattisse parlait récemment de la vie active des sauvages, forcés de tout construire, de faire du feu, de s'abriter, de se défendre, de chercher leur nourriture, et il la comparait à notre existence, si commode, si facile, où tout nous est fourni, où tout obstacle est supprimé. Nul besoin d'observer les êtres et les choses; nulle nécessité à être perspicace, ingénieux, prudent. Tout nous est *mis dans la main*, suivant une expression vulgaire. Or l'anéantissement de l'effort intellectuel doit aboutir à l'atrophie intellectuelle. Nous profitons de ce que nos pères ont fait pour nous épargner des peines. Aussi, n'ayant plus d'initiative personnelle à exercer, devenons-nous paresseux et incapables d'inventer.

Et puis le domaine des sciences s'est étendu à tel point qu'il faut spécialiser ses connaissances, se limiter à un objet très restreint; de sorte que toute généralisation est interdite. Et la spécialisation rigoureuse à laquelle nous sommes contraints n'est pas de nature à développer notre force intellectuelle.

Au temps d'Aristote, au temps de Léonard de Vinci, une vue synthétique des connaissances humaines était encore possible. Elle est interdite aujourd'hui. Chaque science a pris un tel développement qu'on ne peut être compétent dans toutes ses divisions; car chaque division des anciennes sciences est devenue à son tour une science spéciale, très compliquée et très étendue. Il n'est pas plus permis à un chimiste de bien savoir toute la chimie, qu'à un médecin toute la médecine. Même pour des sciences plus limitées (comme l'électricité), personne ne peut avoir la prétention d'en bien connaître tous les chapitres.

De là rétrécissement du champ intellectuel, non certes pour la collectivité, mais pour l'individu. Or, en fait de transmission héréditaire, l'individu est tout, la collectivité n'est rien.

Le résultat d'une civilisation très avancée, c'est de diminuer les personnalités. A mesure que l'humanité grandit, chaque être humain devient plus petit. Le rôle des personnes s'efface dans l'immense œuvre humaine collective. Quand le domaine humain devient plus vaste, le domaine de la pensée individuelle devient plus étroit; et on assiste à ce contraste étrange d'une humanité plus puissante, et d'un individu humain plus médiocre.

L'usage de la pensée réfléchie, consciente et responsable, se restreint. L'horizon se rétrécit. L'intelligence ne s'applique qu'à un objet déterminé, et alors elle devient presque automatique, quoique le mot d'automatisme soit contradictoire avec le mot de pensée.

Ainsi, malgré l'énorme extension de l'idée, malgré le prodigieux essor de la science, l'intelligence des individus humains n'a pas suivi une marche progressive, parallèle à celles de l'idée et de la science.

Mais il serait cruel et imprudent d'en conclure que le progrès de l'intelligence est à jamais impossible. C'est comme si, après avoir établi que la toison des moutons a gardé la même épaisseur depuis deux mille ans, on osait affirmer qu'il sera impossible, par la sélection, de modifier la laine des moutons.

Rien ne sera changé dans l'intelligence de l'homme si nulle réforme n'est faite pour la développer. Le croît de la civilisation n'entraîne pas fatalement le croît de l'intelligence. Il faut quelque chose de plus; un choix, une sélection, c'est-à-dire l'élimination des médiocrités inintelligentes. Or jusqu'à présent les sociétés, à mesure qu'elles se civilisent, tiennent à honneur de protéger, soutenir, défendre les débiles.

Chez les sauvages, la sélection s'exercé en toute sa puissance. Chez les civilisés, c'est l'anti-sélection.

VI

NÉCESSITÉ D'UNE SÉLECTION.

J'ai achevé la première partie de ma tâche, la plus facile, la moins contestable. J'ai établi que les qualités du corps et celles de l'esprit sont héréditaires chez l'homme comme chez l'animal. J'ai prouvé que nos institutions sociales, lesquelles annihilent et même contrarient la sélection naturelle, peuvent conduire à une prompte déchéance de la race.

Je ne dis nullement qu'il faut rompre avec nos institutions sociales et revenir à l'état de nature. Je ne crois nullement que le sauvage est supérieur à l'homme cultivé. Cette ineptie de J.-J. Rousseau et de quelques-uns de ses contemporains n'est plus prise au sérieux. Il ne faut pas revenir en arrière, et, après que nous sommes sortis de la barbarie, rentrer dans la barbarie, sous prétexte que la civilisation comporte quelques inconvénients.

Au contraire, il faut intensifier notre civilisation ; car nous n'avons pas su lui donner encore toute son amplitude, et déduire toutes ses conséquences. Notre organisation sociale est incompatible avec la sélection naturelle. Soit. Laissons la sélection naturelle, et ayons le courage de faire une sélection sociale, plus rapide, plus efficace que la sélection naturelle.

De même que l'homme a pu perfectionner des espèces animales, de même il pourra, s'il veut s'en donner la peine, perfectionner sa propre espèce.

Mais il y aura à ce progrès une condition nécessaire : *c'est que l'individualité humaine ne sera pas écrasée par la société humaine.*

Si les hommes préhistoriques, barbares, sont devenus des hommes civilisés, c'est parce qu'ils ont exercé personnellement leur intelligence. Ils ont fait l'effort qui leur a permis de franchir une étape. Et l'intelligence s'est développée comme se développe un muscle qui fonctionne activement.

Aujourd'hui l'automatisme social tend à annuler l'effort individuel, et, par conséquent, à atrophier l'intelligence. Nous tendons à n'être plus que des rouages aveugles d'une machine immense. Pour dépasser la limite actuelle, il faut un effort individuel. Sinon toute civilisation périra dans le marasme, et l'évolution de l'esprit humain va s'arrêter.

VII

NÉCESSITÉ D'UNE HYGIÈNE SOCIALE.

Avant tout, il faudra supprimer les multiples causes qui affaiblissent la race.

Je serai très bref sur ce point.

Que l'alcoolisme soit un grand mal et pervertisse les populations, personne ne le conteste. Que la syphilis soit un puissant agent de dégénérescence, comme la tuberculose et la malaria, c'est l'évidence même. Mais, dans un avenir prochain, l'hygiène publique aura fait de tels progrès qu'il n'y aura plus ni alcoolisme, ni malaria, ni tuberculose, ni syphilis.

Le jour où on voudra faire disparaître l'alcoolisme, on supprimera la vente de l'alcool dans les débits. C'est simple, net et facile.

Le jour où on voudra faire disparaître la tuberculose, on ne gardera plus dans les villes les tuberculeux : on les isolera, on les expédiera dans des îles, comme la Corse, la Sardaigne, l'Irlande, la Crète, Ceylan, les Philippines, assez vastes pour héberger tous les tuberculeux de nos cités et de nos campagnes.

Le jour où on voudra faire disparaître la syphilis, on

isolera les syphilitiques comme on aura isolé les tuberculeux et leur on interdira rigoureusement l'abord du continent. Ce ne sera pas une punition, mais une préservation.

Quant à la malaria, on sait qu'elle est propagée par les moustiques; on sait que par des mesures de désinfection on peut détruire la plupart des moustiques pendant la période aquatique de leur existence. Affaire de temps et d'argent. Peu de chose, en somme.

Nous n'insistons pas. Si étranges que puissent paraître ces mesures de prohibition, elles seront adoptées par les sociétés humaines, lasses de périr et de dépérir par des maladies évitables. Ce sera une des premières réformes qu'entreprendra l'humanité future. Ainsi, à peu de frais, sans grand effort, on aura délivré les hommes de leurs pires ennemis.

Et si quelques esprits peu imaginatifs se figurent que jamais on ne se résoudra à ces réformes radicales, si épouvantables pour nos contemporains, c'est que nous sommes impuissants à nous figurer l'avenir. La plupart des hommes sont à ce point envahis, aveuglés, dominés par le temps présent, qu'ils sont incapables de voir autre chose que ce qui est. Ils ne peuvent jamais se figurer ce qui sera. Ils sont persuadés, les pauvres gens, que les choses humaines sont immuables. Ils ne savent pas plus se représenter les sociétés d'hier, que celles de demain. Le présent les stérilise. Ils ne veulent pas savoir que tout sera autre qu'aujourd'hui, que nos préjugés, nos querelles, nos engouements, nos timidités, paraîtront ridicules, grotesques, incompréhensibles, et que nos petits-enfants auront mieux que nous compris la nécessité de protéger le premier des biens, la santé.

Alors aussi on fera part égale à l'esprit et au corps. Car

aujourd'hui, grâce à notre lamentable inertie, les ouvriers, qui s'abêtissent à des travaux corporels uniformes et épuisants, deviennent des brutes ; les intellectuels, qui n'exercent pas leurs muscles, deviennent des débiles. Abrutissement d'un côté, chétivité de l'autre, pour n'avoir pas gardé la juste mesure entre l'activité du corps et l'exercice de l'esprit.

Le surmenage intellectuel, la vie fiévreuse des villes, les longs séjours à la mine ou à l'atelier, toutes ces causes d'épuisement cessent d'être redoutables, du moment qu'on les connaît.

Tout cela sera, par les soins des générations futures, réglé avec une sagesse que notre insouciance présente ignore. On empêchera ainsi l'être humain d'être victime de l'organisation sociale.

Mais nous n'insistons pas ; car ces mesures préservatrices, si elles maintiennent l'intégrité de l'espèce, n'auront nullement pour effet de l'améliorer. Or nous voulons plus que le maintien de l'espèce. Nous espérons la faire progresser, et elle progressera si nous avons le courage d'appliquer aux êtres humains les méthodes de sélection méthodique qui ont donné de si admirables résultats pour l'amélioration des espèces animales.

VIII

LES RACES INFÉRIEURES.

Avant tout, il faudra éviter tout mélange des races humaines supérieures avec les races humaines inférieures.

Je regrette, sur ce point, d'être en désaccord avec l'opinion commune, et de ne pas partager les idées de mes amis; mais vraiment je ne crois pas du tout à l'égalité des races humaines (1).

D'abord ce mot d'égalité est un non-sens. Un noir est différent d'un jaune; un jaune est différent d'un blanc. Dire qu'ils sont égaux, c'est aussi absurde que de prétendre que la pomme est égale à la poire et que le caniche est égal au boule-dogue. Les noirs, les blancs et les jaunes sont différents, absolument différents. Ils diffèrent par la taille, par l'intel-

(1) Un livre a été écrit sur ce sujet par A. FIRMIN (*De l'égalité des races humaines*. Paris, Pichon, in-8, 1885, 665). Cet écrivain (de sang noir) a donné, en termes modérés, un habile plaidoyer en faveur de la non-infériorité de la race noire. Mais ses arguments ne m'ont pas convaincu. Les très estimables écrivains noirs qu'il cite (EMMANUEL ÉDOUARD, DUCAS HIPPOLYTE, TERTULIEN GUILBAUD, DANTÈS FORTUNAT, etc.), ne dépassent certainement pas un niveau littéraire médiocre. LISLET GEOFFROY, qui est le plus grand savant — et le seul — de la race noire, ne peut guère être considéré comme un mathématicien de génie.

ligence, par la vigueur musculaire, par l'aptitude aux maladies, par la couleur et l'odeur de la peau, par la forme des lèvres, du nez, des cheveux, des organes génitaux, par la structure du crâne, par la disposition des circonvolutions, par le poids du cerveau, par l'anatomie de leurs muscles, par leur angle facial, par tous leurs caractères enfin, soit du corps, soit de l'esprit.

Je ne comprends pas par quelle aberration on peut assimiler un nègre à un blanc. Lorsque je lis les ouvrages où il est parlé de l'unité de la race humaine, je me demande si je rêve tout éveillé. Souche unique ou multiple, il n'importe : le fait est qu'aujourd'hui, en 1912, ils sont différents, aussi différents que la ligne courbe diffère de la ligne droite ; que l'écrevisse est différente du homard ; et le soleil de la lune. Dût-on me crucifier, me flageller, me faire subir les tortures les plus variées et les plus savantes, jamais je n'avouerai que le nègre, avec ses cheveux crépus, ses lèvres épaisses, son angle facial fuyant, ses longs bras et sa peau noire, est identique à un blanc aux cheveux blonds, aux yeux bleus, à la peau rosée.

Donc il y a, parmi les individus humains, des races différentes. Si j'écrivais un ouvrage d'anthropologie, je pourrais tenter d'en faire la classification et l'énumération, mais je me contenterai d'une division très simple, probablement vraie au fond, quoiqu'elle ne soit pas bien savante :

Les noirs ; les jaunes ; les blancs. Les noirs sont à l'Afrique, les jaunes occupent l'Asie, les blancs ont l'Europe et l'Amérique.

Il s'agit d'ailleurs moins d'une différence entre les blancs et les noirs — cette différence ne peut être niée — que d'une supériorité des blancs sur les noirs.

On ne considérera pas cet examen comme un sacrilège. Il serait étrange qu'en notre temps, alors que tout est soumis au doute et à la libre discussion, il restât certains axiomes intangibles et indémontrés, certaines vérités de droit divin, auxquelles une profane raison n'aurait pas le droit de toucher. Je ne me laisserai pas gagner par ces naïves frayeurs. Je croirai à l'égalité des races humaines, si l'on m'en fournit les preuves. En tout cas, je pense avoir le droit absolu de poser le problème, et je ne tiendrais pas en grande estime intellectuelle celui qui n'oserait pas examiner froidement et sereinement la question, sous prétexte qu'un doute à cet égard porte atteinte à la dignité humaine et à je ne sais quelle vague et enfantine philanthropie.

En quoi peut consister la supériorité d'une race humaine sur une autre?

Évidemment, ce n'est pas par la beauté. Car la beauté est d'une appréciation tout à fait relative. La Vénus hottentote est, au sud de l'Afrique, considérée comme plus belle que la Vénus de Milo ou la Diane de Gabies, et nulle démonstration ne pourrait établir qu'au sud de l'Afrique on se fait une fâcheuse idée de la beauté féminine.

Les Européens attribuent aux individus du type chinois ou du type japonais une extrême laideur; et inversement. Mais les deux appréciations se valent, et il est inutile de discuter, puisque aucun juge impartial ne pourra décider. Et d'ailleurs il n'y a pas à décider. La beauté ne se démontre pas par des théorèmes géométriques. Elle est sans rapport avec l'absolu, dépendant uniquement de nos habitudes et de notre éducation.

La taille n'est pas la même dans les diverses races. Les

jaunes sont notablement plus petits que les blancs; mais on ne saurait dire que la petitesse de la taille constitue infériorité ou supériorité.

Pour la force et l'agilité musculaires, il ne semble pas qu'on puisse établir de bien nettes différenciations. Il est possible que les Chinois et les Japonais soient plus vigoureux que des Européens de même petite taille; mais cela n'est pas certain, et toute statistique précise fait défaut. On connaît les exemples de belle endurance que fournissent les coureurs japonais : mais il n'est pas prouvé que des blancs habitués à cet exercice, dès l'enfance, seraient incapables de les imiter. L'agilité des saltimbanques japonais est extraordinaire; mais nous avons aussi des acrobates fort habiles. Il y a des lutteurs nègres dont la force est colossale; mais nos lutteurs ne sont pas à dédaigner. Et puis, à vrai dire, ce n'est pas sur les tréteaux de la foire que je vais chercher des preuves pour la supériorité ou l'infériorité de la race. Nous avons des nageurs, des tireurs, des boxeurs, des athlètes qui peuvent lutter avec nageurs, tireurs, boxeurs et athlètes des autres races. Cela me suffit, et je ne vais pas plus loin dans la comparaison.

Pour la longévité, les Européens fournissent certainement une longévité bien supérieure. Mais on ne peut assurer que ce soit un privilège ethnique ou le résultat d'une meilleure hygiène (publique et privée). Toutefois un fait est certain, c'est que l'évolution des âges est plus rapide chez les noirs et les jaunes que chez les blancs. A trente ans, les négresses et les Chinoises sont de vieilles femmes, flétries, ravagées. A cinquante ans, un nègre et un Chinois sont décrépits et usés. Mais les documents scientifiques, irréprochables, font défaut, et je n'insisterai pas.

Pour la fécondité, il est impossible de rien dire. Car la volonté intervient activement dans toutes les familles, même les plus fécondes, pour limiter le nombre des enfants. Ce qu'on appelle fécondité, chez la plupart des Européens, c'est seulement le nombre d'enfants qu'ils ont consenti à avoir. D'ailleurs la fécondité n'est nullement l'indice certain d'une supériorité ethnique. Au contraire, il semble plutôt que les espèces les plus simples, les moins parfaites, soient plus fécondes que les autres.

Donc, en analysant les divers éléments constitutifs de l'être humain, beauté, vigueur, taille, longévité, fécondité, nous ne voyons pas une seule raison plausible pour donner la prééminence à une race humaine plutôt qu'à une autre.

Mais que les défenseurs de l'égalité des races n'en tirent pas avantage. Car, si, au lieu de comparer le blanc et le noir, nous avions comparé l'homme et l'animal, nous eussions été fort embarrassés pour affirmer la supériorité de l'homme.

Est-ce par la beauté? Cela prête à rire. La beauté d'un cheval ou d'un renard, voire même d'un lézard ou d'un requin, ne le cède pas à la beauté de l'homme. Est-ce par la force musculaire? N'en parlons pas, pour ne pas humilier nos frères humains. Et quant à la longévité, si le chien ou le cheval ont une existence plus brève que la nôtre, l'éléphant et le cerf l'ont beaucoup plus longue.

Nulles supériorités pour l'ensemble des aptitudes vitales entre deux espèces ou deux races différentes. Tous les êtres vivants sont également bien adaptés à la vie. L'hirondelle vole plus vite que le moineau; mais elle n'est pas supérieure au moineau; car le moineau se défend par d'autres armes que la vitesse. Le lièvre court plus vite que le lapin, mais le lièvre n'est pas supérieur au lapin; car le lapin peut pulluler et prospérer à côté du lièvre. La taupe a une vue moins perçante que l'aigle; mais elle se protège contre ses ennemis tout aussi bien que l'aigle.

De même, dans les races humaines, les noirs, les blancs, les jaunes diffèrent quelque peu par leurs aptitudes physiques, mais les uns et les autres sont également bien adaptés aux conditions naturelles de leur existence, sans qu'on puisse parler de supériorité ou d'infériorité, mots vides de sens, tant qu'on n'a pas introduit l'élément psychologique dans le débat.

La supériorité de l'homme sur l'animal, sa seule supériorité, mais qui est formidable, c'est l'intelligence. Parler, généraliser, comprendre les lois de causalité et d'identité, construire un syllogisme, fabriquer une machine et indiquer à ses enfants le moyen de construire une machine semblable tout cela, c'est l'intelligence. L'intelligence crée un abîme entre l'homme et l'animal, et elle nous permet d'établir notre supériorité hiérarchique sur l'animal; car — sans que nous puissions d'ailleurs, en toute rigueur, le prouver — l'intelligence est une qualité d'ordre supérieur.

De fait, si l'homme, dans la lutte pour la vie, a triomphé de l'animal, ce n'est ni par sa force musculaire, ni par sa fécondité, ni par ses qualités physiques : c'est uniquement par sa puissance intellectuelle. S'il a asservi la nature vivante et la nature inerte à ses besoins, c'est parce qu'il a étudié, analysé, approfondi, inventé. Que son intelligence eût été moindre, il eût exercé une moindre puissance ; que son intelligence eût été plus hardie, plus vaste, plus souple, il aurait pénétré bien des secrets qu'il abordera, quand son esprit de demain, plus affiné, lui permettra de les connaître.

Comme nous le disions au début de ce livre, la science

est la condition de la puissance. Or science veut dire intelligence, et peut-être aussi sagesse. Les trois mots sont presque identiques. Intelligence, c'est comprendre (*intelligere*). Science, c'est savoir (*scire*); et être sage (*sapere*). Comprendre, savoir, être sage, ce sont trois expressions qui, à quelques nuances près, ont le même sens et expriment la même idée.

Aussi bien, puisque nous établissons une différence hiérarchique, d'après le degré de l'intelligence, entre l'animal et l'homme, nous paraît-il parfaitement légitime de chercher si, entre les diverses races humaines, nous ne pouvons pas, d'après les caractéristiques intellectuelles, indiquer une sorte d'hiérarchie; prééminence ou infériorité.

Et si, en vertu de je ne sais quelles théories démodées, on m'accuse de sacrilège, je n'en prendrai pas souci, et je continuerai mon raisonnement.

Nous disons, — et nous avons parfaitement le droit de le dire : — l'homme est supérieur au singe, parce qu'il est plus intelligent que le singe. Cela suffit. Nous n'invoquons ni l'agilité musculaire, ni la beauté des formes, ni la fécondité : nous prenons un critérium unique, l'intelligence. C'est assez pour un classement hiérarchique, et nous disons nettement : l'homme est supérieur au singe.

Supposons, au lieu du singe, une race humaine d'intelligence inférieure à la nôtre : la conclusion sera exactement la même. Soit une race humaine d'intelligence débile, et une autre race humaine, d'intelligence pénétrante, ne ferait-on pas preuve de timidité puérile en n'osant pas dire : la race intelligente est supérieure à la race imbécile?

Donc, dans la hiérarchie des races humaines, nous prendrons la puissance intellectuelle pour mesure du classement.

Nous ne nous occuperons ni de la beauté, ni de la force, ni de la taille, ni des autres qualités du corps. Elles sont équivalentes, ou à peu près. Mais il reste l'intelligence.

Toute la question est donc de savoir si l'intelligence est égale chez les noirs, les blancs et les jaunes. Si elle est égale, il n'y a pas de races humaines supérieures. Si, au contraire, elle diffère, elle servira de base à notre classification.

Au risque d'offenser le dogme sacro-saint de l'égalité des hommes, nous ferons cette classification.

Il est regrettable qu'on ne puisse pas, pour disposer d'un document précis, faire une épreuve qui aurait toute la valeur d'une expérimentation irréprochable, prendre, par exemple, cent enfants blancs, cent petits négrillons, cent jaunes; les élever avec les mêmes livres et les mêmes maîtres, dans le même collège, et, pendant quelques années, suivre leurs progrès, comparer leurs talents pour les mathématiques, les sciences naturelles, la composition littéraire, le dessin, la musique. On aurait là un élément d'appréciation extrêmement utile, permettant peut-être une conclusion.

Cependant il faudrait se méfier de cette conclusion. Car l'expérience, en apparence très rigoureuse, est en réalité entachée de vices profonds. La précocité des uns et des autres n'étant pas semblable, on ne pourra comparer un nègre de douze ans à un petit blanc de même âge, qui sera tout à fait enfant encore.

Pour d'autres motifs encore, la comparaison ne serait pas aussi fructueuse qu'on pourrait le penser. Il y a beaucoup de variétés dans la race nègre; il y en a beaucoup aussi dans la race jaune; et il n'y en a pas moins dans la race blanche. Ce qu'on appelle race noire, race blanche, race jaune, c'est presque une abstraction, tant sont variées les sous-divisions ethniques des groupements humains fondamentaux. Dans quelles races blanches, dans quelles races noires, va-t-on recruter ces écoliers?

Enfin, quoique une expérimentation portant sur trois cents individus soit déjà de quelque ampleur, elle est tout à fait insuffisante pour juger définitivement une question aussi grave.

Mais cette expérience aurait un plus grave défaut encore. Supposons qu'on ait classé les trois cents enfants d'après un problème de mathématiques, une version latine, une narration française, un dessin linéaire et une composition d'histoire; la classification définitive ne serait pas adéquate à ce que nous devons appeler l'intelligence.

Il y a en effet, dans l'intelligence, deux autres éléments, de qualité bien supérieure aux facultés de mémoire et d'assimilation. Il y a le *caractère* qui permet à l'homme d'être maître de ses passions et de ses vices; il y a l'*invention*, l'éclair imprévu d'où jaillit le progrès. Or un concours scolaire ne permet de juger ni le caractère, ni l'invention, cette faculté créatrice, qui fait découvrir et imaginer quelque chose de nouveau.

Donc, pour toutes ces raisons, cette singulière lutte entre noirs, jaunes et blancs, même si elle était poursuivie méthodiquement, donnerait des résultats imparfaits que, d'avance, on aurait tout droit de récuser : car elle est limitée quant au nombre des concurrents et quant à la valeur des épreuves.

Eh bien! nous avons mieux : beaucoup mieux.

La comparaison ne porte pas sur trois cents enfants : elle porte sur près de cent milliards d'êtres humains, de tout âge. Elle ne durera pas deux ou trois années, mais elle a duré depuis cinquante siècles. Elle ne met pas en relief certaines qualités de mémoire, mais bien toutes les qualités intellectuelles, le caractère, et l'invention, autant que la compréhension générale des choses. Il ne s'agit pas seulement de mathématiques, de version latine et de dessin, mais de tous les arts, de toutes les sciences, de tous les actes. La multiplicité et la complexité des épreuves font qu'il ne peut y avoir de fraude : et, comme des milliards de concurrents sont appelés, il n'y a pas de hasard à alléguer. Tous les individus vivants ont participé, sans le savoir, à ce vaste concours, à cette colossale rivalité d'intelligence générale dont notre petite planète a été le théâtre.

Cette épreuve prolongée, universelle, irréfutable, décisive, c'est la civilisation humaine. Tous les êtres humains ont été appelés à y concourir. Voyons-en les résultats et cherchons à faire la part des uns et des autres.

D'abord, comparons les nègres aux blancs.

La comparaison est facile et peut être résumée en une ligne. Les noirs n'ont rien apporté. Ils ont, d'une manière éclatante, le dernier rang sur tous les points.

Dans les sciences, ils n'ont rien. Quel est, dans l'histoire des mathématiques, de la physique, de la chimie, de la biologie, le nègre qui a laissé un livre, un théorème, une expérience, une découverte? Quoique je n'aie pas la prétention de connaître les noms de tous les savants dignes de mémoire, j'en sais assez pour être assuré qu'aucun savant nègre ne peut être comparé à ARCHIMÈDE, KÉPLER, GALILÉE, NEWTON, LAVOISIER, DARWIN, PASTEUR. Si encore les nègres pouvaient compter quelque honorable savant, de cinquième ordre ou de dixième ordre! Mais ils n'en ont pas un seul, grand ou petit, de quelque rang infime qu'on le suppose. Les nègres sont mal doués pour la science : ils n'ont rien inventé, ils n'ont rien découvert, ils n'ont pas écrit le plus médiocre ouvrage de vulgarisation. Je ne suis même pas bien certain qu'ils soient aptes à comprendre tous nos livres.

Pour les lettres et les arts, c'est exactement la même chose. L'architecture nègre, ce sont les paillotes. La peinture nègre, ce sont les dessins informes dont ils ont bariolé leurs guitares. La musique nègre, ce sont les charivaris des cafés arabes ou les mélopées traînantes et monotones, non dépourvues de quelque charme, qu'ils chantent en naviguant sur les rizières. Mais il y a loin de cette plainte rythmée à BEETHOVEN, VERDI et WAGNER.

Quant aux lettres, je connais HOMÈRE et SOPHOCLE, SHAKESPEARE et MOLIÈRE, SCHILLER et VICTOR HUGO, mais j'ignore totalement les grands artistes ou les grands penseurs du monde noir.

Il faut donc leur attribuer la même place dans l'art que dans la science.

Toute l'industrie est l'œuvre des blancs. Ce ne sont pas des nègres qui ont imaginé l'imprimerie, les chemins de fer, les bateaux à hélice, les télégraphes, la photographie, l'aviation.

Ils n'ont pas su fonder une seule institution sociale; ni l'assistance publique, ni la lettre de change, ni le gouvernement parlementaire.

Ils n'ont même pas pu se créer une langue stable, et se donner une patrie. Les deux ou trois petits ridicules États gouvernés par des nègres sont déchirés par des dissensions féroces; l'anarchie et la cupidité y sévissent en pleine vigueur. Pendant bien des siècles, ils ont été les maîtres de l'Afrique; ils n'ont rien pu y établir : il leur a été impossible de constituer un empire quelconque. L'Afrique était divisée en tribus qui ne connaissaient que des guerres de pillage avec des armes enfantines.

En fait de religion, ils n'ont inventé que des fétichismes grossiers. Nous, les blancs, nous avons le paganisme admirable d'HOMÈRE, le féroce monothéisme de JÉHOVAH, la douce mystique du CHRIST et le belliqueux apostolat de MAHOMET. Les jaunes ont BRAHMA et BOUDHA. En somme six grandioses religions qui reflètent l'âme de ceux qui les ont faites, croyant les recevoir d'un Dieu. Mais l'âme des noirs, très puérile, se reflète dans leurs basses superstitions, leurs amulettes et leurs gris-gris.

Leurs politiques et leurs religions sont à la hauteur de leurs sciences et de leurs arts.

Donc l'expérience est faite. Elle a été longue et totale. Elle est décisive.

Donc une comparaison peut être établie entre l'intelligence du nègre et celle du blanc. Elle ne s'appuie ni sur des raisonnements philanthropiques ni sur des déductions anatomiques, mais sur les résultats mêmes de cette intelligence. L'arbre se juge à ses fruits. L'intelligence d'une race se juge à ce qu'elle a produit. Les noirs n'ont produit que le néant.

Cherchez, creusez, analysez. Interrogez les dictionnaires, les statistiques et les almanachs, et vous ne trouverez pas le nom d'un seul nègre qui ait été éminent, comme savant, comme artiste, comme penseur.

On cite toujours l'exemple d'un homme de quelque mérite, M. BOOKER WASHINGTON, qui est nègre, et que le président ROOSEVELT a invité un jour à dîner. Mais, au risque de faire de la peine à cet honorable écrivain noir, je ne crois pas que son nom compense à lui tout seul les noms d'Aristote, de Phidias, de Virgile, de Dante, de Descartes, de Voltaire, de Kant et de Gœthe. D'un côté, M. Booker Washington, de l'autre côté tous les génies de la Grèce et de Rome, de l'Allemagne et de la France, de l'Angleterre et de l'Espagne. La balance n'est pas égale.

Même l'exemple de M. Booker Washington est bon à citer. Il nous donne la mesure de ce que la race noire est capable de produire, après un enfantement de cinquante siècles. Ç'a été le maximum de son effort, et son épanouissement. Il y a eu M. Booker Washington, et nul autre. Voilà l'unique témoignage que les nègres puissent alléguer en faveur de leur puissance intellectuelle. On me permettra alors de penser que M. Booker Washington est une exception, et que cette exception ne prouve rien.

Pourquoi ne pas dire à haute voix ce qui est notre conviction intime à tous? La race noire est une race inférieure. Les dimensions du crâne et les formes du cerveau la rapprochent des singes, et l'intelligence est restée enfantine. Peut-être, par le progrès des siècles, la race noire sera-t-elle capable d'évoluer, assez pour devenir, d'ici à quelque milliers d'années, l'égale de la race blanche. C'est fort possible; mais nous n'en pouvons rien savoir, et les plus habiles ne sauraient émettre à cet égard que des conjectures fantaisistes. Peu importe. La question n'est pas là.

Il ne s'agit ni du passé, ni de l'avenir, mais du présent. Or, à l'heure présente, la race noire est radicalement inférieure à la race blanche. Nous n'avons pas voulu en dire davantage. L'infériorité est éclatante, et il est inutile d'aller plus loin.

Faisons une hypothèse. Imaginons qu'il n'y ait jamais eu de nègres, ni au Congo, ni en Éthiopie, ni en aucun point de l'Afrique. Est-ce que notre civilisation en serait changée? Que manquerait-il à notre culture générale? Aurions-nous une seule expérience, un seul livre de moins? une seule ligne à retrancher des ouvrages que nous lisons? Paris resterait identique à Paris, Londres à Londres, Berlin à Berlin (1).

L'œuvre de la race noire a été égale à zéro. Des millions et des millions de nègres ont respiré, vécu — et souffert aussi, les malheureux! — sans aucun profit, ni pour l'humanité présente, ni pour l'humanité future. Toute cette immense population humaine, par suite de l'imbécillité de son intelligence, n'a pas fait avancer la marche en avant de l'humanité plus que les milliers et les milliers de bestiaux qui peuplent depuis des siècles les pampas du Sud-Amérique.

Et, si l'on m'accuse ici d'être cruel, c'est qu'on ne m'aura

(1) M. FRANCES HOGGAN a donné dans la *Revue* (15 nov. 1910, 527-538) un aperçu sur la littérature et l'art nègres. Il ne m'a pas convaincu plus que FIRMIN. Et en effet les noms qu'il cite, et les exemples qu'il apporte, seraient plutôt de nature à faire conclure à l'impuissance des nègres. Parmi les poètes il cite PHYLLIS WKYATLY et PAUL LAWRENCE DUNBAR. Mais, faut-il l'avouer, j'ignorais leurs noms; et les poésies citées, les meilleures sans doute, ne sont pas d'une éclatante supériorité : « Mes esprits s'élèvent et s'abaissent sans cesse, même quand je dors. Les rêves me viennent, oui, et ils me tiennent prisonnier comme la croûte du gâteau de pomme quand il cuit au four dans la cuisine. » M. HOGGAN nous parle encore du calculateur THOMAS FULLER qui pouvait rapidement dire combien un individu dont on lui indiquait l'âge avait vécu de secondes (problème enfantin). Parmi les musiciens, COLERIDGE TAYLOR; parmi les sculpteurs, Miss WAUVICK et Miss EDMONIA LEWIS; parmi les peintres, H. O. TANNER; parmi les journalistes, Mrs TERRELL. Mais il est difficile de prétendre que les noms de ces noirs ne sont pas plongés dans une profonde obscurité.

pas compris. J'ai une vraie sympathie pour ces pauvres noirs, ces êtres doux et faibles, victimes de notre méchanceté et de notre cupidité. Je ne voudrais pas faire quelque peine au plus infime d'entre eux, et d'avance je m'excuse de ma rude franchise. Mais ma sympathie pour les individus, consciences humaines capables de douleur, ne va pas jusqu'à l'admiration pour la race.

Il ne faut pas confondre un sentiment de pitié avec un jugement, d'autant plus que ce jugement comporte une conclusion précise et impérative. *Tout mélange de cette race dégradée avec la nôtre ne peut être que funeste.*

Comparons maintenant la race jaune et la race blanche au point de vue de l'intelligence.

On a vu que, pour classer la race noire et la mettre résolument au-dessous de la race blanche, il n'y a eu ni difficulté, ni hésitation. Mais pour la race jaune, il n'en va pas de même, et on doit être moins affirmatif.

Examinons la question objectivement, sans parti pris, et, autant qu'il dépendra de nous, sans préjugés.

Certes les Chinois et les Japonais ont une très antique civilisation. Ils ont cultivé les arts et les sciences depuis longtemps. Leur organisation sociale est assez compliquée, et même, à certains égards, supérieure à la nôtre. Ils ont eu des poètes, des philosophes, des hommes d'État. Cinq cent millions d'hommes de même race, c'est une quantité qui n'est pas négligeable, et qu'il ne faut pas traiter avec dédain.

Pourtant, à tout prendre, je ne saurais conclure à l'égalité intellectuelle des jaunes et des blancs.

Pour les sciences d'abord. Quand nous étudions les

sciences mathématiques, physiques, biologiques, sociales, nous n'avons à pas tenir compte de ce que les Chinois ont fait : car c'est si peu de chose que ce n'est rien. Dans l'histoire des sciences, la Chine et le Japon ne comptent pas. Qu'ils aient fait quelques observations astronomiques, c'est possible. Je me hasarderai à penser, pourtant, malgré mon incompétence, que Képler, Copernic, Galilée, Newton, Laplace, Le Verrier ne doivent pas une parcelle de leurs découvertes à la science des Chinois. La physique ne leur doit rien, non plus que la biologie. Et quant à la médecine, s'il est vrai que l'inoculation de la variole vient de Chine, c'est, en somme, une pratique très empirique et assez barbare. Hippocrate, Galien, Harvey, Laennec et Pasteur n'ont pas eu recours à la science des Chinois pour faire leurs découvertes.

On dit qu'ils connaissaient la boussole, l'imprimerie et la poudre à canon. Ce sont là affirmations qu'on trouve dans tous les livres de l'enseignement primaire. Encore faudrait-il savoir ce qu'elles valent. Mais, même si elles étaient vraies, il n'en reste pas moins avéré que Gutenberg et Roger Bacon n'ont pas été puiser leurs découvertes dans les ouvrages chinois.

A supposer qu'ils aient eu la boussole, ils n'en ont pas su tirer parti. A supposer qu'ils aient connu l'imprimerie, ils ne l'ont employée à aucun usage. Vraiment il vaudrait mieux n'avoir pas fait ces découvertes, dues peut-être au hasard, que de les avoir faites, et pendant plusieurs siècles de n'avoir pas su en tirer le plus mince profit. Peut-être ont-ils eu la boussole avant nous ; mais ce ne sont pas des navigateurs chinois qui ont découvert l'Amérique, les pôles et l'Australie. Peut-être ont-ils connu l'imprimerie avant Gutenberg ; mais les impressions chinoises font piètre figure à côté de notre presse européenne.

Il est vrai que les Chinois considèrent la science et l'industrie comme des exercices inférieurs, indignes de fixer l'attention d'un sage. Tout notre gigantesque machinisme ne les émeut pas : ils attribuent plus d'importance à l'urbanité, à la douceur des mœurs, au langage choisi, au respect des ancêtres, au culte des anciennes doctrines, au maintien des traditions familiales, à la vénération des vieux moralistes. Bref ils dédaignent la science ; ils n'ont pas cette volonté du progrès qui est comme la trame de notre âme occidentale collective.

Ce dédain cache-t-il une impuissance réelle pour la science ? Je serais tenté de le croire. Si vraiment, comme ils s'en vantent, leur civilisation est plus vieille que la nôtre, pourquoi sont-ils, depuis vingt-cinq siècles, restés immobiles ? Cette immobilité n'est-elle pas un aveu d'impuissance ? La conquête des vérités profondes cachées sous l'apparence des formes est d'une si étrange attirance qu'on ne voit pas par quelle aberration, ayant goûté à cette recherche, on l'abandonne. Sans doute c'est qu'on ne peut aller plus avant.

Il y a des arbres qui, après avoir grandi, fleuri, fructifié, soudain s'arrêtent dans leur évolution. Ils semblaient faits pour monter aux nues, et voici qu'arrivés à mi-route ils s'atrophient, sans pouvoir dépasser la hauteur des arbustes voisins. Ils n'ont ni la noble stature, ni le port majestueux des chênes d'alentour : ils restent rabougris, avec leur maigre branchage d'arbrisseau. Je ne dirai jamais que c'est dédain pour la hauteur ; je conclurai plutôt que c'est impuissance.

Pour les sciences historiques, sociales, linguistiques, les Chinois n'ont rien fait. Leur droit est un droit coutumier, baroque, où la torture joue un rôle prépondérant. Leur langue est un prodige de bizarrerie et d'incohérence.

Leurs œuvres littéraires et artistiques sont loin d'être nulles. Mais pourtant elles n'ont exercé que bien peu d'influence sur les nôtres. —Mon opinion, à cet égard, n'est qu'une opinion personnelle. Qui donc, en pareille matière, prétendrait fixer des règles esthétiques immuables? — Eh bien, pour ma part, je donnerais tout le théâtre chinois, avec ses vingt-cinq mille pièces (que je n'ai pas lues), pour *Hamlet* et *Œdipe*; tous les philosophes chinois, y compris Confucius, pour les *Pensées* de Marc-Aurèle et la *Critique de la raison pure*; toutes les pagodes de la Chine, y compris la grande muraille, pour le Parthénon et la Sainte-Chapelle; tous les Bouddhas ventrus et grotesques de l'Asie, pour le *Gladiateur mourant;* tous les paravents, éventails, porcelaines, parasols, bibelots du Céleste Empire entier, pour un tableau de Rembrandt; et les cymbales, chapeaux chinois et cacophonies du monde oriental, pour une symphonie de Beethoven.

Si nous n'avons pas, jusqu'ici, parlé des Japonais, c'est que leur civilisation a pu, jusqu'à ces dernières années, se confondre, à quelques légères nuances près, avec la civilisation chinoise. Même religion; même langue; même architecture; même dédain des sciences; même art immobile, figé dans la répétition du passé.

Mais soudain ils ont compris le néant de cette immobilité. Au lieu de rester séparés de notre civilisation, ils ont voulu profiter des progrès qu'elle avait conquis, et alors, fiévreusement, ils se sont initiés à nos systèmes mécaniques, militaire, pédagogique et financier. Ils ont tout imité : le régime parlementaire et l'instruction obligatoire; les loges maçonniques et les gros budgets; les obus à mélinite et les cuirassés; les laboratoires de zoologie et les chemins de fer; les quotidiens à grand tirage et les bateaux sous-marins.

Même ils ont excellé dans cette imitation; et, comme ils sont très braves, et qu'ils avaient devant eux l'armée à demi pourrie du tsar, ils ont remporté contre les Russes d'éclatantes victoires.

Le respect du fait accompli est si puissant, le culte de la force est si invétéré qu'aussitôt les journalistes de l'Europe, — des penseurs, comme on sait, — ont conclu, sinon à la supériorité des jaunes sur les blancs, au moins à l'égalité intellectuelle des jaunes et des blancs. Ils n'ont pas voulu voir, ces philosophes, que l'imitation n'est pas l'invention, qu'on peut acheter des cuirassés en Angleterre, sans être capables de les construire (encore moins de les inventer), et qu'une troupe de soldats courageux, formés à la discipline européenne et pourvue d'armes européennes, peut se battre avec succès contre de mauvaises armées européennes.

La bataille de Moukden ne me fera pas conclure à la supériorité du génie asiatique sur le génie européen, plus que la bataille de Sedan ne me fera conclure à la supériorité du génie allemand sur le génie français.

Pourtant l'exemple donné depuis quelques années par les Japonais est très remarquable. Il prouve que les jaunes ont une puissance extraordinaire d'assimilation et d'imitation. Mais, en réalité, il ne prouve aucunement leur force créatrice. Avant 1860, comme après 1860, le monde civilisé demeure le monde qu'ont fait les blancs. Les jaunes n'y sont pour rien. Ils ont adopté nos canons, notre code, notre manière de gouverner. Mais leur part dans l'invention de ces choses est nulle. Nous n'avons pas eu besoin d'eux pour organiser notre vie sociale et notre merveilleux (?) régime militaire. Jusqu'à preuve du contraire, nous croyons qu'il en sera de même à l'avenir.

Je répéterai pour les jaunes ce que je disais tout à l'heure pour les noirs. Supposons que, sur la planète terrestre, il n'y ait eu que l'Europe et la Méditerranée, sans l'immense Asie, sans la sauvage Afrique. En quoi l'humanité serait-elle moins avancée? Sans l'Asie et l'Afrique, il y aurait eu l'Égypte, et la Grèce, et Rome, et l'Italie, et la France, et l'Allemagne, et l'Angleterre, et tout ce monde civilisé d'aujourd'hui qui, avide de liberté et de connaissance, marche vaillamment à la conquête de la vérité. Rien ne serait changé par l'absence de la race jaune. Nous n'y aurions perdu ni un théorème, ni une expérience, ni une machine. Nous aurions quelques potiches de moins.

Notre morale serait restée la même; car notre morale vient de Socrate, du Christ, de Marc-Aurèle, de Kant. Le fumeux génie de Boudha, et les fantasmagories des Védas, n'y ont rien mis, fort heureusement.

L'idée du progrès — le progrès de la race humaine et des individus humains — inspire toute notre action et dirige toute notre conduite. Cette idée n'a rien d'oriental : elle est même contraire à la pensée orientale. Nous ferions fausse route si nous nous laissions contaminer par les hommes de l'Orient, comme jadis s'est laissée envahir la glorieuse Rome par les mœurs asiatiques qui l'ont perdue. Suivons notre chemin vers le progrès. Si les jaunes veulent nous suivre, tant mieux. S'ils consentent à marcher dans le même sillon, à ouvrir des écoles, à construire des télégraphes, et à éditer des journaux, c'est fort bien, à la condition que nous sachions nous rendre justice, et comprendre que les écoles, les télégraphes et les journaux viennent de nous, et de nous seuls.

Il faut conclure. Puisque le classement des races se fait par l'intelligence, puisque l'intelligence de l'homme se juge aux résultats obtenus, nous mettrons résolument tout au bas de l'échelle hiérarchique des races humaines, la *race noire*, incapable de penser et d'innover, impuissante à se constituer en nation : puis, au-dessus d'eux, et très loin d'eux, la *race jaune*, peu inventive, peu créatrice, mais brave, laborieuse, apte à une assimilation rapide ; et enfin, tout à fait au-dessus des deux races, la *race blanche*, qui a tout fait dans le monde actuel, qui a créé une organisation sociale savante, inventé des milliers d'industries, asservi la matière et l'animal à ses volontés ; conquérante, par la science, de toute notre planète.

Ce ne sont ni des théories, ni des fantaisies : c'est la réalité même, avec toute son éblouissante brutalité.

IX

LES RACES BLANCHES.

Nous avons semblé supposer que la race blanche est homogène. Il n'en est rien, mais les mélanges ont été si fréquents et si compliqués qu'il est impossible, pour les peuples de l'Europe actuelle, de déterminer avec quelque précision l'origine ethnique. Tout s'est confondu, et la confusion augmente chaque jour.

Si j'écrivais un livre d'anthropologie, — ce que m'interdit une incompétence absolue, — je mentionnerais les diverses subdivisions de la race blanche : les Caucasiens, c'est-à-dire la presque totalité des Européens; les Sémites (Arabes, Égyptiens et Israélites); les Finnois et les Indiens.

Les Finnois constituent une population peu nombreuse, dont l'origine est bien obscure encore. Les Indiens de race blanche, peu nombreux aussi, sont restés isolés des autres innombrables tribus indiennes.

Restent les Sémites et les Caucasiens, c'est-à-dire, d'une part, les Arabes et les Juifs; d'autre part, tous les autres Européens.

Entre ces deux races, au point de vue de l'intelligence, il n'y a pas, croyons-nous, de prééminence possible à établir. Encore que mon admiration pour la civilisation arabe ou la civilisation juive soit médiocre, je n'aurai pas la témérité de prétendre que les races sémitiques sont inférieures aux races caucasiques.

Celles-là, à la fois très diverses et très semblables, constituent des nationalités différentes; mais *ces diverses nationalités ne répondent nullement à des groupements ethniques*. Ce qui fait une nationalité, c'est un ensemble de traditions, où l'origine ethnographique ne joue qu'un rôle très modeste. Langage, mœurs, religion, histoire, volonté nationale, tout cela constitue une nation. L'anthropologie n'a rien à y voir. En France, en Angleterre, en Italie, en Allemagne, il y a eu le mélange inextricable de races blanches autochtones et de races blanches envahissantes. Toute délimitation est impossible, et d'avance, elle serait condamnée à l'erreur. France, Angleterre, Italie, Allemagne contiennent des populations absolument dissemblables.

Aussi bien, dans l'œuvre générale de la civilisation, la contribution de ces peuples divers a été la même, à peu près. La Grèce a commencé; la Grèce, notre mère, qui a créé les arts et les sciences; la Grèce, dont nulle nation n'a égalé la puissante et féconde intelligence. Puis il y a eu Rome, qui, avec son merveilleux génie organisateur, a mis l'ordre et la loi dans le monde. Puis plus tard, Italie, France, Angleterre, Allemagne, Espagne, ont eu une floraison de grands hommes, qui sont l'honneur de notre race, si bien que nul de ces nobles pays ne peut sérieusement prétendre à la supériorité.

Nous sommes les enfants des mêmes races blanches, diversement et confusément mélangées. Presque sans métaphore, nous sommes des *frères*. Ce serait folie que de chercher quelque différence ethnique essentielle ou quelque prééminence intellectuelle. Les compatriotes de VOLTAIRE, de LAVOISIER, de HUGO et de PASTEUR n'ont rien à envier aux compatriotes de DANTE, de RAPHAEL, de GALILÉE et de VOLTA, pas plus qu'à ceux de LUTHER, de LEIBNIZ, de KANT et de BEETHOVEN, ou à ceux de SHAKESPEARE, de LOCKE, de NEWTON, de DARWIN. Pour moi, dans mon patriotisme d'Européen, je me considère comme le compatriote de tous ces glorieux créateurs, et j'en conçois quelque fierté.

Ainsi la fusion prolongée des races blanches a fini par constituer une race homogène, la race blanche européenne.

Si donc une sélection est à faire parmi les blancs, il ne faudra pas faire de sélection suivant les divers groupements ethniques, mais suivant les individus. Au contraire, lorsqu'il s'agira de la race jaune, et, à plus forte raison, de la race noire, pour conserver, et surtout pour augmenter notre puissance mentale, il faudra pratiquer non plus la sélection *individuelle*, comme avec nos frères les blancs, mais la sélection *spécifique*, en écartant résolument tout mélange avec les races inférieures.

X

CROISEMENTS DES RACES BLANCHES AVEC LES RACES INFÉRIEURES.

Le simple bon sens fait déjà supposer qu'en la croisant avec une race inférieure, on introduit dans la race supérieure un élément qui la vicie.

La théorie l'indique : la pratique le confirme.

Pour les animaux, cela est incontestable. Le plus ignorant des éleveurs n'ignore pas cette vérité très simple. Ne serait-ce pas bien étrange qu'une telle loi, absolue pour tout animal, n'existât pas pour l'animal humain? Mais cette étrangeté n'est pas à craindre. La viciation des races supérieures par l'union avec les races inférieures est un fait aussi évident que les faits les plus évidents de la biologie.

Les métis, les mulâtres constituent une population des plus médiocres. Sauf de très honorables exceptions, ils sont vicieux, paresseux et imbéciles. Aux Philippines, au Brésil, dans les Amériques du Centre et du Sud, on peut observer les tristes effets de ces métissages. Tous ces métis, sauf exception, bien entendu, ne peuvent jamais s'élever au-dessus d'un certain niveau social. Partout, ce sont les blancs qui, parleur activité et leur intelligence, possèdent la richesse, l'influence, le pouvoir et le talent.

Cependant il se fait un lent travail d'acclimatation et de *sélection dans le sens blanc*, de sorte que peu à peu la population brésilienne, malgré les fortes proportions de sang noir et de sang indien qui l'ont souillée, tend à revenir au type blanc. Une mulâtresse préfère un blanc à un mulâtre, et il ne se rencontre guère que des négresses pour consentir à épouser un nègre. La race inférieure tend à disparaître ; elle devient de moins en moins nombreuse ; l'immigration apporte sans cesse de nouveaux blancs, toujours renaissants, tandis que les nègres, abrutis par l'alcool et décimés par la tuberculose, disparaissent peu à peu. On peut donc prévoir le moment où la population sud-américaine sera une sorte de race nouvelle métissée, avec très peu de nègres purs et très peu d'indigènes purs.

On ne peut pas dire que ce résultat soit heureux. La robuste et vaillante race hispano-portugaise n'a rien gagné à ce mélange. Une hiérarchie s'est établie ; et les métis sont, dans la nation même, une sorte de rebut.

Combien plus sagement ont agi les Anglo-Saxons du Nord-Amérique ! Ils ont résolument repoussé toute union avec la race noire. Les huit millions de nègres que comptent les États-Unis ne se mélangent absolument pas avec la population blanche ; et les unions entre blancs et négresses sont relativement rares, de sorte que la race anglo-saxonne, mélangée à des Allemands, des Français, des Italiens, des Scandinaves, mais pure de tout alliage avec les races inférieures, a gardé toute sa beauté et toute son intelligence. »

Assurément on trouverait çà et là quelques exemples de mulâtres et de métis très bien doués au point de vue intellectuel. ALEXANDRE DUMAS, dont le père, le général DUMAS, était franchement mulâtre (mais dont la mère était blanche ?), peut être cité parmi les hommes les plus intelligents du XIXe siècle ; mais son cas est unique, et d'ailleurs il n'avait qu'un huitième de sang noir (1).

Et puis il ne faut pas légiférer d'après des exceptions. Nous avons donc le droit de dire que *le premier principe de la sélection humaine, c'est de formellement interdire l'union des blancs avec les femmes d'une autre race, race jaune ou race noire.*

Le danger du métissage avec les races jaunes n'est pas à craindre pour nous — actuellement au moins. — Les jaunes ont leurs institutions sociales ; ils n'ont pas à subir la promiscuité due à l'esclavage ; et la famille, aux Indes, en Indo-Chine, au Japon et en Chine, est assez fortement constituée pour que le mélange de l'élément jaune avec la race blanche ne soit pas un danger menaçant. Peu importe que la prostitution soit florissante dans tous les ports de l'Orient : la prostitution est inféconde, et ce n'est pas communément qu'il s'établit de légitimes mariages entre Asiatiques et Européens.

Mais il n'en sera peut-être pas ainsi à l'avenir, et il faut prévoir l'avenir. Ne parlons donc pas des jaunes, mais des noirs. Le mélange de la race blanche avec la race noire n'est pas une crainte chimérique : c'est un danger réel, urgent, effroyable, et qui menace la prospérité de tout un continent.

Si l'Amérique du Sud est contaminée par les races inférieures, il est à craindre que l'Europe, au bout de quelques années, n'en pâtisse à son tour ; car les métis de l'Amérique du Sud ont la prétention de se dire des blancs, et on ne voit

(1) Je ne saurais dire quelle était la proportion de sang noir chez le grand poète POUCHKINE.

pas comment se pourrait empêcher l'infiltration de cet élément mauvais dans le noble sang européen.

Le péril est d'autant plus grave qu'il est moins apparent. On ne saisit pas tout de suite les différences d'intelligence, de caractère, d'empire sur soi, d'invention, de fermeté, de robustesse, qui sépareront une population d'Européens et une population de métis. Au premier abord, les deux agglomérations humaines paraissent semblables. Mêmes langues, mêmes mœurs, mêmes vêtements, presque mêmes visages. sauf quelques traits ataviques ne frappant guère qu'un observateur avisé. Mais l'intelligence — cette force subtile et insaisissable, dont on peut si difficilement délimiter les caractères — sera viciée par d'imperceptibles nuances. Nul homme supérieur ne naîtra de cette population de métis. Elle s'enfoncera dans la paresse, ou s'épuisera dans une vaine agitation; incapable d'énergie, plus incapable encore d'invention. La stagnation aura remplacé le progrès.

Non qu'une foule européenne, celle de Paris, de Berlin, de Londres ou de Milan, soit d'une supérieure intelligence, commandant le respect et l'admiration. Hélas! Ces hommes assemblés ne sont ni beaux à voir, ni intéressants à entendre. Ce qui se débite de sottises dans ces réunions est invraisemblable; et la moralité individuelle de chacun de ces infimes personnages est terriblement loin de la moralité idéale que nous concevons. Mais enfin cette masse humaine, si incohérente, si imbécile qu'elle soit, porte en elle le germe de l'avenir. Elle a un *potentiel* très élevé. L'intelligence de ces passants n'est pas d'une moyenne très haute, mais il y a peut-être parmi eux quelques esprits remarquables, perdus dans une foule médiocre. Surtout il est possible que de cette foule médiocre naisse un jour quelque créatrice et féconde intelligence. S'il s'agissait d'une assemblée de métis ou de mulâtres, on ne pourrait rien espérer de semblable.

Les degrés de l'intelligence ne s'apprécient que par des nuances faibles, mais ces faibles nuances prennent une importance extraordinaire par les résultats. Entre un homme de génie et un homme vulgaire, il n'y a, quand on les aborde et qu'on les entend parler, que des transitions peu saisissables. De même entre un tableau original et une excellente copie. Il faut vraiment y regarder de très près pour s'apercevoir que la copie ne vaut pas l'original. Ce ne sont que de minuscules détails : mais ces détails minuscules sont tout. L'original vaut un million, et la copie vaut cent francs. Le même air, qu'il soit chanté par LA PATTI ou par une honorable cantatrice, c'est presque la même chose. Mais cette légère différence crée un abîme.

Donc il faut garder notre intelligence de blancs, encore qu'elle ne diffère de l'intelligence des mulâtres que par d'imperceptibles différences. Mais ces différences, multipliées et accentuées par l'hérédité, sont celles qui font grands les hommes et supérieures les races. De tout le patrimoine que nous ont laissé nos ancêtres, celui-là est le plus précieux. Nous n'avons pas le droit de le compromettre.

Imaginons un éleveur qui, après de longs et patients efforts, ait pu obtenir enfin une race fine et puissante. Il ne va pas, de gaieté de cœur, mélanger à cette race pure une autre race inférieure. Il n'en a garde; car ce serait folie. Il sait parfaitement que le résultat d'un tel croisement sera l'adultération de la race primitive, soit immédiatement, soit au bout de quelque temps. Il mettra donc tous ses soins à éviter un mélange qui pervertirait tout.

Ne craignons pas de comparer l'hérédité de l'intelligence

humaine à l'hérédité biologique, animale ou végétale. L'homme est matière vivante, et soumis aux lois de la matière vivante, et ce n'est pas nous dégrader que d'assimiler les conditions qui régissent notre descendance aux lois qui gouvernent tous les êtres vivants.

Or nous trouvons dans l'hérédité végétale un exemple saisissant de l'influence néfaste que peut exercer un croisement avec une variété voisine inférieure. Si, à côté de certains melons d'espèce excellente, on a planté quelques melons d'espèce inférieure, c'en est fait de la bonne variété : elle en est pour toujours atteinte. On ne reviendra plus jamais au type primitif excellent, et il faut recommencer la culture. Pourtant les plus attentifs botanistes ne sauraient découvrir quelque différence entre les deux plants. Ils ne sont pas identiques, mais ils paraissent identiques, et la divergence ne se manifeste que par leurs produits, supérieurs ou médiocres.

L'intelligence est une fonction bien autrement délicate que la saveur du melon, et il est presque aussi intéressant de la défendre que de protéger la pureté de nos melons.

Ce que les agronomes font pour les betteraves, les blés, les avoines; ce que les horticulteurs font pour les roses et les dahlias; ce que les jardiniers font pour les raisins et les fraises; ce que les éleveurs font pour les chevaux et les porcs, nous ne voudrions pas le faire pour l'espèce humaine! Quelle négligence! quel aveuglement!

La question est grave. Je l'aborderai sans timidité et sans préjugés. Je crois bien qu'on n'osera pas me suivre. Mais ma parole ne sera pas perdue, si j'ai forcé quelques jeunes hommes à réfléchir.

XI

PROHIBITION DU MARIAGE AVEC LES RACES INFÉRIEURES.

Et tout d'abord, qu'on ne m'accuse pas de dire qu'il faut faire disparaître les races inférieures. Je ne suis pas encore arrivé à ce degré d'aberration. L'histoire de l'homme, féconde en horreurs, nous montre que des peuples entiers ont été anéantis par d'autres peuples, réduits à l'esclavage et aux pires maux. Ç'a été abominable. Mais notre moralité, au XXe siècle, n'est plus celle des conquérants mogols, ni même celle des Espagnols du XVIe siècle. Les nègres et les sauvages sont des hommes que nous ne pouvons pas regarder comme nos égaux, assurément, mais qui ont droit cependant à notre douceur, et cela d'autant plus que notre civilisation est plus haute.

Toutefois le respect pour ces médiocres personnalités humaines ne va pas jusqu'à leur permettre de nous faire du mal. Et le mal qu'elles peuvent nous faire est grand. Elles peuvent porter atteinte, par mélange de leur sang avec le nôtre, à la vitalité de notre race, et ainsi corrompre l'avenir.

Donc il faut empêcher toutes unions entre les races inférieures et les races blanches.

On prétendra peut-être que les mœurs seraient suffisamment efficaces. Dans certains pays, en effet, c'est assez. Dans l'Amérique du Nord, les Anglo-Saxons ont mis une barrière entre l'élément blanc et l'élément nègre, non pas tant par les lois — car les droits d'un nègre sont les mêmes que ceux d'un blanc — que par les usages. Il ne se conclut jamais de mariages entre négresses et blancs : les mulâtresses elles-mêmes ne sont pas épousées par les blancs, sauf de rares exceptions. Quant aux femmes de race blanche, elles n'épousent jamais un nègre ou un mulâtre. Aussi toute réglementation paraîtrait à peu près superflue, s'il n'était bon de fortifier ces sages mœurs par de sages lois.

En tout cas, le danger n'existe pas pour l'Europe, où il n'y a que des blancs ; ni pour le Nord-Amérique, où les nègres sont tenus à l'écart. Mais partout ailleurs le danger est redoutable, imminent, en Afrique, dans l'Amérique du Sud tout entière, et en Asie, c'est-à-dire sur presque toute la terre.

Pour conjurer ce danger, *il faut, par des lois universelles et inflexibles, empêcher les mariages mixtes.*

Pourquoi non? Quand les sociétés ont institué le mariage civil, elles ont précisé les conditions nécessaires à l'autorisation de ce mariage. Ainsi un individu déjà marié ne peut contracter nouveau mariage. Il n'y a pas de mariage permis entre le frère et la sœur, ni entre le père et la fille. En un mot, le droit au mariage comporte des restrictions formelles.

Par conséquent, rien n'est plus simple que d'ajouter des restrictions nouvelles à celles qui existent déjà ; on peut décider que tout mariage entre individus de race différente sera interdit.

Nous ne prétendons nullement empêcher les nègres ou les jaunes de se marier entre eux. Il ne nous importe guère.

Mais ce qu'il faut redouter, et ce qu'il faut empêcher, c'est qu'il se noue des unions mixtes capables de produire des enfants qui auront l'apparence extérieure des blancs, mais qui, en réalité, n'auront que l'inférieure intelligence des nègres et des jaunes.

Et, si l'on prétend que c'est un acte tyrannique, je répondrai qu'il s'agit d'une mesure générale de préservation sociale. Toute préservation est forcément tyrannique. Empêcher un négociant de vendre de la nitroglycérine, cela est parfaitement tyrannique. Tyrannique aussi, l'obligation d'envoyer les enfants à l'école. Tyrannique, la quarantaine qui empêche un navire, infecté par le choléra, de circuler librement dans tous les ports. Tyrannique, l'obligation de porter des vêtements, lorsqu'il fait chaud, alors qu'il serait plus commode de marcher tout nu dans les rues. Tyranniques, les innombrables règlements d'hygiène sur la désinfection des maisons, la police urbaine. Tyrannique, l'impôt qui prélève une lourde dîme sur tous nos biens. Des tyrannies vigilantes nous oppriment de toutes parts pour veiller sur nous, nous défendre, nous protéger contre nos concitoyens, et aussi contre nous-mêmes.

Par conséquent, si la société considère le mariage d'un blanc avec une négresse comme un fléau social, il lui sera parfaitement légitime de l'interdire. L'avenir de l'humanité est au moins aussi intéressant que la libre vente du phosphore.

Le mariage n'est pas une loi naturelle : c'est une institution sociale qui confère certains avantages aux conjoints et aux enfants. La situation des époux devient régulière. La transmission des biens aux enfants se fait avec plus de facilité. La femme est mieux protégée. Mais, en échange de ces privilèges, l'État a bien le droit d'exiger, lui aussi, certaines conditions indispensables et de proscrire ce qu'il considère comme pernicieux. La société, qui avantage les deux époux et leurs enfants, peut donc se refuser à protéger ce qui n'est pas digne de protection, à encourager, par une sanction officielle, ce qui mérite un blâme, et à consacrer, par son approbation, un acte fatal à elle-même.

Qu'un blanc épris d'une négresse, et ne pouvant résister à cette passion, s'unisse avec sa négresse, par une union libre, c'est son affaire, et nous n'allons pas jusqu'à la sévérité de certains États de l'Union (Californie, 1861), qui punissaient ces accouplements. Mais quant à sanctionner cette profanation de notre race, la société a parfaitement le droit de s'y refuser. Le mariage ne peut être regardé comme le droit de tout citoyen. Il faut certaines conditions d'âge, de parenté, de célibat, pour pouvoir contracter mariage. Rien de plus légitime que de refuser aux unions mixtes les bénéfices d'une solennelle consécration sociale.

On objectera que, dans certains cas, par exemple pour certains mulâtres n'ayant que peu de sang noir, une détermination précise de la race sera presque impossible. Mais nous n'avons pas à entrer dans l'examen de toutes les difficultés. Si nous présentions un projet de loi, — ce dont nous n'avons garde, — tous les termes seraient à méditer, et il faudrait entrer dans de méticuleux détails, rigoureusement précisés. Mais on pense bien que ce n'est pas là notre intention. Nous voulons seulement forcer l'attention de nos contemporains, et les contraindre à réfléchir sur l'avenir de leurs enfants.

Par cette prohibition absolue du mariage avec des individus d'autre race, il se créera ainsi un vaste *empire blanc*, complètement distinct des *empires jaunes*, et pur de tout mélange avec les populations noires. Certes on pourra difficilement empêcher les unions libres ; au moins pourra-t-on les rendre rares, clandestines, et leur enlever toute chance de prospérité et de fécondité.

On a exprimé parfois la crainte de voir dégénérer une race qui ne se renouvelle pas par le mélange avec d'autres races. Mais ce péril est imaginaire ; car les blancs forment des groupes si divers et si nombreux qu'on n'a pas à redouter une trop grande homogénéité. Écossais et Catalans, Siciliens et Flamands, Polonais et Normands, Saxons et Auvergnats ; c'est assez pour assurer une grande variété dans la descendance. Autant il est fâcheux de s'allier à des races inférieures, autant il est utile de s'unir à des races différentes, mais de valeur égale.

Un avantage considérable de cette prohibition du mariage avec les noirs, sera de renforcer la solidarité européenne. D'ici à un demi-siècle le continent africain va être colonisé. Il est essentiel que ne se renouvelle pas pour l'Afrique la cruelle aberration qui a laissé s'établir dans l'Amérique du Sud vingt millions de métis. Les huit millions de nègres du Nord-Amérique ne sont pas à craindre, car ils ne se mélangent pas avec la race anglo-saxonne, tandis que les vingt millions de métis du Sud-Amérique vont être bien difficilement écartés. Il est nécessaire de prendre déjà quelques mesures énergiques pour protéger les blancs de l'Afrique. On n'empêchera certainement pas les métissages clandestins ; mais au moins pourra-t-on arrêter les mariages réguliers, et, par conséquent, restreindre fortement la formation d'une race métissée européo-africaine.

Les Européens de l'Afrique comprendront alors la nécessité de rester unis. Ils se sentiront étroitement solidaires les uns des autres. Alors la civilisation de l'Afrique sera nettement européenne, sans prendre les apparences d'une civilisation rétrograde, livrée à l'inférieure intelligence d'êtres à demi sauvages.

Nos préoccupations, pour éliminer de l'humanité future les jaunes et les noirs paraîtront, bien singulières à beaucoup de nos compatriotes. Ils ne connaissent guère que les boulevards de Paris, ou les hôtels de Nice, et nos craintes vont leur paraître chimériques. Mais il faut voir plus loin que les boulevards de Paris et les hôtels de Nice. Il est de vastes régions où toute une population de médiocre intelligence est en contact perpétuel avec les blancs; toute l'Afrique, toute l'Amérique, toute l'Asie. Il faut nous défendre contre cette infiltration qui menace de nous perdre.

Or la seule défense efficace, c'est la prohibition absolue du mariage. Mesure de salubrité publique, qui n'est ni inhumaine, ni compliquée. Une législation uniforme promulguée par les grandes nations européennes nous apportera la sécurité.

XII

LES FORMES SOCIALES DE LA CIVILISATION FUTURE.

Ainsi l'intégrité de la race sera assurée, d'une part par la prohibition de toute union avec les races inférieures; d'autre part, par la suppression des causes d'affaiblissement physique et mental. C'est beaucoup. Ce n'est pas assez. Il est bon d'empêcher la race de dégénérer; pourtant nous voulons davantage: nous voulons qu'elle progresse.

Ce progrès ne peut être obtenu que par la sélection.

Mais, pour savoir quelles voies employer, il faut, avant toutes choses, connaître exactement le but qu'on veut atteindre et les résultats qu'on veut obtenir. Les éleveurs, quand ils modifient une race, sont parfaitement conscients de ce qu'ils veulent faire. Même ils ne réussissent bien que si leur résolution est arrêtée à l'avance; car, selon qu'ils veulent obtenir certaines qualités de formes, de force, de beauté, de vitesse, ils procèderont différemment.

Or voici que tout de suite, pour l'homme vivant en société, une question difficile apparaît, qu'il faut résoudre. Faut-il essayer de créer une race supérieure, le *surhomme* de NIETZSCHE, en constituant quelques individus exceptionnels émergeant d'une humanité médiocre, ou étendre le progrès à l'ensemble de tous les hommes?

Tel est le problème que nous allons brièvement examiner.

On peut se faire du progrès deux conceptions différentes.

Selon une première conception, les sociétés seront solidement organisées et parfaitement régulières. Tout y fonctionnera avec une précision presque automatique. Dès son enfance, l'individu ne sera plus considéré que comme un fragment du vaste organisme, où il aura son rôle déterminé à l'avance, à peu près comme, dans une ruche d'abeilles, chaque insecte doit exercer son activité d'après le mode prescrit. C'est le *socialisme*.

Selon la seconde conception, l'État n'aura qu'un rôle faible, si tant est qu'il en ait un encore. Il n'existera pas de pouvoir central : les grandes divisions par nationalités seront virtuellement abolies. Des communes isolées seront reliées les unes aux autres par des liens administratifs très lâches, presque inexistants, de sorte que l'autonomie communale sera presque absolue. Dans ces communes mêmes, régnera la plus grande liberté : les familles seront souveraines, et dans ces familles l'autorité du père de famille sera la seule loi, loi peu tyrannique d'ailleurs, et réduite à fort peu de chose. C'est l'*anarchie*.

C'est entre le socialisme et l'anarchie que se débattent les civilisations, ne sachant de quel côté s'orienter, tantôt fortifiant, tantôt affaiblissant le pouvoir central; tantôt développant, tantôt écrasant l'individualité humaine. Que faut-il espérer? Dans quel sens va évoluer l'humanité? Quelle est la forme la plus désirable, celle vers laquelle doivent tendre nos efforts?

L'une et l'autre ont leurs beaux côtés et leurs périls.

Le socialisme (ou l'étatisme) a cet immense avantage de protéger tous les citoyens, de centraliser les efforts dispersés, de ne rien perdre des énergies humaines, d'établir partout l'égalité et la justice, de ne rien abandonner au hasard, d'atténuer ou même de faire disparaître les infortunes et les misères. Tous les membres de l'immense association, étant solidaires et conscients de cette solidarité, contribuent à l'œuvre commune. Les chefs, nommés à l'élection, ont pleins pouvoirs pour décider l'organisation des travaux. Chaque citoyen, suivant sa capacité, est affecté à tel ou tel travail, chargé de telle ou telle besogne. Il ne lui est pas permis d'être paresseux ou distrait, plus qu'il n'est permis à une abeille de rester oisive dans la ruche. Alors le monde entier sera transformé en un vaste atelier, où tout se fera méthodiquement ; aussi bien les compositions littéraires et les recherches scientifiques, que le bris des cailloux sur les routes. Une absolue égalité régnera entre les hommes, et il y aura peu d'aberrants : car des peines sévères frapperont toutes les aberrations.

Non seulement l'égalité régnera, mais encore l'uniformité. En effet, toute diversité dans l'œuvre commune implique une imperfection, une disparité, avec cette conséquence nécessaire qu'il y a des supérieurs et des inférieurs.

La propriété individuelle sera supprimée : car le fait d'une propriété individuelle, forcément différente chez les différents hommes, entraîne l'inégalité des conditions. La famille elle-même sera réduite à un rôle très effacé, puisque enfants comme parents ont pour unique devoir de servir l'État et de remplir une fonction déterminée dans la colossale machine dont ils ne peuvent être qu'un imperceptible et docile rouage.

De là quelques avantages précieux. Cette société nouvelle ne connaîtra pas la misère. *Il n'y aura plus la liberté du mal.* Tout sera réglementé, codifié, hiérarchisé. Le travail collectif aboutira à des résultats grandioses. Dans nos sociétés, c'est la libre concurrence; mais, dans cette société unifiée, ce sera l'impulsion du pouvoir central qui déterminera les progrès. Et ce pouvoir dominateur, soumis au blâme ou à l'approbation de chacun, sera l'émanation directe de toute une fourmilière humaine placée au-dessous de lui, mais lui ayant conféré sa puissance. La souveraineté d'un État tout-puissant pressera ou ralentira le mouvement progressif, selon l'inspiration du jour.

Société despotique, uniforme, régulière, assurant le bien-être à tous ses membres, sans qu'il y ait de heurts ou de fantaisies révolutionnaires à craindre.

Après tout, ce socialisme, c'est, à quelques nuances près, le pouvoir monarchique; car, dans une monarchie vraiment absolue, au-dessous du prince, il y a une masse populaire immense, et chaque sujet du monarque est un fragment de la machine totale, et un fragment qui n'a ni initiative, ni volonté. Dans l'état socialiste, la volonté individuelle persiste encore, en théorie; mais elle disparaît en réalité; car elle se noie dans l'immensité du corps social. Avoir un vingt-millionième de pouvoir, ou n'en pas avoir du tout, c'est à peu près la même impuissance.

Cette esquisse idéale d'un monde égalitaire ne répond assurément à aucune réalité sociale actuelle; mais nous la croyons conforme aux principes du socialisme intégral, et à ses aspirations. C'est l'égalité absolue, par l'universelle soumission de l'individu à la collectivité.

Une société ainsi constituée ne serait pas très malheureuse.

Le nivellement apaiserait bien des misères. Les infortunes qui, dans notre société individualiste, pèsent injustement sur tant d'innocents, leur seraient épargnées. Ce serait une perpétuelle et universelle médiocrité. Toute chance de s'élever au-dessus du niveau commun devenant impossible, toute crainte de manquer d'abri étant supprimée, il n'y aurait plus ni espérances, ni angoisses. Probablement même, avec ce régime de sécurité et de régularité, la curiosité du nouveau disparaîtrait. Il n'y aurait plus cette aspiration vers l'inconnu et cette soif d'idéal qui nous tourmentent. Les passions elles-mêmes s'éteindraient peu à peu ; une vie uniforme et monotone étendrait son lourd voile gris sur toutes les consciences écrasées.

Au fond, malgré sa sécurité, cette société hiérarchique et despotique ne serait pas très heureuse, mais envahie par un immense ennui, et dévorée par une irrémédiable fatigue. Le bonheur, à ce qu'il semble, c'est l'effort individuel, l'action énergique d'une personne responsable, qui peut, de son action, espérer éloge ou blâme, succès ou infortune. Avoir un avenir assuré et être sûr que la vieillesse sera abritée, ce n'est pas une félicité bien haute. C'est un bonheur négatif. L'absence de misère est fort appréciable, mais tout de même ce n'est pas la joie de la vie, avec l'orgueil de la lutte et l'intense plaisir du triomphe.

Une société unifiée, sans les diversités individuelles, c'est comme une vaste plaine bien plate où il n'y a ni montagnes, ni précipices, ni sommets, ni abîmes. Elle lasse bien vite ceux qui ont devant les yeux ce monotone tableau.

Or, quels que soient mon culte de la collectivité humaine, et mon amour de l'humanité, je ne me soucie nullement de perdre ma conscience et ma responsabilité, pour m'anéantir dans l'immense machine sociale. Ce rôle d'atome impuissant ne me tente nullement. Les abeilles exécutent des travaux merveilleux. Mais leur œuvre est collective et impersonnelle, et la fonction d'un de ces infimes ouvriers, malgré toute sa perfection et sa stabilité, ne me semble guère désirable.

L'autre forme sociale, tout à fait opposée à ce régime d'absolue égalité, c'est l'anarchie.

Évidemment, il ne sera pas question de ces scélérats qui lancent des bombes dans les lieux publics, ni même de ceux qui rêvent une société sans hiérarchie ni répression. Ce sont crimes, et surtout folies, dont il est inutile de parler ici. L'anarchie, c'est une société extrêmement libérale, beaucoup plus libérale qu'aucune de nos sociétés actuelles. C'est un État dans lequel l'individu ne sera pas écrasé par la collectivité. Tout homme pourra s'y mouvoir librement, à ses risques et périls, devenir riche ou pauvre, selon ses talents ou son travail. L'État ne lui commandera rien; mais l'État ne lui donnera rien. Il sera responsable de ses actes. Tant pis pour lui s'il a été paresseux ou imprévoyant.

L'idéal de la société collectiviste, c'est l'égalité. L'idéal de la société anarchique, c'est la liberté.

On n'a pas assez remarqué que ces deux notions sont à peu près exclusives l'une de l'autre. Si pour tous la liberté d'agir est complète, il se trouvera assurément des individus assez habiles pour en profiter. Plus intelligents, plus laborieux, plus heureux, ils s'élèveront au-dessus des autres hommes, et tout de suite l'inégalité apparaîtra. Des différences s'établiront, les meilleurs et les pires ne pouvant pas demeurer au même niveau, quelle que soit leur égalité au moment de la naissance.

La liberté tue l'égalité.

Donc il faut choisir. Pour ma part, je n'hésite pas. Puisque la liberté est l'élément essentiel du progrès individuel, je lui sacrifie immédiatement l'égalité.

Dans la ruche comme dans la fourmilière, l'égalité qui règne est souveraine : mais toute personnalité a disparu, et il ne se crée plus de progrès. Une longue série de siècles a conduit les abeilles et les fourmis à une certaine perfection : elles se sont arrêtées là où elles sont aujourd'hui. Elles ont laborieusement atteint à l'état actuel par des différenciations individuelles successives. Maintenant toute différenciation est abolie. La stabilité a été enfin obtenue, et il n'est plus d'amélioration possible d'aucun individu. Par conséquent la race est devenue immobile. L'espèce s'est fixée, pétrifiée. Le passé, l'avenir et le présent se confondent.

C'est un peu le sort de la Chine. Après avoir plus ou moins péniblement évolué pour atteindre un certain niveau de civilisation, les Chinois ont estimé qu'ils en avaient enfin touché le faîte, et qu'il fallait s'en tenir là. Tout changement devant être une décadence, ils ont décidé de ne plus changer.

Nous nous faisons du progrès une idée toute différente.

La notion du progrès se confond avec la notion d'un état meilleur, et par conséquent d'un changement. Or il n'y aura changement que s'il y a un effort, cet effort individuel qui améliore l'intelligence de chaque personnalité, qui développe le *moi*, qui rend chaque citoyen plus autonome. Au lieu de s'engouffrer dans la collectivité, il faut que l'individu, de plus en plus intelligent, et grandissant son intelligence par une volonté personnelle, lutte librement contre les autres individus, ses rivaux, au lieu de se confondre avec eux dans des travaux dont le cadre est immuable. Sans lutte, sans conflit, sans concurrence, il n'y a que stagnation, c'est-à-dire mort. Supprimer les rivalités, c'est assurément établir l'égalité absolue. Mais c'est l'égalité dans l'anéantissement.

J'admire la hauteur et l'harmonie des pyramides. Cet édifice colossal n'a pu être achevé que par d'innombrables ouvriers, obscurs et stupides, concourant à la construction commune. Mais que m'importe le résultat, s'il a fallu des milliers d'esclaves pour y atteindre? Le socialisme ne rêve pas de nous imposer un Pharaon; mais il a imaginé un État tout-puissant, plus tyrannique que tous les Pharaons d'autrefois. Dans le socialisme intégral les individus ne seront plus que des esclaves. Esclaves de Rhamsès, ou esclaves de la collectivité humaine, le sacrifice est le même. Une œuvre parfaite sera peut-être accomplie; mais les artisans de cette œuvre colossale y auront anéanti leur personnalité, et alors cette perfection me fera horreur.

En somme, quelque fécondes que soient l'union, l'association, la collaboration, l'effort individuel est plus fécond encore. Tout ce qui relèvera la dignité de l'individu, son autonomie, sa puissance, ce sera un agrandissement de l'humanité tout entière.

Faisons une comparaison entre l'homme et l'animal, encore qu'elle puisse froisser notre vanité. Supposons deux troupeaux. Dans l'un tous les animaux sont à peu près semblables, sans qu'il y ait de motif pour préférer tel individu à tel autre. Quant au second troupeau, il compte une douzaine d'individus, remarquables par leur beauté et leur force exceptionnelles. Les autres sont laids et faibles, bien inférieurs aux cent moutons médiocres du premier lot. Quel sera, de ces deux troupeaux, celui qui pourra contribuer le plus au progrès de la race?

Et si cette assimilation entre le bétail et les humains choque les esprits trop délicats, je prendrai une comparaison à laquelle on ne pourra reprocher la bestialité. Deux bibliothèques de cent volumes. Dans l'une cent bons ouvrages, également dignes d'estime. Dans l'autre, dix des meilleurs écrits, chefs-d'œuvre de l'humaine pensée, le reste étant innommé et nul. De ces deux collections de livres, laquelle aura la plus grande force éducatrice?

Une égalité qui plierait tous les hommes sous le même niveau, sans permettre à aucun d'eux de s'élever, ne paraît nullement désirable. On ne voit pas du tout pourquoi un imbécile et un homme de talent seraient traités de la même manière. Il n'est pas nécessaire de mettre sur le même rang les laborieux et les paresseux, et de ne pas faire de différence entre des femmes laides et des femmes belles. Ce sont là inégalités naturelles que nous devons respecter.

N'essayons pas de réformer la Nature. Il existe des inégalités originelles dans la beauté et le caractère, dans la force intellectuelle et la force physique. N'en pas tenir compte serait impossible d'abord, et, si possible, funeste. Quoi! il faudrait courber les individus, si différents et si divers, sous ce même joug uniforme, très pesant, d'une collectivité mondiale, plus barbare et plus despotique que les plus barbares et les plus despotiques des vieux satrapes!

Nous ne pouvons encore entrevoir — car elle est perdue dans les brumes de l'avenir — ce que sera la société future, et comment elle conciliera la sainte notion de la justice avec la liberté pour les hommes de se différencier; les uns acquérant gloire, honneurs, autorité et richesses; les autres, débiles d'intelligence et de volonté, ne pouvant réussir à rien. Nous ignorons tout de cette société future. Nous savons seulement que, si elle veut s'améliorer, elle devra relever la dignité et l'indépendance de la personne humaine, et accepter le grand principe de la différenciation, qui est à la base de toute sélection.

Si l'on hésite à savoir de quel côté est le progrès, qu'on compare une société radicalement collectiviste avec une société radicalement anarchiste. Dans l'une l'initiative individuelle est supprimée : le niveau général est le même ; nulle prééminence n'est permise ; nul avantage n'est accordé aux bons. Alors la race demeure stationnaire, sans progrès possible. Au contraire, dans la société anarchiste (ou individualiste, ce qui revient au même), les forts triomphent ; d'innombrables inégalités s'établissent, qui consacrent la supériorité des plus habiles, des plus intelligents, des plus sages. Par le fait même de la lutte, l'intelligence et la force de la race vont en croissant.

Assurément il n'est ni possible, ni désirable que l'individu soit absolument libre de tout lien avec la collectivité dont il fait partie. Pourtant c'est dans le sens individualiste que devra se développer la civilisation future, si elle ne veut pas être condamnée à l'immobilité.

La vertu éducatrice des deux sociétés (anarchique ou socialiste) développe des qualités opposées dans l'esprit des descendants.

Dans la société collectiviste, la qualité maîtresse, ce sera la soumission. Dans la société anarchiste, ce sera l'initiative.

La constitution d'une société hiérarchisée aura pour conséquence d'atrophier les énergies individuelles. Avant tout il faudra obéir. La docilité sera le premier, et presque le seul devoir. Chaque être humain aura son rôle, et devra le tenir correctement. Il sera un inconscient rouage d'une grande machine, la machine sociale; et il n'aura plus besoin de penser par lui-même. La société pensera pour lui, et lui assignera sa tâche. Nul effort, nulle difficulté, nulle hésitation. Il sera condamné à l'obéissance passive.

L'exercice de la pensée est un labeur. Alors, dès qu'il sera assuré de pouvoir, sans ce labeur, vivre, et bien vivre, l'homme s'en dispensera. Il fera comme les automates, qui sont incapables de pensée. Il sera l'abeille de la ruche, ou l'ouvrier de l'usine, qui trouvent tous deux chaque matin le même travail à faire, travail qui n'exige aucune initiative et ne comporte aucun progrès. Et, de génération en génération, les mêmes travaux se répéteront, sans qu'il y ait espoir de changement.

Au contraire, dans la société individualiste, chaque individu aura besoin de se créer lui-même son sort. Il sera l'artisan de sa propre fortune. Malheureux, s'il échoue; triomphant, s'il réussit. Les maladroits, les vicieux, les faibles, seront privés de tout avantage : il y aura donc tout intérêt à n'être ni maladroit, ni vicieux, ni faible. Il faudra faire un effort persistant pour se maintenir en bon rang : chacun aura besoin d'exercer sans cesse son intelligence. De même que les athlètes, pour être bien en forme, ont besoin d'exercer sans cesse leurs muscles.

Au lieu de supprimer la lutte, cette société va l'intensifier. Or l'émulation seule est féconde. Sans elle il n'y a que mares croupissantes. L'esprit grandit par la continuité de l'effort, et l'agrandissement de l'esprit se transmet aux descendants.

Donc nul doute. Pour la grandeur de l'humanité future, il faut des sociétés individualistes qui, par le fait d'une concurrence vitale inexorable, récompensent l'effort, et châtient vigoureusement la paresse.

Mais il va sans dire que l'anarchie ne pourra être totale. Tout à l'heure nous parlions des mesures de préservation qu'il convient de prendre contre les mariages entre races disparates, des règlements à édicter contre la tuberculose, l'alcoolisme et la syphilis. Bientôt nous proposerons des réformes plus sévères encore. De sorte que si, pour l'individu, la liberté doit être absolue, cette liberté ne doit pas souiller les germes de l'avenir.

Ainsi nous voulons l'individualisme dans toute sa force, mais à condition qu'il ne porte pas dommage à la race. C'est pour que l'homme soit plus puissant et plus fort que nous exaltons la personnalité humaine ; mais il ne faut pas que cette liberté aille jusqu'à porter dommage à l'humanité future.

La race humaine ! L'avenir de l'homme ! Biens sacrés que nous ne devons pas laisser périr sous la fantaisie des individus !

Assurément il y a là un problème ardu, dont la solution précise nous échappe. D'une part, la libre expansion de toutes les personnalités humaines ; d'autre part, l'étouffement des personnalités médiocres, qui risqueraient de compromettre le sort des générations futures.

Et en effet, — nous le répéterons sans nous lasser, — la fin suprême, le but idéal, le grand devoir, c'est de perfectionner la race humaine.

XIII

LES ARISTOCRATIES ET LA SÉLECTION.

L'amélioration de l'homme doit-elle porter sur quelques individus seulement, ou sur la collectivité humaine? Autrement dit, faut-il créer une aristocratie, douée de qualités éminentes, ou bien chercher à rendre meilleurs tous les êtres humains?

Jusqu'à présent la question n'a pas été nettement posée encore. Pourtant elle vaut la peine d'un examen approfondi.

Dans le cas d'une sélection limitée, il se constituerait par sélection une vraie race supérieure, une élite, dans le sens réel du mot, qui aurait tous les caractères requis pour la perfection humaine, alors que la masse de l'humanité, ne faisant aucun effort pour devenir meilleure, ne serait pas touchée par la sélection. L'élite aristocratique, une fois constituée, irait en s'améliorant chaque jour, sans se mélanger avec le commun des hommes. Finalement l'humanité serait divisée en deux groupes; la race vulgaire et la race supérieure.

Cette conception, si étrange qu'elle paraisse d'abord, n'a rien d'absurde. Un des plus ingénieux penseurs de notre temps, Wells, a imaginé que la séparation entre les deux humanités pouvait être poussée à l'extrême, de manière à aboutir à deux groupes d'êtres absolument dissemblables (*La machine à diviser le temps*). D'ailleurs le rêve de toutes les aristocraties, celle de l'Inde, comme celle de Rome, comme celle du moyen âge, a toujours été de garder intacte la pureté du sang, sans aucune compromission ni alliance. La vraie raison d'être de toute aristocratie fut toujours de se préserver contre les mésalliances. Un noble peut exercer tous les métiers sans mettre une tache sur sa noblesse; mais il ne peut pas se marier avec une fille qui n'est pas noble; car ce serait porter une atteinte indélébile à la pureté de sa race. L'aristocrate qui aura cherché une alliance dans la plèbe est condamné à voir ses descendants rejetés hors de l'élite à laquelle il appartenait. C'est une dégradation immédiate et définitive. De même si un blanc épouse une négresse, les mulâtres nés de ce mariage ne peuvent plus être considérés comme des blancs.

Tout doit être sacrifié à l'intérêt suprême, qui est la conservation, en son intégrité, d'une race supérieure.

On peut railler cette conception hautaine. La raillerie est toujours facile. Mais il est impossible de ne pas la trouver irréprochable dans son principe. Pourtant combien défectueuse l'application de ce principe irréprochable !

D'abord, et avant tout, nulle part, dans aucun pays, et à aucun moment de l'histoire, les individus appartenant à une aristocratie n'ont pu sérieusement être considérés comme faisant partie d'une race supérieure. Et cela seul vicie tout. Car, s'il n'y a pas de race supérieure (par l'intelligence, le caractère, la beauté, le courage), quels motifs alléguer pour se séparer du reste des hommes?

Pour qu'il y ait des raisons péremptoires au maintien

d'une aristocratie, il faudrait que, sans exception, chacun de ses membres fût supérieur à chaque plébéien. Ainsi on comprend très bien que, dans une ville où il y a 500 blancs et 10 000 nègres, les 500 blancs constituent une aristocratie très fermée, très homogène, parce que chacun de ces blancs est manifestement supérieur à chacun de ces nègres.

Mais tel n'est pas le cas de nos aristocraties. Leur supériorité intellectuelle est un néant. Renan, Berthelot, Pasteur, Taine, Michelet, étaient de naissance obscure. La noblesse de V. Hugo est plus que problématique; et je ne sais si de Lesseps, Balzac, Musset, Lamartine étaient de bien antique origine. Peu importe, d'ailleurs : il nous suffira de constater, ce qui est évident pour tout observateur, qu'il n'existe aucune différence, ni grande, ni petite, entre l'intelligence d'un noble et celle d'un homme du peuple.

Pour se constituer en race supérieure, et se mettre au-dessus des autres hommes, la première et indispensable condition est de faire partie d'une race vraiment supérieure. Or cette race vraiment supérieure, nous ne la connaissons pas. Personne ne la connaît, personne ne l'a vue, ne lui a parlé. Par conséquent, si le principe est légitime, — et nous le croyons tout à fait légitime, — il lui faut, pour être appliqué, une distinction première, sans laquelle il n'y a rien, à savoir la supériorité. Dès que cette supériorité fait défaut, tout manque. Il est inutile d'aller plus loin.

Les aristocraties, telles que nos pays d'Europe la connaissent, ont trois autres vices graves qui les anéantissent.

D'abord elles ne sont pas sévères dans leurs alliances. Et cela suffit pour tout paralyser. Une aristocratie qui admet l'union avec un Rothschild, parce qu'il est riche, ou avec un Murat, parce qu'il a été roi de Naples, se détruit elle-même. Elle n'a de raison d'être que si elle est strictement, rigoureusement, je dirai même férocement exclusive, ainsi qu'il conviendrait de l'être si les plébéiens étaient des nègres.

Cet exclusivisme, très justifié si réellement la race était supérieure, ne le serait aucunement à l'heure actuelle, parce qu'il n'existe aucune différence entre un noble et un plébéien. De sorte que des alliances se contractent avec des plébéiennes qui ont la beauté, avec des plébéiens qui ont la fortune et l'intelligence. Et c'est très légitime ainsi. Mais, si réellement une race supérieure était constituée, ni l'argent, ni le talent, ni la politique ne devraient intervenir, et la faveur du prince devrait être sans effet. Si les aristocraties étaient sévères pour elles-mêmes, elles n'admettraient pas qu'un souverain pût donner des lettres de noblesse, créer des lords, des ducs, des barons; et elles resteraient implacablement fermées à tout mélange.

Cela même ne suffirait pas. Même à supposer qu'elle fût supérieure (ce qui n'est pas), une aristocratie, pour conserver sa supériorité, devrait éliminer tous les éléments mauvais. A moins de supposer, ce qui est bien invraisemblable, que jamais il n'y ait, chez ses enfants, de régression atavique, que tous les hommes aient le courage, la beauté et l'intelligence, que toutes les femmes aient le courage, l'intelligence et la beauté, il faudra que cette race supérieure, pour se maintenir au même niveau, pour garder sa supériorité, écarte les individus médiocres qui, pour une cause ou une autre, viendraient à naître. Il faudrait *continuer la sélection.* Une sélection à l'origine, c'est excellent ; c'est nécessaire. Mais c'est absolument insuffisant.

Pour être efficace, l'effort sélectif doit être prolongé :

sinon la régression au type normal, c'est-à-dire à la médiocrité, se fera très vite.

Donc une aristocratie ne peut se maintenir que si, non contente d'écarter impitoyablement tout élément étranger, elle écarte encore, avec la même sévérité, tout élément indigne d'elle.

Enfin une dernière condition est indispensable. La supériorité que s'attribue une aristocratie, ce ne peut être que celle de l'intelligence et du courage. Or, le plus souvent, les descendants de ceux qui ont eu, plus que le vulgaire, intelligence et courage, ne peuvent trouver l'occasion d'exercer leur intelligence et leur courage. Ce n'est pas assez que de continuer la sélection; il faut *continuer l'effort*. Le petit-fils d'un athlète n'aura des muscles vigoureux que s'il en fait usage. S'il devient un scribe, il perdra toute sa force, et les muscles de son père ne lui seront d'aucun profit.

En général, les descendants des anciens nobles, sauf de glorieuses exceptions, loin de continuer l'effort qui avait grandi leurs pères, vivent dans la paresse et l'oisiveté, profitant des biens acquis, sans chercher à ajouter une noblesse nouvelle à celle qu'ils tenaient de leurs pères.

Voilà bien des conditions indispensables au maintien d'une élite aristocratique, et, si nous les avons énumérées, ce n'est pas pour le sot plaisir d'humilier les aristocraties anciennes, c'est pour indiquer dans quel sens devraient, s'il était nécessaire, s'établir des aristocraties nouvelles.

Mais est-ce possible? Nous le croyons pas.

On ne voit pas comment, au milieu de nos sociétés modernes, si jalouses et si démocratiques, un groupement d'hommes et de familles pourrait se constituer, en se tenant à l'écart des autres éléments sociaux, et s'interdisant rigoureusement toute alliance avec un citoyen ne faisant pas partie de sa tribu. Mais on peut cependant, parmi toutes les formes sociales possibles, en concevoir quelques-unes qui ne seraient pas absolument irréalisables et chimériques.

Ce serait par exemple une sorte de sénat héréditaire (expression tout à fait défectueuse, mais que j'emploie faute de mieux), composé de trois ou quatre mille personnes, n'ayant d'ailleurs aucune fonction publique, et se recrutant lui-même parmi les jeunes hommes les meilleurs et les plus intelligents.

Ce pourrait être aussi un peuple tout entier, pratiquant une sélection sévère, éliminant les éléments médiocres ou mauvais de sa propre population, et ayant le courage de proscrire toute alliance avec un citoyen quelconque d'une des nations voisines. Au bout de quelques générations la population de cet État aurait acquis de grandes qualités physiques et intellectuelles, et sa supériorité serait incontestable.

On pourrait en imaginer d'autres encore... mais je n'insisterai pas sur des conceptions plus ou moins fantaisistes : car la formation d'une aristocratie restreinte, séparée de la masse populaire innombrable, n'est guère viable. L'élite ne serait jamais de puissance suffisante pour s'imposer par la force. Or, comme en définitive c'est la force qui gouverne le monde, un jour viendrait où l'aristocratie, malgré sa supériorité intellectuelle, serait victime de son infériorité numérique.

Aussi bien les raisons se pressent-elles, trop nombreuses pour que nous ayons le loisir de les énumérer ici, qui rendent hautement invraisemblable dans un avenir quelconque la constitution d'une aristocratie fermée, formant une race humaine supérieure et spéciale, sans alliance avec le reste des hommes.

Il ne reste alors d'autre solution que l'amélioration de la collectivité humaine, ou, si l'on veut, quelque paradoxale que soit l'expression, *la création d'une aristocratie universelle*. Car, si l'effort sélectif ne portait que sur quelques familles isolées, bien vite ce petit groupe serait anéanti, soit par la violence, soit par la graduelle absorption dans la masse commune.

XIV

VIGUEUR ET SANTÉ DU CORPS.

Nous voici enfin arrivés, après élimination des difficultés successives, au principal objet de ce livre : le perfectionnement de l'individu humain. Il faut d'abord savoir en quoi il peut consister.

Or, d'après tout ce que nous avons dit sur la supériorité de l'homme vis-à-vis de l'animal, et sur la hiérarchie des différentes races humaines, il est évident que l'essentiel progrès humain, c'est le développement de l'intelligence.

Posée ainsi, la question est très simple. Quelles que soient la beauté et la force dont on pourra doter une créature humaine, si chez elle l'intelligence n'est pas égale ou supérieure à celle des autres humains, cette créature n'aura aucune supériorité véritable. Un athlète, dont les muscles ont une vigueur exceptionnelle, ou un modèle, dont la plastique est suffisante pour être appréciée dans l'atelier d'un sculpteur, ne seront nullement des hommes supérieurs, et on tiendra Beethoven et Pasteur comme au-dessus de ce gymnaste et de ce modèle. Par conséquent, le développement de l'individu humain devra porter surtout sur l'intelligence.

Supposons qu'on ait pu par sélection obtenir une race

humaine, de beauté incomparable et de grande vigueur musculaire, mais que néanmoins, dans cette race, la force intellectuelle soit médiocre, et que nul des individus dont elle se compose ne se signale par quelque trait caractéristique d'invention, ou d'assimilation, ou de mémoire, on ne se croira nullement en présence d'une race supérieure. On dira seulement que ce sont des hommes très beaux et très forts.

Au contraire, supposons que par sélection on ait pu obtenir une race nouvelle, sans que les individus de cette race ne se séparent des autres hommes soit par la beauté, soit par la force musculaire : accordons-leur, en retour, une intelligence supérieure. Alors ils seront tous doués d'une plus vaste et plus sûre mémoire, ils comprendront beaucoup plus facilement les hautes mathématiques, ils auront une capacité d'invention et d'observation supérieure à la nôtre, ils deviendront sans effort d'habiles artistes. Alors aussi on dira sans hésiter que ces hommes constituent une race supérieure.

Non pas assurément qu'on doive considérer comme négligeables la beauté, la force et la santé, — on verra tout à l'heure ce que j'en pense, — mais ces attributs physiques, à eux seuls, ne suffisent pas pour caractériser la supériorité humaine. Quand il s'agit d'une race de bœufs ou de chiens, d'intelligence toujours à peu près semblable, alors l'harmonie des formes, la beauté du poil et la vigueur des muscles suffisent. Mais, dès qu'il est question de l'homme, c'est par l'intelligence, et par l'intelligence seule, que se fera la différenciation.

Nous arrivons donc à cette conclusion formelle, et évidente par elle-même, que l'ascension de l'être humain dans la hiérarchie animale ne pourra être due qu'à l'extension de sa puissance intellectuelle.

Mais, si évidente que soit cette vérité, elle ne doit pas nous aveugler, et nous conduire à des aberrations qui seraient fatales. L'intelligence est l'attribut du corps: de sorte que toute atteinte portée à l'intégrité du corps est plus ou moins funeste au développement de l'intelligence.

D'abord, et avant tout, au point de vue de l'hérédité même. Puisqu'il s'agit de constituer une race nouvelle, se perfectionnant à chaque génération, cette transmission par l'hérédité suppose dans la force génératrice certaines qualités que ne va pas développer une intellectualité exclusive. Les savants ou les artistes, qui peinent sur leur œuvre, et qui n'ont pas pris soin de leur santé, sont de médiocres reproducteurs, de sorte que, malgré toute leur intelligence, ils ne pourront avoir, s'ils ont trop négligé leur être physique, de beaux et robustes enfants. Les femmes élevées à la ville, raffinées par une culture intellectuelle intensive, et étiolées par une vie mondaine factice, sont de détestables génératrices. Même, le plus souvent, elles n'ont pas assez de lait pour alimenter leurs enfants. Le surmenage intellectuel, s'il est joint à l'absence d'exercices physiques, aboutit promptement à la déchéance de la race. Sinon à la seconde, au moins à la troisième ou à la quatrième génération, la stérilité apparaît, et, quand ce n'est pas la stérilité, des tares nerveuses plus ou moins irrémédiables.

Le but de la sélection, c'est précisément de créer par l'hérédité une race forte. On irait donc à l'encontre de ce qu'on veut obtenir, en développant l'intelligence seule. Car cette intelligence, si les parents sont de mauvais générateurs, et font souche d'enfants intelligents et débiles, serait sans aucun profit pour la race, puisque ces débiles doivent disparaître par extinction, ou procréer des descendants dégénérés.

La sélection par l'hérédité suppose avant toutes choses l'intégrité physiologique absolue des générateurs. Si les parents ne sont pas normaux, que ce soit par excès de travail intellectuel, ou pour toute autre cause, la descendance sera pervertie; et les qualités mêmes que les parents voulaient transmettre seront des forces destructrices qui en empêcheront la transmission.

Les fonctions du cerveau et les autres fonctions du corps sont dans une relation étroite, terriblement étroite. Grave erreur que d'opposer l'esprit au corps, et d'imaginer deux groupes d'individus: les uns, à corps faible et à esprit puissant, les autres à médiocre intelligence, et à corps vigoureux!

On rencontre, il est vrai, certains individus, très bien musclés, et de belle figure, qui sont pourvus d'une immense dose de sottise; et, d'autre part, il est des hommes de haute intelligence, ayant laissé trace dans l'histoire de la pensée humaine, qui étaient malingres, malvenus, difformes. Mais de tels exemples ne prouvent rien.

D'abord, on pourrait tout aussi bien invoquer des exemples contraires. Ni Vinci, ni Gœthe, ni Hugo, n'étaient des avortons sans vigueur, et il serait facile de trouver beaucoup d'individus très laids, très chétifs, à corps très dégradé, qui sont dépourvus de toute intelligence, et qui rivalisent, pour la bêtise, avec les plus bêtes des acrobates. De sorte que cette soi-disant contradiction entre les qualités du corps et celles de l'esprit ne se rencontre que dans un petit nombre de cas exceptionnels.

Pourtant en apparence cette contradiction existe. Tout le monde a eu l'occasion de faire maintes fois l'observation banale qu'il y a contraste assez frappant entre les muscles et le cerveau, entre le corps et l'esprit, entre la matière et l'âme. Les hommes qui ont beaucoup pensé sont peu habiles aux exercices du corps; et leur santé est délicate. Les hommes qui ont intensivement cultivé les exercices physiques, et dont la vigueur est florissante, ne sont que d'assez médiocres penseurs.

C'est dans ce sens seulement qu'il faut interpréter ce qu'a écrit à ce sujet A. de Candolle :

« Les enfants délicats... sont souvent — peut-être le plus souvent — ceux qui naissent avec le plus d'intelligence, ou qui se développent le plus dans un sens intellectuel. Les anciens avaient remarqué la bêtise des lutteurs, et il est aisé de comprendre, d'après les notions actuelles de la physiologie, qu'un développement considérable du système nerveux, propre à l'intelligence, marche presque toujours avec l'affaiblissement du système musculaire. Malgré les exceptions, on peut dire qu'il y a un balancement presque forcé entre les qualités physiques et les qualités intellectuelles. »

Il faut bien comprendre ce que ces paroles veulent dire. Elles signifient tout simplement que certains penseurs ont développé à l'extrême leur intelligence, sans prendre souci de leur corps, tandis que certains athlètes, qui ont développé à l'extrême leur musculature, n'ont nullement exercé leur intelligence. De là atrophie des muscles chez les uns et de l'intelligence chez les autres.

En pareil cas, ce qui doit étonner, ce n'est pas le fait lui-même, mais l'étonnement qu'il provoque. En effet, il ne s'agit pas ici de nouveau-nés ou d'enfants, mais d'adultes, parfois même de gens âgés, qui subissent les conséquences nécessaires d'une direction spéciale donnée à leur éducation.

Ceux qui ont régulièrement et vigoureusement fait travailler leurs muscles auront à quarante ans des muscles vigoureux et puissants : ceux qui ont négligé tout exercice auront à quarante ans une musculature peu développée. Pour que la vigueur persiste, il faut l'entretenir par des exercices répétés. Or les individus adonnés aux travaux de l'esprit, ayant oublié de cultiver les fonctions musculaires, ne peuvent lutter pour l'énergie physique avec ceux qui, dès l'enfance, n'ont pas cessé d'exercer leur force musculaire.

Supposons deux frères jumeaux, nés le même jour, et séparés l'un de l'autre. Le premier sera conduit à la campagne ; on lui apprendra à labourer et à bûcheronner. Dès l'âge de huit ans, il courra dans les prés et dans les champs, avec de lourds fardeaux ; et, en fait de travail intellectuel, c'est à peine si on lui apprendra à lire. L'autre, au contraire, élevé à la ville, n'aura, étant enfant, d'autre exercice corporel que de feuilleter son dictionnaire : il ne verra en fait de verdure que les arbres de son collège, et, comme il est forcé d'entrer de bonne heure dans une école ou dans une administration, il commencera très jeune le travail intellectuel intense qu'il devra, pour réussir, continuer toute sa vie.

Prenez à quarante ans ces deux hommes, ces deux frères dont l'hérédité est la même ; et demandez-leur à tous deux, soit un grand effort intellectuel, soit un grand effort musculaire. Les différences seront profondes, si profondes que l'on aura peine à croire qu'il s'agit de deux frères.

Nous sommes, pour une notable part, ce que nous nous sommes faits nous-mêmes. L'exercice, l'éducation, l'entrainement, l'habitude enchevêtrent leurs influences avec celles de l'hérédité. Si les intellectuels sont affligés d'une insigne faiblesse physique, ce n'est pas du tout parce qu'ils sont intelligents, c'est parce qu'ils ont négligé la culture physique. Si les athlètes, les gymnastes et les acrobates ont une faiblesse intellectuelle éclatante, ce n'est pas du tout parce qu'ils ont des muscles vigoureux, c'est parce qu'ils ont oublié de penser, et d'exercer l'organe de la pensée. Si parfois on constate quelque apparence d'antinomie entre le développement du corps et celui de l'intelligence, c'est par l'effet d'une éducation incomplète, parce que exclusive. Il n'y a de contradiction entre le corps et l'esprit que parce qu'on a été négligent, soit du corps, soit de l'esprit.

Si les hommes du peuple, ouvriers, paysans, pêcheurs et bûcherons, sont plus vigoureux que les avocats, mathématiciens, pianistes et savants, c'est parce qu'il a manqué à ceux-là de développer par un quotidien labeur leur musculature. Inversement un bûcheron et un paysan sueront sang et eau à raconter avec précision le moindre fait dont ils auront été les témoins : l'exercice de la pensée leur manque.

Nous avons tous pu, d'ailleurs, constater ceci : les enfants de douze ans élevés à l'école primaire font parfois des compositions littéraires assez élégantes, et, dans chacune de nos écoles primaires, on trouverait une dizaine de petits gars qui résolvent très bien un problème d'arithmétique assez difficile. Mais, vingt ans plus tard, après qu'ils auront sarclé, bêché, semé, labouré, ils seront devenus tout à fait incapables des petits travaux littéraires ou arithmétiques auxquels ils excellaient, étant enfants. Leur intelligence n'était pas nulle; elle s'est atrophiée, de même que s'est atrophiée la force physique des hommes de cabinet.

La force physique et la santé, ce sont deux vertus bien voisines.

On accuse le travail intellectuel de bien des méfaits, et on lui reproche, entre autres crimes, de pervertir la santé. Voyez, dit-on avec quelque apparence de raison, les écrivains, les penseurs, les artistes. Ils ont une santé débile, ils digèrent mal (1), mangent peu, ne dorment pas, souffrent de maux de tête, sont portés à la mélancolie et aux idées noires. Or cet état maladif ne dépendait pas de leur constitution même. C'est la conséquence de la profession qu'ils ont adoptée. C'est parce qu'ils ont manqué à la loi de nature, qui prohibe le travail intellectuel. S'ils avaient vécu à la campagne, sans penser, sans réfléchir, sans écrire, sans se torturer l'imagination, ils ne se verraient pas réduits à cet état misérable.

Là-dessus, on cite quelques exemples d'hommes illustres, dont la santé fut précaire, Pascal, Molière, Voltaire, Swift, Darwin, et on en déduit cette conclusion que l'exercice de la pensée est funeste, non seulement à la vigueur musculaire, mais même à la santé.

S'il en était ainsi, il faudrait évidemment renoncer à considérer comme un avantage d'avoir des ascendants intellectuels. Mieux vaut, pour la race, un homme de santé robuste et florissante, même si ce n'est pas un intellectuel, qu'un valétudinaire, fût-il profond comme Pascal et spirituel comme Scarron. La nature physiologique de l'être humain est impérieuse. Elle veut la première place, et l'élément psychologique ne vient que bien loin après. S'il n'y avait, pour perpétuer

(1) Un journaliste américain constatait plaisamment que la proportion entre les boulangeries et les pharmacies varie avec le degré de culture intellectuelle.

la race, que des maladifs ou des malades, l'intelligence risquerait fort de dégénérer; ou plutôt elle n'aurait aucune dégénérescence à craindre. Il n'y aurait pas de troisième génération.

A supposer qu'on soit malheureusement forcé de choisir, au point de vue de la sélection et des progrès futurs, entre une race puissamment intelligente, mais maladive, d'une part, et d'autre part, une race vigoureuse, et robuste, et saine, mais d'intelligence médiocre, c'est en cette dernière qu'il faudrait mettre tout son espoir. Il n'y a rien à attendre, même pour l'intelligence, dans la descendance que vont engendrer des malades. Les malheureux enfants sont condamnés d'avance à toutes les tares psychologiques et physiologiques des familles qui doivent s'éteindre.

Mais un tel péril n'est nullement à craindre. En dépit des préjugés vulgaires, il n'est aucune contradiction entre la vie intellectuelle et une excellente santé.

Au contraire, il paraît bien prouvé que les hommes adonnés aux travaux de l'esprit et menant une existence régulière sont ceux qui arrivent aux âges les plus avancés. On voit des vieillards précoces chez les intellectuels; mais on en voit bien davantage encore chez les ouvriers et les paysans. Ces pauvres diables, qui ont peiné toute leur jeunesse, sont usés avant que d'avoir atteint le terme normal de leur existence. Un paysan de cinquante ans est tout à fait un vieillard. Un citadin, qui a même âge, paraît être de dix ans plus jeune.

Si certains hommes exceptionnels ont mis un corps maladif au service d'une grande intelligence, en revanche, chez nombre d'hommes éminents, la santé a été très robuste. Voilà la loi commune. C'est un paradoxe que d'admettre l'acuité intellectuelle supérieure des malades; tout comme de prétendre que la débauche, les orgies et les ivresses sont un stimulant du travail intellectuel et une des conditions du génie.

Le vieil adage *Mens sana in corpore sano*, si affreusement banal qu'il soit, doit toujours être répété. C'est d'ailleurs plus que l'affirmation d'un fait : c'est une règle de conduite. Pour que la fonction intellectuelle puisse s'exercer dans toute son ampleur, la santé physique est nécessaire. Les dyspepsies, les insomnies, les céphalalgies, les toux, les palpitations cardiaques, les rhumatismes, les fièvres, toutes ces sinistres divinités qui persécutent les malades, ne sont aptes ni à assainir, ni à grandir la force intellectuelle. Si les valétudinaires produisent encore quelque œuvre utile, ce n'est pas *à cause* de leurs angoisses morbides, c'est *malgré* ces angoisses mêmes.

D'innombrables observations, qui se répètent chaque jour, mettent le fait en pleine lumière. Mais, à défaut de l'expérience, le simple bon sens nous l'indique. L'intelligence étant fonction du cerveau, il est clair que, si l'organe est malade, la fonction est pervertie. Si la circulation est défectueuse, si la nutrition est pervertie, comment le cerveau pourrait-il produire un meilleur travail que lorsque la circulation est intacte, et la nutrition excellente? *Autant vaudrait dire qu'un chronomètre fonctionne mieux quand on a mis de la poussière dans ses rouages*. Et le cerveau est un appareil cent millions de fois plus délicat et plus compliqué que le plus parfait de nos chronomètres.

Quelquefois, il est vrai, des hommes d'intelligence admirable, ayant abusé de leur intelligence et négligé complètement non seulement l'exercice musculaire, mais même l'entretien de la santé, peuvent, quand ils sont d'un âge avancé, continuer encore quelque travail intellectuel, malgré leurs souffrances et leur chétivité. De même qu'une noble machine, de construction supérieure, peut encore, quoique à demi-usée, fournir un rendement meilleur que de jeunes machines neuves grossières. Mais on ne pourra soutenir que le résultat eût été moindre, s'ils n'avaient pas été déchirés par la maladie.

Quel paradoxe étrange que de déclarer la santé incompatible avec l'exercice intense de l'intelligence ! Si beaucoup d'intellectuels ont une santé débile, c'est parce qu'ils ont négligé le soin du corps : la marche, le grand air, les exercices physiques, tout ce qui est indispensable au jeu régulier et au rythme harmonieux de nos appareils organiques.

Et puis, trop souvent, le travail est compliqué de soucis, de craintes, d'émotions, qui n'ont rien à faire avec le travail intellectuel et qui même lui sont funestes. Penser, méditer, comparer, réfléchir, calculer, dessiner, peindre, tout cela est sain et normal ; et la santé du corps n'en peut péricliter. Ce qui est mauvais, c'est l'agitation frénétique, pour la concurrence ou le triomphe, qui accompagne la vie des intellectuels. On passe une nuit d'insomnie, non pas parce qu'on a travaillé, mais parce qu'on se tourmente pour le sort réservé à ce travail. Les jeunes gens qui se préparent à un examen ne sont pas malades de la préparation même, mais de l'anxiété où les met l'incertitude du succès.

Évidemment tout excès est un défaut, par définition seule, et la santé peut pâtir d'un excès de travail intellectuel, comme d'un excès de travail musculaire. Ni plus ni moins. Mais, quoi qu'on en ait dit, le surmenage intellectuel est rare, très rare : car on ne peut pas appeler surmenage intellectuel les émotions de l'homme politique qui chaque jour est abreuvé d'injures, les affres du candidat qui va subir un examen, les angoisses de l'auteur qui se soumet au verdict du public. Personne ne pourra confondre ces agitations épuisantes avec l'exercice fécond d'une pensée calme et sereine.

Donc nous ne verrons aucune contradiction entre les travaux intellectuels et la santé. Nous aurons le courage du bon sens. Le bon sens nous apprend qu'un individu, défectueux par des tares physiologiques, n'a aucune raison de posséder quelque supériorité psychologique. Le bon sens nous dit qu'à exercer l'intelligence seule on atrophie les muscles; qu'à exercer les muscles seuls on atrophie l'intelligence : mais qu'il est très facile d'exercer aussi bien ses muscles que son intelligence.

En tout cas, pour que les aptitudes intellectuelles puissent se transmettre par hérédité, il est absolument nécessaire que les parents soient sains et vigoureux. S'ils sont malades, infirmes ou débiles, quelque intelligents qu'ils puissent être, ils transmettront peut-être à leurs descendants l'intelligence; mais à coup sûr ils vont transmettre, en l'aggravant, leur maladie, leur infirmité et leur débilité.

La condition essentielle d'une bonne hérédité, c'est l'irréprochable santé physique; c'est l'intégrité physiologique, parfaite, des générateurs.

Voilà quel doit être le principal souci de tous ceux qui s'intéressent à la sélection humaine. Si, sous le spécieux prétexte que les hommes peuvent être classés par les degrés divers de l'intelligence, on n'attachait qu'une faible importance aux qualités du corps, à la santé et à la vigueur, on n'arriverait qu'à de détestables résultats, au point de vue de l'intelligence même. A supposer que la race puisse continuer, on aurait créé une race déplorablement chétive. Or, dans cette race dégradée, l'infériorité de l'intelligence apparaîtrait bientôt; car, s'il est des cas isolés (rares d'ailleurs) d'intelligence supérieure développée dans un corps misérable, jamais on n'a vu toute une race étiolée pourvue de qualités intellectuelles éminentes.

Certes, c'est par l'intelligence que se classent les hommes. Nul autre classement n'est acceptable. Donc, quand il s'agira de classer les générateurs, il faudra donner à l'intelligence l'absolue prépondérance. Mais, avant de procéder à ce classement intellectuel, on aura exclu rigoureusement les débiles, les infirmes, les malades. Ceux-là, en dépit de toute l'intelligence qu'ils peuvent avoir, ne comptent pas pour la génération. Ils ont pu créer des œuvres utiles à l'humanité; il ne faut pas leur demander d'avoir des enfants.

XV

BEAUTÉ ET ATTRAIT SEXUEL.

Ce que nous venons de dire de la santé et de la vigueur, faut-il le dire de la beauté?

Mais d'abord, qu'est-ce que la beauté, et comment en faire la mesure?

On n'en juge pas aussi facilement que de la santé ou de la vigueur musculaire. On décide facilement si un individu est de bonne ou mauvaise santé, débile ou vigoureux; tandis qu'il y aura toujours quelque incertitude sur le degré de sa beauté.

Même ce que nous appelons la beauté, ce n'est peut-être qu'une convention changeant suivant les siècles et les peuples. Le type grec ne représente plus tout à fait l'idéale beauté contemporaine, et les délicieuses jeunes filles américaines d'aujourd'hui sont très loin de la statuaire de PHIDIAS et de PRAXITÈLE.

Cependant, comme ce livre n'est nullement un traité d'esthétique transcendante, nous nous en rapporterons à l'opinion commune, qui n'hésite guère à juger dans tel ou tel cas déterminé.

Il est une certaine régularité dans les traits du visage,

une harmonie dans la démarche, une juste proportion dans les membres, une vivacité dans l'expression physionomique, qui constituent sinon la beauté, du moins l'absence de laideur. On peut dire, sans crainte d'errer, que tout ce qui est inhabituel et anormal est laid : l'obésité ou la maigreur; le nez trop gros ou trop petit; les yeux trop saillants ou trop enfoncés; le menton trop allongé ou trop court. Il ne faut pas qu'aucune partie de la figure et du corps diffère notablement de la structure humaine générale. Ce sera une laideur que d'avoir des lèvres trop épaisses, et une laideur que d'avoir des lèvres trop minces.

De plus, tout vice de conformation est hideux. Il n'est pas de beauté possible chez un bec-de-lièvre ou chez un individu qui louche. Somme toute, la laideur, c'est la non-normalité, et l'écart de la moyenne.

Mais c'est là un minimum; et ce minimum ne suffit pas. Il ne suffit pas de rentrer, par le détail et l'ensemble des formes, dans la moyenne habituelle : il faut, pour atteindre la beauté, quelque chose de plus. A vrai dire, les caractéristiques de la beauté sont indéfinissables. A quoi bon d'ailleurs les définir, puisque, en général, on s'entend pour décider, dans tel ou tel cas déterminé, si telle femme est belle, si tel homme est beau? Chez un individu qui n'a aucun caractère aberrant dans sa structure physique, et dont les formes rentrent dans les formes humaines habituelles, si l'on aperçoit tout de suite, dans le détail et l'ensemble de ses traits, la saisissante apparence de la santé, de la vigueur et de l'intelligence, — les trois attributs fondamentaux d'une race vraiment noble, — alors nous déclarerons que cet individu est beau.

Jugement instinctif, et dont il serait presque impossible

de rendre compte par une analyse scientifique, mais qui n'en sera pas moins de grande valeur; car il nous révélera d'emblée, immédiatement, impulsivement, pour ainsi dire, et mieux que tout autre procédé (géométrique) d'investigation, ce qu'il y a de santé, de vigueur et d'intelligence chez la personne que nous jugeons.

La beauté chez l'homme et la beauté chez la femme ne répondent pas aux mêmes exigences; l'attrait sexuel fait que l'homme recherche, chez la femme, douceur, soumission, élégance, finesse, sensibilité aux émotions amoureuses; tandis que la femme recherche, chez l'homme, énergie, courage, résolution, vigueur. Il y a de tout cela dans ce que nous appelons beauté; et c'est cette impression d'ensemble qui nous fait décider.

Sans se livrer à des digressions qui nous entraineraient trop loin, concluons que la beauté est, pour juger les êtres humains, un élément de grande importance, d'abord parce qu'elle exclut tout ce qui est démesurément anormal, et ensuite parce qu'elle nous renseigne (mystérieusement, mais sûrement) sur la vigueur et l'intelligence des personnes considérées.

Quelques objections peuvent être faites : il faut y répondre brièvement.

En effet, on peut citer des hommes de puissante intelligence qui étaient pourvus d'une extrême laideur. Un des plus grands parmi les mortels, Socrate, était, d'après Alcibiade, qui s'y connaissait en beauté masculine, plus semblable à un faune qu'à un homme; Ésope était contrefait; Scarron, difforme; Mirabeau, hideux. Pope, Spinoza, Crémieux (qui fut un avocat admirable) étaient exceptionnellement laids.

Inversement on pourrait citer beaucoup d'hommes et de femmes possédant à la fois une rare beauté et une intelligence des plus médiocres.

Nous savons cela fort bien. Mais il ne faut pas juger d'après des exceptions. Aussi bien ne faudrait-il pas nous faire conclure qu'entre la beauté et l'intelligence il y a une relation fatale, inéluctable.

De même qu'entre la beauté et la santé, la relation n'est pas toujours absolument nécessaire. Le jeune malade qui s'est promené à pas lents sous les arbres, a été, cela est sûr, fort séduisant, au moins autant que l'est encore tous les soirs MARGUERITE GAUTIER, au cinquième acte de *la Dame au Camélia*, quand elle meurt de phtisie.

Ces fantaisies ne changent rien à une loi générale. Malgré quelques exceptions, la beauté implique un certain degré de vigueur corporelle et de noblesse d'âme. Aussi le jugement que nous portons, d'après la beauté seule, sur la santé physique ou morale des personnes, est-il un jugement en général bien fondé.

Et d'ailleurs, au point de vue très spécial qui nous occupe ici, de quoi s'agit-il, sinon de savoir dans quel sens devra être dirigée l'évolution humaine? Nous serions vraiment insensés à ne pas tenir compte de la beauté des formes et à permettre que la race humaine à venir fût affligée d'une repoussante laideur. Dans l'état naturel, chez les animaux, — car il faut toujours revenir aux choses de la Nature, si l'on ne veut pas s'égarer, — la sélection sexuelle joue un rôle prépondérant. L'attrait sexuel est déterminé par la beauté, et par la beauté seule. Cette attirance des sexes est une des formes de la sélection et maintient la pureté de la race. Car ce sont les plus beaux types de l'espèce, les plus conformes à la moyenne, qui sont le plus recherchés; ceux-là aussi, qui possèdent certaines qualités éminentes de vigueur ou de santé.

S'imagine-t-on que, dans l'espèce humaine, il en va autrement? Nous avons tous, de par notre instinct et de par notre éducation, une certaine notion de la beauté humaine, notion qui n'est pas très différente de l'impulsion amoureuse, et qui se confond souvent avec elle. Éliminer de la procréation la beauté, ce serait éliminer *l'amour*, lequel décide, par une affirmation irréfléchie et puissante, que l'objet aimé possède les qualités nécessaires à la race future.

XVI

L'INTELLIGENCE, MESURE DE LA SÉLECTION.

Résumons-nous. Il est dans notre corps humain trois qualités essentielles : la santé, la vigueur et la beauté. Toutes trois peuvent se transmettre par l'hérédité.

Toutes trois sont liées l'une à l'autre, presque inexorablement.

Mais ce n'est pas par la transmission de ces caractères physiques que grandira la perfection des races humaines. Ce qui devra progresser dans l'homme, pour qu'il devienne supérieur à ce qu'il est aujourd'hui, c'est l'intelligence. L'humanité ne fera de pas en avant que si l'intelligence des hommes devient plus prompte, plus vaste, plus sûre. Le corps n'est là que comme son instrument, et, si nous avons attaché une si grande importance aux qualités du corps, c'est parce que tout ce qui touche le corps retentit fatalement sur l'intelligence.

D'abord, et avant tout, la santé, c'est-à-dire l'intégrité du corps. Que des individus débiles ou difformes aient pu, très exceptionnellement, posséder quelque intelligence, c'est possible. Mais ce qui est certain, c'est que ces débiles et ces difformes furent d'exécrables procréateurs, tantôt stériles, tantôt donnant la vie à des êtres dégradés, absolument inférieurs. Donc la condition essentielle, le minimum exigible, c'est l'absolue et impeccable santé physique. Toute défectuosité du corps est une tare organique à laquelle répond probablement quelque tare mentale, masquée ou non : car on ne peut dissocier l'intelligence et le corps.

Par conséquent, la santé est un attribut fondamental : l'intégrité organique est une nécessité absolue. Aussi, quand il s'agira du choix des générateurs, ne faudra-t-il rien sacrifier de ces deux qualités essentielles.

Elles n'ont par elles-mêmes aucune valeur dans le classement hiérarchique des hommes. *Elles ne prennent de l'importance que quand elles font défaut.* Mais alors ce manque de santé ou d'intégrité physique emporte tout. Il n'y a plus rien qui compte.

Donc, pour choisir les reproducteurs aptes à constituer une race humaine supérieure, il faudra considérer la santé comme l'élément fondamental. Élément nécessaire, mais insuffisant ; car nombre d'individus très médiocres n'ont aucune tare physique grave, et sont d'excellente santé. De sorte que l'élément santé ne peut compter que pour l'élimination des infirmes et des débiles.

La vigueur musculaire et la beauté sont d'importance moindre : pourtant on ne peut les négliger, car les degrés de ces deux qualités du corps permettent d'établir, entre les individus divers, une sorte de classement qui a grande importance. Ce classement ne porte, il est vrai, que sur les qualités du corps ; mais le corps et l'esprit sont unis par des liens si étroits qu'un corps admirable n'est pas plus compatible avec un esprit défectueux, qu'un esprit admirable avec un corps défectueux.

D'ailleurs la vigueur musculaire est, pour une grande part, résultat de l'éducation. Si les intellectuels ont des muscles faibles, c'est parce qu'ils l'ont voulu ainsi. Certes l'exercice ni l'éducation ne feront pas qu'un enfant, né chétif, sera un athlète à vingt-cinq ans. Au moins n'aura-t-il pas une infériorité éclatante, s'il a su, tant bien que mal, compenser, par un entraînement méthodique, la faiblesse innée de son appareil musculaire.

Si un certain degré de force musculaire paraît indispensable, si une insigne laideur équivaut à une santé défectueuse, *ce n'est pas qu'il s'agisse de porter un jugement sur les individus mêmes, mais sur leur aptitude à créer une race supérieure.*

Insistons, car la distinction est très importante. Et, pour peu qu'on ne sache pas la faire, on s'exposerait à une incompréhension totale.

D'abord éliminons complètement tout jugement sur la valeur morale des individus. Tel malheureux infirme, hideux, chétif, peut avoir une valeur morale très haute, alors qu'un bellâtre, vigoureux et bien râblé, sera peut-être un sinistre coquin. La valeur morale de ces deux personnages est hors de cause. Et il ne s'agit pas de décerner un prix de vertu, mais seulement de savoir celui qui sera le plus apte au maintien et au progrès de la race. Or le bellâtre et l'infirme, s'ils font souche, donneront naissance : l'un à de beaux et vigoureux enfants ; l'autre, à des avortons. Dans ce cas, comme dans beaucoup d'autres, l'attrait sexuel sera un guide sûr. Entre deux femmes, de valeur morale très différente, l'une très dépravée, mais d'exquise beauté ; l'autre, prodigieusement laide, mais douée d'une rare vertu, tout homme préférera sans hésiter, fût-ce pour un légitime mariage, celle qui est dépravée.

Ce qu'on dit de la vertu se peut dire de l'intelligence. Assurément les hommes doivent être classés par leur intelligence, et, s'il était nécessaire et possible de donner des *places*, comme dans les collèges, aux différents hommes, on les rangerait d'après le degré de leur intelligence. VOLTAIRE, malgré sa chétivité et sa laideur, a joué de par le monde un plus grand rôle que les plus vigoureux portefaix de la Halle et les plus beaux mimes de l'Opéra. Tel penseur ridé et pâle, enveloppé de fourrures et grelottant près de son feu, traîne dans son fauteuil ses rhumatismes et sa débilité, qui bouleverse le monde, alors que de beaux gas hardis, chantant dans les casernes et les tavernes, ne représentent dans la société humaine que leur milliardième de consommation en oxygène.

Mais il ne faut pas confondre le rang social hiérarchique et l'aptitude à la procréation. Attribuer aux hommes l'influence personnelle, nulle ou vivifiante, qu'ils exercent dans le monde, ou bien les choisir comme générateurs, ce sont là deux appréciations absolument distinctes. Les femmes ne s'y tromperaient pas. Elles préféreraient, au penseur flétri, le soldat vigoureux, et elles aimeront mieux avoir affaire aux grenadiers de Potsdam qu'à M. AROUET DE VOLTAIRE. De même, et avec plus de promptitude encore, les hommes laisseront là la femme philosophe, si elle est contrefaite et grimaçante, pour courir à une jolie fille de brasserie, pour peu qu'elle soit souriante et saine.

Sans doute un instinct profond et sûr gouverne cet attrait sexuel. Le *démon de l'espèce*, qui préside à toutes les expansions amoureuses, n'est pas tout à fait aveugle. Il sait ce qu'il veut; et il nous dirige, très sagement peut-être. L'attrait sexuel, c'est la prévision, très inconsciente, très mystérieuse, des générations à naître. Quand donc l'amour se tourne vers la beauté, la santé et la force, c'est parce qu'il y a, chez tout être humain, une obscure connaissance des besoins de l'espèce future. Évidemment on ne peut confondre ces deux sentiments bien différents : l'amour et la volonté d'avoir de beaux enfants. Pourtant il y a dans tout sentiment amoureux l'inconscient effort de la Nature qui veut perpétuer la race, et la faire forte, saine, vigoureuse, normale.

Certains hommes, supérieurs au point de vue social, sont, au point de vue de leur rôle de générateurs, manifestement imparfaits. Bien entendu, on ne parle pas des facultés génésiques, à peu près semblables chez tous, mais seulement de la procréation de tels ou tels enfants, robustes ou chétifs, normaux ou anormaux, beaux ou laids, suivant les parents qui les auront engendrés.

Et cela est d'une importance considérable, car l'idée d'une race humaine débile et laide est incompatible avec celle d'une race humaine supérieure.

En un mot, et pour résumer ce résumé, *la beauté, la vigueur, la santé sont des éléments nécessaires, mais des éléments insuffisants.*

XVI

CARACTÉRISTIQUES DE L'INTELLIGENCE

En effet, la véritable caractéristique de l'homme, c'est l'intelligence.

Mais on comprend sous ce mot tant de notions différentes qu'il faut faire un choix et déterminer, parmi toutes les fonctions intellectuelles, celles qui sont fondamentales et celles qui sont accessoires.

Puis il faut les classer, mais en se rendant bien compte que toute classification est terriblement arbitraire, car les diverses fonctions intellectuelles sont liées l'une à l'autre; et, à les envisager isolément, on construira un édifice grossièrement artificiel.

D'ailleurs la classification que nous allons ébaucher ici ne vaudra qu'au point de vue spécial de la transmission héréditaire. Aussi décrirons-nous plutôt des formes de l'intelligence générale que des fonctions de l'esprit.

Tout d'abord nous séparerons, dans l'ensemble du domaine mental, le côté *moral* et le côté *intellectuel* proprement dit.

Il y a dans toute mentalité humaine deux éléments : d'une part, l'élément *moral*, c'est-à-dire l'action, la volonté, le caractère, la conduite; et d'autre part l'élément *intellectuel,* c'est-à-dire la mémoire, la compréhension, la pensée, l'imagination, l'invention. Notre existence psychique résulte de ces deux fonctions liées l'une à l'autre. Nous pourrions presque les définir en disant : *Par l'une on agit, et par l'autre on pense. L'une, c'est la volonté; l'autre, c'est l'idéation.*

Il est inutile de chercher à prouver que les caractères individuels de la volonté et de l'idéation se transmettent également par l'hérédité, et que par conséquent, dans le choix des générateurs, il faudra tenir compte des fonctions de volonté comme des fonctions d'idéation.

Si nous écrivions un livre de psychologie, nous pourrions, après tant d'autres, discuter sur la nature de la volonté, et peut-être n'en pas faire une fonction spéciale différente des autres phénomènes intellectuels. Peut-être même serions-nous amenés à la regarder comme la résultante fatale des idées et des sentiments qui se heurtent dans l'âme humaine; mais cela nous éloignerait trop; et, au lieu de simplifier, on compliquerait la discussion. Nous admettrons donc, en reconnaissant cette définition pour fort peu scientifique, que la volonté est la puissance de diriger, malgré toutes les incitations extérieures ou intérieures qui nous en détournent, vers un but déterminé.

Prenons un exemple simple. Me voici à ma table de travail. Bruits multiples tout autour de moi : un chien qui aboie, une voiture qui passe, une porte qui se ferme, un enfant qui crie, le vent qui souffle; je *veux* penser à autre chose et suivre mon idée. Objets multiples qui m'entourent; des livres, des tables, des tableaux, des fauteuils, des chaises, des arbres: je *veux* éliminer toutes ces images. Sensations multiples qui m'arrivent : une articulation douloureuse ; une pesanteur à l'estomac, une palpitation de cœur : je *veux* ne pas tenir compte de ces sensations. Idées multiples qui malgré moi se présentent, le souvenir de ma journée d'hier, d'une parole qui m'a été dite, la préoccupation de ce que je dois faire demain, une chanson qui me revient à l'esprit, une expérience à faire qui m'intéresse, une citation qu'évoque ma mémoire. Je *veux* que toutes ces idées s'effacent devant l'idée que je poursuis. Cela, c'est la volonté, c'est l'attention. Être capable d'attention puissante, c'est avoir une très grande volonté.

Mais le cas peut être plus complexe. La volonté, au lieu de s'exercer sur une heure de travail, peut porter sur toute une existence. Tel individu, poursuivant sa tâche avec ténacité, ne se laissera distraire par rien. Les flatteries des uns, les menaces des autres, seront sans effet. Il voit le but qui est devant lui ; il sait la route qu'il faut suivre ; et rien ne va le détourner. Les obstacles ne feront qu'exciter sa persévérance. Il vaincra les passions qui peut-être s'agiteront, tumultueuses, en lui. Il n'écoutera ni l'amour ni la haine. Il ne sera pas l'instrument esclave de ses appétits ou de ses désirs : il commandera. Sa volonté sera forte.

Au regard de cet individu, mettons celui qui est sans force à réagir, docile serviteur de tout ce qui s'agite devant lui, et en lui.

> Ce n'était pas Rolla qui gouvernait sa vie,
> C'étaient ses passions : il les laissait aller
> Comme un pâtre attentif regarde l'eau couler.
> Elles vivaient. Son corps était l'hôtellerie
> Où s'étaient attablés ces pâles voyageurs ..
> Comme des cerfs en rut ou des gladiateurs !

Ceux-là ne mettent pas de frein à leurs passions, et sont sans force pour résister. Le premier venu ou la première venue les entraîne. S'ils ont l'amour du jeu, une carte suffit pour les perdre. S'ils aiment le vin, une bouteille leur fait abjurer tous leurs serments. S'ils s'éprennent d'une femme, ils feront, pour lui arracher un sourire ou lui éviter une larme, toutes les infamies. S'ils ont la soif de l'or et du gain, ils se compromettront dans les plus misérables affaires, et ils iront de l'indélicatesse à la friponnerie et de la friponnerie au vol. Si une haine les anime, ils ne sauront pas vaincre un mouvement de colère et de vengeance, et ils prendront en main une arme meurtrière.

Évidemment nous avons pris les types les plus opposés, presque schématiques, et irréels à force d'être schématiques. Dans la vérité des choses, nous sommes tous, plus ou moins, et, selon les jours comme les occasions, tantôt faibles, tantôt énergiques. Un homme résolu succombe parfois à ses passions; et il est des hommes de grande mollesse qui ont leur heure d'énergie. Cependant, en y regardant d'un peu près, on verra bientôt que tous les individus peuvent être à ce point de vue classés en deux groupes : ceux dont la volonté est puissante, et ceux dont la volonté est débile : les impulsifs et les résistants ; les forts et les faibles.

Et alors nous rangerons parmi les faibles, faibles au suprême degré, les fous, les aliénés, les criminels, les hystériques. Chez tous ceux-là, la faiblesse va jusqu'à la maladie : les passions et les idées ne rencontrent pas de pouvoir qui leur fasse obstacle. Alors elles se développent librement : comme un torrent qui ravage tout sans rencontrer de digue qui l'arrête.

D'ailleurs, périodiquement, nous subissons tous cet état

d'impuissance. Quand le sommeil nous envahit, la pensée devient un rêve. Alors il n'y a plus ni attention régulatrice, ni volonté frénatrice. Les idées vont et viennent, sans rencontrer de résistance : et elles provoquent (en rêve) des actes désordonnés et absurdes. Il n'y a plus ni modération, ni justice, ni morale. Il ne reste que des impulsions irrésistibles, déchaînées par le désordre des images.

Dans le délire, dans l'ivresse, c'est la même absolue incohérence. On a perdu l'empire sur soi, *dominium sui*. On devient capable de tout, dans le bien et surtout dans le mal ; car toutes les images apparaissent, même les plus monstrueuses ; et il n'y a plus un *moi* assez puissant pour limiter la force impulsive de ces fantômes qui surgissent de toutes parts.

La folie, c'est un état analogue ; Gérard de Nerval, qui s'y connaissait trop bien, hélas ! disait que la folie, c'est l'épanchement du rêve dans la vie réelle. De fait l'aliéné n'est pas capable d'imposer silence aux idées qui tourbillonnent dans son cerveau malade, non plus que d'arrêter les impulsions provoquées par elle. Il est victime de sa pensée. Car la pensée a besoin d'être dominée, assagie, maîtrisée par la volonté. Si la vue d'un couteau nous inspire l'idée du meurtre, il faut que la volonté arrête cette image criminelle, et empêche le meurtre d'être commis.

Cet état d'impuissance de la volonté est manifeste chez les hystériques ; or la débilité morale des hystériques peut être comparée à celle des aliénés, encore qu'elle soit poussée moins loin, et qu'elle aille rarement jusqu'à des actes franchement absurdes.

Rêve, délire, folie, hystérie, c'est, à des degrés divers, la même déficience de la volonté, la même faiblesse dans la résistance aux passions, aux appétits, aux désirs, aux images.

Les criminels ne sont pas d'une autre étoffe que ces faibles. On ne s'attendra pas à me voir discuter ici la question de savoir s'il faut les considérer comme des fous. Ce n'est pas là mon affaire. (Et d'ailleurs, qu'ils soient aliénés ou non, cela n'entame en rien le droit de punir, et la société aura toujours besoin de se protéger, aussi bien contre les fous que contre les brigands.) Je prétends simplement que le criminel est l'individu qui n'a pas la force de refréner les mauvais penchants. Un joueur, qui perd toute sa fortune au jeu, et abîme femme et enfants dans sa ruine, est criminel par faiblesse. Un débauché, qui perd sa santé et son honneur dans de sales orgies, est un criminel par faiblesse. Un ivrogne, qui s'abrutit par l'alcool et noie sa raison dans d'ignobles breuvages, est un criminel par faiblesse. Les uns et les autres savent parfaitement qu'ils ont tort. Ils ont conscience de leur crime ; mais ils ne trouvent pas, dans leur volonté débile, la force de réagir contre les impulsions passionnelles.

On objectera que certains criminels font preuve d'une ténacité vraiment extraordinaire et d'une énergie surprenante. La misérable servante qui, pour capter un héritage, empoisonne lentement son maître et le fait mourir à petit feu, poursuivant pendant des mois et des mois son œuvre de mort, et dissimulant, avec une astuce diabolique, l'achat des poisons qu'elle va verser, ne peut pas, si l'on en juge par les apparences, être dite sans énergie. Mais il ne faut pas juger par les apparences.

En effet, par une analyse attentive, on découvre bien vite que cette soi-disant énergie masque une extrême faiblesse. L'idée du lucre a eu une force impulsive à laquelle nulle résistance n'a pu être opposée. Et, une fois que l'impulsion d'un sentiment vil a été donnée, aussitôt toute la conduite s'est adaptée à cette impulsion. L'empoisonneuse a peut-être eu quelque énergie dans son crime; mais elle a été criminelle par faiblesse.

Toutefois, en appelant faiblesse cette énergie dont font preuve certains criminels, on détourne quelque peu, de son vrai sens, le mot de faiblesse. Mais ces criminels énergiques et résolus sont rares, extrêmement rares. Le plus souvent tout criminel est un impulsif, c'est-à-dire un individu incapable de résister soit à la passion du moment, soit à la passion ancienne, qui l'a envahi.

Il y aurait peut-être lieu de séparer les criminels énergiques et courageux, capables d'attention, d'effort persévérant, de volonté dans le mal, et les criminels débiles, impuissants à exercer quelque contrôle sur leurs actes, et subissant, sans que leur *moi* réagisse, la tyrannie de leurs appétits.

En tout cas tout le monde sera d'accord pour déclarer que ces aliénés, ces criminels, incapables de diriger leur pensée et d'exercer leur volonté, sont des éléments pernicieux dans une société humaine, et qu'il faut les résolument bannir de notre société future.

D'autant plus que la folie et le crime sont lourdement, j'allais dire formidablement, héréditaires.

Rien ne prouve mieux l'hérédité de l'intelligence que l'hérédité des maladies mentales, hérédité qui ne porte pas seulement sur les maladies mentales elles-mêmes, mais sur toutes les affections du système nerveux. Toute personne atteinte d'affection nerveuse est bien près d'avoir une maladie mentale, et réciproquement; ce qui fournirait, s'il était nécessaire, une preuve de plus pour établir la relation fatale et puissante qui unit étroitement le cerveau et la pensée. Or chaque affection nerveuse et mentale est essentiellement héréditaire, de sorte qu'il y a des familles de neurasthéniques, de névropathes, de nerveux (peu importe le mot) dont tous les membres sont plus ou moins condamnés à être des dégénérés, sinon en eux-mêmes, au moins dans leur descendance.

Finalement nous arrivons à trouver dans une des fonctions de l'intelligence, *la volonté*, un principe fondamental de différenciation entre les hommes. Encore qu'une séparation nettement tranchée entre les divers éléments dont se compose l'intelligence soit toujours un peu artificielle, nous concevons parfaitement qu'il y a des hommes à idéation brillante, à imagination vive, à mémoire sûre, qui sont incapables de refréner leurs impulsions passionnelles. Ceux-là, qu'ils soient des fous, des criminels, ou seulement des impulsifs, sont désastreux dans une société. Que J.-J. ROUSSEAU ait été parfois un brillant écrivain, cela est fort possible; mais je n'aurais pas la moindre confiance en ses descendants. Nous ne pouvons rien en savoir, puisque le misérable les a mis, dit-il, aux Enfants Trouvés, mais il est permis de penser que la progéniture de cet hypocondriaque, de ce maniaque, de ce délirant, a dû être fort piteuse.

C'est par la force de la volonté, par la persévérance, par l'intensité de l'attention, par la modération dans les plaisirs, qu'on peut créer une œuvre utile, presque autant que par l'intelligence. Celui qui n'est ni laborieux, ni attentif, fût-il merveilleusement doué, ne pourra aller bien loin. Une nation dont tous les citoyens auraient, en combinant l'hérédité et l'éducation, renforcé l'action de la volonté sur les sentiments serait admirablement puissante, et ferait des merveilles.

De même qu'il faut résolument considérer comme inférieurs tous les hommes dépourvus de volonté, de même il faut mettre au premier rang tous ceux qui ont une volonté forte. Toutes les vertus morales dérivent de là. Il n'est pas de vice plus funeste que la paresse ; or qu'est-ce que la paresse, sinon un défaut de volonté? Une des premières vertus de l'homme (et de la femme), c'est le courage. Qu'est-ce donc que le courage, sinon la volonté? Il faut que l'âme soit maîtresse du corps qu'elle anime. Ce qui fait la noblesse de l'être humain, c'est que, la raison lui ayant montré la route, il suit la voie indiquée, sans frayeur, et sans mollesse. De là vient aussi que de tout temps on a attaché un tel prix à la bravoure. Rien de plus honteux que la peur. Rien de plus vil que la paresse. La peur et la paresse sont les Dieux ennemis qu'il faut vaincre.

S'il en est ainsi, — et personne ne pourra nier qu'il en soit ainsi, — notre devoir dans la sélection humaine est très simple : assigner une place prépondérante à ceux qui auront une puissante volonté, et mettre au dernier rang ceux dont la volonté sera impuissante.

Nous disions plus haut que les hommes peuvent se classer en deux groupes : les forts et les faibles. Il se trouve alors, comme une rapide analyse nous l'a montré, que les forts sont les bons, et que les faibles sont les vicieux. Il faut beaucoup de force pour être bon, a dit je ne sais quel moraliste. De fait il n'y a pas lieu de faire pour les bons et les vicieux une nouvelle catégorie. Presque toujours être bon, cela signifiera être fort; être vicieux signifiera être faible.

Il y aura toutes les transitions, toutes les nuances. Mais aux deux extrémités de cette hiérarchie on trouvera les plus nobles et les plus détestables personnalités humaines : celles qui relèveraient le plus la race des hommes, et celles qu'il faut sévèrement et définitivement éliminer de la famille nouvelle.

XVIII

L'ASSIMILATION ET L'INVENTION

Nous avons synthétisé, à l'excès peut-être, les divers éléments moraux de l'intelligence : nous allons procéder de même pour les fonctions intellectuelles proprement dites, et, si l'on vient à nous reprocher un excès de simplification, nous dirons que ce livre est un livre de sociologie et non de psychologie. D'ailleurs, plus la réalité des choses est complexe, plus il faut les étudier dans leurs grandes lignes et leur structure générale.

Inutile de redire que ce fractionnement de l'intelligence en facultés, fonctions, formes, est essentiellement factice. L'intelligence est un tout homogène, et il est bien peu vraisemblable qu'une de ces fonctions peut être pervertie et nulle, sans que toutes les autres n'en pâtissent.

Au point de vue intellectuel proprement dit, il est deux groupes d'individus humains, selon que prévaut plus ou moins la forme d'*invention* ou la forme d'*assimilation*.

On est intelligent de deux manières. Tantôt on comprend vite et facilement ce qui est expliqué ; tantôt on imagine des choses nouvelles, créant de nouvelles associations d'idées, construisant des concepts nouveaux.

Les premiers, ceux qui comprennent vite et bien, sont les assimilateurs; les autres, ceux qui créent, sont les inventeurs.

Pour toutes les sciences, tous les arts, tous les emplois, on rencontre ces deux groupes d'hommes. Quantité de jeunes gens bien doués apprennent la musique, et sont vite en état de jouer correctement les morceaux les plus difficiles. Mais ils sont tout à fait incapables de composer. On expose à deux cents jeunes gens, par exemple à des élèves de l'École polytechnique, un théorème ardu de mathématiques : tous comprennent. Mais parmi eux, combien peu auraient possédé assez de génie pour inventer ce théorème !

A vrai dire, pour inventer, il faut déjà avoir, à un certain degré, compris, de sorte que l'intelligence comporte pour ainsi dire deux phases : une première phase de compréhension, d'assimilation ; une seconde phase, plus élevée, plus rare, celle d'invention et de création.

Ici une remarque essentielle. Les aptitudes des diverses intelligences sont si diverses que des esprits se rencontrent, dépourvus complètement de tout pouvoir de compréhension pour les choses les plus simples d'un certain ordre, et cependant capables de féconde invention pour les choses les plus compliquées d'un autre ordre. Il y a eu de très grands poètes, dont le lumineux génie a enchanté les hommes, qui n'ont jamais pu saisir la plus petite parcelle d'un problème élémentaire d'arithmétique ; d'autres, très nombreux, que la musique a trouvés absolument rebelles. Certains individus, doués d'un rare talent inventif pour les agencements mécaniques, sont restés toute leur vie incapables de comprendre un seul mot de philosophie. Des hommes, très ingénieux dans les affaires commerciales, et ayant géré assez habilement leur fortune pour devenir très riches, n'ont jamais pu être initiés aux éléments d'aucune science ni d'aucun art. Et, d'autre part, combien de poètes et de savants illustres qui n'ont rien compris aux affaires les plus simples! Certaines personnes, de féconde intelligence, n'ont jamais pu jouer à un jeu de cartes, ou au jeu d'échecs, tandis que maint joueur très habile à ces divers jeux est d'une intelligence ordinaire.

En d'autres termes il y a des spécialisations de l'intelligence. On peut, dans une connaissance spéciale, être un puissant créateur : ce n'est pas une raison pour être doué d'une intelligence rapide et sûre, dans d'autres ordres de connaissance.

Mais cette spécialisation est l'exception. Le plus souvent, sauf pour le cas très particulier de la musique et des mathématiques, les diverses aptitudes de l'intelligence sont synergiques, et vont de pair. On observe cela dans les lycées. Les élèves qui sont le plus habiles dans les sciences, sont en général très brillants pour les lettres, au cas où ils daignent faire quelques efforts. Le pouvoir de comprendre rapidement et de retenir durablement ce qui a été lu ou entendu s'étend à toutes les connaissances : car c'est, à peu de chose près, par les mêmes procédés intellectuels que l'esprit humain peut saisir soit une démonstration de géométrie, soit une analyse psychologique, soit la syntaxe latine, soit une théorie de biologie générale.

Assurément il est certaines intelligences créatrices, dépourvues de tout pouvoir assimilateur. C'est ce qu'on nomme vulgairement avoir une *vocation*, mot qui implique toujours une certaine inaptitude pour ce qui n'est pas cette *vocation* même. On ne dira jamais d'un jeune homme très bien doué pour la poésie et le dessin, la musique et les mathématiques, la chimie et l'histoire, qu'il a une vocation pour les mathématiques, même s'il est extrêmement bien doué pour les mathématiques. Une vocation est toujours plus ou moins exclusive.

Quoique les vraies *vocations* soient rares, il suffit qu'elles existent pour autoriser une séparation bien nette entre les intelligences assimilatrices et les intelligences créatrices.

Au-dessous des inventeurs et des assimilateurs apparaît la classe très nombreuse, trop nombreuse, de ceux qui ne comprennent pas, et qui n'inventent pas.

Ne rien comprendre à rien est chose rare ; mais dans la compréhension des choses il y a tous les degrés. On peut comprendre vite ou lentement, exactement ou inexactement. On peut retenir vite ou lentement, exactement ou inexactement. Là aussi toutes transitions, toutes variétés, toutes nuances s'observent. On appelle intelligents ceux qui comprennent vite, et gardent le souvenir exact de ce qu'ils ont compris. On appelle bêtes ceux qui comprennent très lentement (ou ne comprennent jamais). Or il y a une certaine dose de bêtise qu'il ne faut pas dépasser.

A partir de quelle limite la bêtise devient-elle pathologique ? Il est impossible de le déterminer. On interne dans des hospices les enfants idiots ou arriérés, incapables d'apprendre à lire, par exemple. Mais, parmi ceux qui peuvent lire, combien en est-il encore qui sont franchement bêtes, et dont la bêtise est incurable, comme s'il s'agissait d'une déficience cérébrale organique? Ils sont incapables de rien apprendre, de rien comprendre.

La bêtise des adultes n'est pas comparable à la bêtise des enfants. Souvent, chez les adultes, la bêtise est due uniquement à l'absence prolongée de tout travail mental ; l'intelligence grandit par l'exercice intellectuel, et s'atrophie par le défaut de culture. On ne peut donc être étonné que des hommes ou des femmes, d'âge avancé, qui ont vécu uniquement de la vie du corps, soient devenus férocement bêtes. Dans les campagnes par exemple, et spécialement aux pays, comme la Russie, où la culture civilisatrice ne dépasse pas les villes, on trouverait des hommes (et surtout des femmes) de quarante, cinquante, soixante ans, qui, tout en appartenant à la race blanche, ont fini par devenir moins intelligents que des nègres. Un vieux moujik, abruti par quarante ans de misère physique et de néant intellectuel, ne pourra sans doute jamais comprendre ni expliquer quelque vérité scientifique abstraite, comme par exemple la fixation de l'énergie solaire sur les plantes. On ne peut pas dire qu'il soit bête; car, si on lui avait dès son enfance fait fréquenter l'école, et si pendant quarante ans il avait développé son esprit, il eût été égal en intelligence à la moyenne intellectuelle des blancs. Il n'est pas bête, mais abêti.

Certains enfants, d'épaisse intelligence, ne comprennent pas ce que leurs condisciples saisissent tout de suite. Ils ne manquent pas d'intelligence, mais de précocité ; car parfois ces jeunes gens, hébétés et nuls à douze ans, donneront plus tard quelques brillantes preuves d'une exceptionnelle intelligence. Pourtant il faut se méfier de ces enfants tardivement développés : car presque toujours leur intelligence restera inférieure.

Toute classification entre les intelligences sera donc toujours difficile.

Prendra-t-on comme mesure de l'intelligence générale la rapidité avec laquelle une chose est comprise, ou l'exactitude de cette compréhension, ou la persistance du souvenir? Et puis, quelle épreuve adopter? Que va-t-on essayer de faire comprendre? Le système décimal, ou le principe de causalité, ou la constitution du régime parlementaire, ou la composition de l'air, ou toute autre de ces données élémentaires qu'on enseigne à l'école primaire? Car enfin, à coup sûr, si un garçon ou une jeune fille de quinze ans n'ont pu ni les comprendre, ni les expliquer tant bien que mal, c'est qu'ils ont une dose de bêtise trop forte pour mériter d'être appelés des êtres humains. Plus tard peut-être, quand ils auront mené une longue existence consacrée à des travaux manuels, auront-ils le droit d'ignorer ces vérités simples. Au moins faut-il qu'ils les aient sues jadis, ou, si on ne les leur a jamais apprises, qu'ils aient été capables de les savoir. A l'heure actuelle, l'aptitude à concevoir nettement ces notions premières, acquises par l'homme à force de science et de patience, fait partie du domaine humain, au même titre que la forme des yeux et de la bouche : et, si quelques individus viennent à naître, qui n'ont pas la capacité de s'assimiler ces connaissances nécessaires, il faut les éliminer de la société future, au même titre que les aliénés, les criminels et les avortons.

Nous reviendrons plus loin sur le sens donné à ce mot: élimination. Pour le moment, établissons seulement qu'une certaine quantité de bêtise, ou, pour mieux dire, le défaut d'une certaine quantité d'intelligence, c'est une tare, une vraie tare, comparable aux tares physiologiques, et qu'il faut traiter les vices de l'intellect avec la même rigueur que les vices du corps.

Au delà de cette limite minimale, toutes les différences d'intelligence s'observent. Nous n'avons qu'à jeter les yeux autour de nous pour les voir, saisissantes, qui tantôt nous désolent, et tantôt nous charment. On peut les constater surtout sur les jeunes gens à qui on essaye de donner quelques leçons : car les personnes d'un âge plus mûr sont habiles à masquer leur insuffisance intellectuelle par une affectation d'indifférence. Ce n'est pas du tout, comme elles voudraient nous le faire croire, par mépris pour ces choses mêmes, c'est par impuissance à les comprendre. Et puis la faculté de comprendre est une de celles qui s'émoussent par l'âge, et qui, pour garder sa pénétration, a besoin d'un perpétuel entraînement.

Même l'exercice de la pensée, quand celle-ci s'est fixée sur un objet unique, fait que nous devenons, avec l'âge, à peu près incapables de nous initier à ce qui ne rentre pas dans le domaine de notre activité mentale habituelle. Tel avocat, qui, en sa jeunesse, comprenait fort bien la chimie, la biologie et les mathématiques, est devenu, après trente ans de pratique judiciaire, hors d'état de saisir un seul mot de ces sciences, même s'il y applique tous ses efforts. Tel médecin, qui pendant trente ans a exercé son art, ne peut plus pénétrer les nouvelles découvertes de la chimie et de la physique, parce que son intelligence, s'écartant de la voie scientifique, s'est spécialisée dans la pratique médicale.

La faculté de comprendre bien et vite est le privilège de la jeunesse. Plus tard elle devient plus aiguë, plus pénétrante, plus rapide, mais pour *certains objets seulement;* car l'intelligence en se spécialisant s'est atrophiée pour tout ce qui ne rentre pas dans sa spécialité. Sauf de nombreuses et brillantes exceptions, les hommes mûrs ne sont pas en état de recevoir quelque initiation à des sciences nouvelles. Les femmes surtout, qui ont eu moins que les hommes l'occasion de cultiver leur pensée, deviennent avec l'âge à peu près complètement rebelles à l'acquisition d'idées nouvelles et à la compréhension des choses qu'on leur enseigne pour la première fois. Ce n'est pas, nous le répétons encore, par débilité mentale constitutionnelle, mais par débilité mentale acquise. La pensée, pour se maintenir vigoureuse, a besoin d'être vivifiée par un exercice assidu. C'est donc seulement sur des jeunes gens de quinze ans, de vingt ans, de vingt-cinq ans tout au plus, que se pourra mesurer la faculté de comprendre. Et encore, que de difficultés à porter un jugement tant soit peu équitable !

Les inventeurs, les découvreurs, les créateurs doivent en outre être doués d'une considérable puissance d'assimilation ; car on ne voit pas par quel prodige un jeune homme pourrait découvrir des théorèmes nouveaux s'il n'était pas en état de facilement comprendre ceux qu'on lui expose, découverts avant lui. Si l'épreuve destinée à juger la puissance d'assimilation peut porter sur de très jeunes gens, l'épreuve qui jugera la puissance créatrice ne pourra porter que sur des hommes déjà mûrs. Ou plutôt cet examen probatoire n'existe pas, et ne peut pas exister. On juge l'arbre à ses fruits. De même on jugera les créateurs en jugeant ce qu'ils ont créé.

Mais qu'est-ce que créer ? La définition n'est pas aisée à donner ; car toute création est plus ou moins le résultat des données antérieures. Darwin est un des plus grands noms de la science, et pourtant il a eu des prédécesseurs, Érasme

DARWIN, LAMARCK, GŒTHE, OKEN, et bien d'autres : il s'est rencontré avec WALLACE et SPENCER, de sorte que d'autres ont simultanément fait la même découverte créatrice, à peu de choses près, et qu'il a eu de nombreux devanciers. Et cependant il y aurait folie à nier la grande puissance créatrice de DARWIN. Il a introduit quelque chose de nouveau dans l'univers : il a découvert certaines vérités qu'on n'avait pas établies avant lui ; il a introduit des mots nouveaux répondant à des concepts nouveaux, et c'est assez pour qu'il ait été un créateur.

La masse des idées jetées dans le monde par nos devanciers est énorme, d'une effrayante énormité, faite pour confondre. Ce n'est pas sans une certaine horreur religieuse qu'on doit jeter les yeux sur les rayons d'une grande bibliothèque chargée de livres. Que de pensées profondes ! que d'idées ! que d'inventions proposées ! quelles déductions, quelles inductions étonnantes ! Tout cet ensemble constitue notre trésor humain, notre patrimoine humain, notre richesse humaine. Or il suffit de l'augmenter d'une petite quantité, si petite soit-elle, pour que aussitôt il y ait création. Il n'est pas donné à beaucoup de créer de toutes pièces une science nouvelle, comme à DESCARTES la géométrie analytique, à LEIBNIZ le calcul intégral. On est créateur à moindre prix : il suffit d'une invention originale, grande ou petite.

Et ce n'est pas chose simple. Trouver une vérité scientifique nouvelle, créer une forme d'art nouvelle, construire un mécanisme nouveau, cela est fort ardu, et très rare. Il existe des milliers et des milliers d'hommes qui, doués d'une vive intelligence, comprennent vite et bien ce qu'on leur enseigne, mais sont incapables d'aller plus loin. Ils ne dépassent pas leurs devanciers, et leur esprit, apte à saisir ce qu'ont inventé et créé les ancêtres, eût été impuissant à l'inventer et à le créer.

Mais à côté de ces hommes intelligents, il s'en rencontre d'autres, plus intelligents encore, qui imaginent ce que n'ont su imaginer les hommes du passé. Alors aussitôt voici quelque chose de nouveau qui apparait dans le monde, une vérité jusque-là inconnue. Cette vérité existait *in potentia*, dans les choses; mais elle n'avait pas pris forme, elle n'était pas tombée dans le domaine de notre richesse commune. Or, à partir du moment où un homme l'a précisée, elle devient une réalité, et cesse d'être une potentialité. On peut désormais la propager, l'enseigner, même la pousser plus avant, pour en tirer de fécondes conséquences. C'en est fait. Elle a été acquise aux hommes par un homme, et celui-là a été un créateur.

Mais il n'est besoin, pour être classé parmi les esprits imaginatifs, d'avoir pu réaliser cette merveille, rare et précieuse entre toutes, de créer une œuvre vraiment nouvelle : il suffit d'avoir dépassé les limites de l'enseignement qu'on a reçu. Qu'un homme, par sa propre invention, découvre des choses déjà connues; le bénéfice est nul pour l'humanité, mais la preuve est faite d'un esprit créateur. Si, par exemple, un enfant élevé à l'école primaire arrive à donner une théorie (enfantine et imparfaite) du calcul des probabilités, sa découverte sera absolument inutile, venant après Pascal, Euler et Laplace; mais tout de même cet enfant, qui restera ignoré, aura témoigné, par une preuve éclatante, de son génie inventif. Que d'inventeurs ont imaginé des machines volantes, avant que Penaud, Tatin et Wright aient enfin, par étapes successives, trouvé la solution du problème ! Ils avaient pressenti une découverte imminente; et, s'ils n'ont pas réussi, ils n'en ont pas moins fait preuve d'un esprit sagace.

Tout de même, il faut juger l'arbre à ses fruits. Mais ces fruits, ce n'est pas seulement le succès (qui dépend de tant de causes extérieures) ; ce n'est même pas la nouveauté absolue (car il n'est pas rare de refaire par son propre génie des découvertes anciennes). Les fruits, c'est l'invention même, laquelle va au delà des choses lues ou entendues, dépasse les enseignements reçus, et pousse l'induction ou la déduction à des hauteurs interdites au vulgaire. Tant mieux, si cette nouveauté est féconde et profonde! Tant mieux surtout, si, jusqu'à présent, elle n'avait pas trouvé éclosion dans un cerveau humain. Peu importe. Cette image nouvelle, cette association imprévue, cette expérience ingénieuse constituent, à celui qui en fut l'auteur, une originalité et une force créatrices. Celui qui en fut capable peut être rangé parmi les hommes qui engendrent le progrès.

C'est l'invention qui distingue au point de vue intellectuel les hommes supérieurs du commun des hommes. Certes, c'est une excellente chose que de comprendre facilement une leçon sur le système décimal, de faire une passable version latine, et d'expliquer, après les avoir apprises dans un livre, les phases de la lune ; mais il n'y a là nulle invention, et, même si tous les hommes avaient de telles connaissances, l'humanité n'en irait guère plus loin. Il faut quelque chose de plus, la chose qui manque aux Chinois, aux Japonais, et aux esprits moyens : le don de créer et d'imaginer, *la force d'invention, à laquelle s'unit toujours l'amour de l'invention.*

Ainsi l'intellectualité humaine est composée de ces deux

éléments connexes : la faculté de comprendre et la faculté d'inventer.

Il est une troisième condition nécessaire à la vie intellectuelle : c'est la rectitude du jugement.

Il ne s'agit pas là, redisons-le encore, de faire une doctrinale classification des fonctions de l'intelligence, mais de savoir quelles sont les puissances intellectuelles nécessaires à la création d'une race humaine plus intelligente que la nôtre.

La compréhension et l'invention, même développées à un très haut degré, seront vaines, et ne porteront aucun fruit, si l'intelligence est entachée d'un vice fondamental qu'on peut appeler *le défaut d'esprit critique.* Il faut, en effet, quand une idée se présente à nous, que nous soyons en mesure de la comparer aux autres idées, de la mesurer, de la soupeser, pour ainsi dire, et d'en apprécier la valeur. La sûreté et la profondeur de la critique déterminent la nature de nos jugements : sains ou morbides, droits ou faux, corrects ou défectueux, selon qu'ils auront été corrigés et modifiés par une sévère appréciation des réalités concrètes. Un inventeur ingénieux, même génial, n'aboutira à aucun résultat si son invention comporte un défaut radical qu'il n'aura pas su découvrir.

Bien des conditions sont nécessaires pour que l'esprit critique s'exerce dans toute sa plénitude. D'abord il ne faut pas qu'une idée devienne tellement prépondérante qu'elle fasse fuir toutes les autres. Rien n'est plus fâcheux pour une saine conduite de la vie que l'état de mono-idéisme, envahissement de l'âme par une pensée qui reste seule. Aucune image ne doit exercer sur l'intelligence un pouvoir despotique exagéré, car tout mono-idéisme est bien près de devenir une monomanie. Certes, il convient qu'un grand penseur soit toujours plongé dans la pensée féconde qui l'inspire; mais les grands penseurs sont rares, et, d'ailleurs, même pour eux, la tyrannie d'une pensée unique ne doit pas leur faire oublier tout à fait les choses banales, plates, mais utiles, de la vie. A négliger les réalités ambiantes, on se perd bien vite dans l'irréel. La vérité, en art ou en science, ne comporte pas trop de rêve, et, quoiqu'il soit bon de se séparer du vulgaire, il ne faut pas s'en écarter trop, sous peine de tomber dans la chimère, et même dans l'absurde. Si audacieux que soit le dramaturge, il ne doit pas oublier que sa pièce est faite pour être jouée sur un théâtre de bois et de carton, par des acteurs vivants, devant un public assemblé pour quelques heures. Si profondes que soient les vues d'un ingénieur, il doit tenir compte des conditions financières de son entreprise, évaluer les prix de revient et les bénéfices de l'œuvre. Le mathématicien et le métaphysicien eux-mêmes ne peuvent se livrer, sans réserve, à tout l'essor de leur pensée, car ils ont besoin d'être des érudits, et de connaître ce qui a été fait par leurs prédécesseurs.

Autrement dit, il faut s'adresser à soi-même toutes les objections, sans s'égarer dans le songe ; être pour soi un juge, voire même un juge très sévère; et ne jamais oublier qu'il faut sans cesse contrôler et rectifier l'idée dominatrice qui nous hante. Notre intelligence est à ce point fragile que, si elle n'est pas corrigée sans cesse par les choses réelles, elle se perd dans les nuées et aboutit à de formidables erreurs. Don Quichotte avait peut-être du génie, mais il ne connaissait ni les objections ni les critiques, et son génie aboutissait à la folie.

Quand il s'agit d'énoncer une opinion, de prononcer une parole, d'écrire une phrase, de commettre un acte, alors quantité d'images se présentent aussitôt à nous, très diverses. Elles se heurtent, se contrarient, s'opposent, se combattent, se compensent, se balancent dans toutes les directions. Mais, pour les juger et en apprécier la force comparative, c'est le *moi* qui décide en dernier ressort. La rectitude de cette décision, c'est la rectitude du jugement. Donc il ne peut y avoir de jugement sain que si le nombre des idées est considérable; car, à supposer que l'image soit unique, elle sera tellement puissante qu'elle emportera tout. La normale intelligence résulte d'une juste pondération entre toutes ces puissances antagonistes. Si brillante qu'elle soit par certaines vertus, une intelligence s'obscurcit quand, au lieu d'un conflit d'idées, il n'y a plus qu'une seule idée. Alors l'esprit est déséquilibré; car il n'y a équilibre intellectuel que si des idées multipliées arrivent de toutes parts pour nous faire saisir l'aspect multiple des choses.

La rectitude du jugement résulte donc de l'appréciation saine des diverses idées présentes à l'esprit. Mais comment apprécierons-nous nous-mêmes la rectitude d'un jugement? Comment oserons-nous dire d'un homme qu'il a l'esprit faux, et d'un autre qu'il a un jugement sain?

Nous croyons bien qu'en toute équité cela n'est possible qu'aux limites extrêmes. Pour Don Quichotte, nulle difficulté : il a l'esprit tellement faux qu'il a l'esprit malade. Pour J.-J. Rousseau, l'évidence est la même. Mais combien d'autres manquent d'esprit critique et sont dépourvus d'un jugement sain, que nous n'avons pas le droit de placer en dehors de l'humanité, encore qu'ils aient abouti à d'assez étranges aberrations!

La rectitude du jugement est comme la santé de l'esprit. La santé, prise en soi, n'est pas une éminente qualité : c'est l'état normal, qui est nécessaire. Si elle fait défaut, il n'y a plus rien. Et, quand elle est là, on n'a rien non plus, puisque la santé est compatible avec la laideur et la maladresse. De même, quoique la rectitude de l'esprit soit indispensable, elle ne suffit à rien. Pourtant, si l'esprit est faux, rien ne compte plus. Toutes les puissances d'invention ou de compréhension sont paralysées, et le malheureux qui a l'esprit faux est un malade.

Mais ce n'est rien que d'avoir un jugement sain et de faire des syllogismes corrects : cela ne donne ni la facilité pour comprendre, ni l'énergie pour inventer. On peut être borné, et cependant avoir l'esprit juste.

La bonne santé du jugement n'est qu'une qualité négative, comme la bonne santé du corps.

Tout de même, la nécessité de cette vertu négative est si impérieuse que bien souvent nous jugeons les hommes d'après la présence ou l'absence de cette qualité.

XIX

CONCLUSIONS AU POINT DE VUE DE LA SÉLECTION.

Nous croyons avoir établi et ce qui est nécessaire et ce qui est précieux pour la constitution de l'homme futur : d'une part, les vertus indispensables; d'autre part, les vertus brillantes. Elles pourront les unes et les autres être fixées par l'hérédité.

Tout être humain doit satisfaire à certaines exigences. Sinon, la race est condamnée à la décadence. Santé physique, c'est-à-dire intégrité et intégralité du corps, sans tares organiques, sans vices de conformation, sans lésions congénitales, sans lésions acquises par la maladie. Santé morale, c'est-à-dire rectitude de jugement qui empêche l'aliénation, l'écart de conduite ou de pensée. En un mot, pour l'âme comme pour le corps, la *normalité*. Tout individu anormal ne peut être considéré comme un reproducteur apte à la procréation d'enfants sains. Donc il doit être impitoyablement rejeté.

Anormaux les débiles, les contrefaits; anormaux aussi ceux qui portent en eux une faiblesse morale grave, les criminels et les maniaques. Anormaux ceux qu'une imbécillité intellectuelle incurable met sans contestation au-dessous de la moyenne des hommes. Cela est simple et formel.

Peu importe que l'application soit délicate : le principe est indiscutable. Il y a, physiquement et psychologiquement, des anormaux. Ceux-là, nous devons, sans fausse pudeur, les écarter de l'humanité future.

Mais ce n'est pas assez que d'avoir annihilé ces éléments manifestement inférieurs et funestes. Il faut bien davantage.

En fait de qualités physiques : la santé florissante, la vigueur musculaire, la beauté, la longévité, la fécondité. En fait de facultés psychiques : la faculté de comprendre et la puissance d'inventer.

Si ces puissances de l'esprit et du corps sont très fortes chez les ascendants, les descendants les auront plus éminentes encore, et nous pouvons ainsi imaginer qu'on aura créé, par une longue, rigoureuse et habile sélection, une race humaine dont tous les individus vigoureux, beaux, doués d'une intelligence brillante, posséderont des qualités d'endurance, de courage et d'initiative hardie, telles qu'on les rencontre aujourd'hui dans l'élite des élites.

C'est là un but qu'on dira chimérique. Qui sait? Mais il est tellement beau, tellement désirable qu'il est bien légitime de faire quelques efforts pour l'atteindre.

XX

L'ÉLIMINATION DES ANORMAUX.

Après l'élimination des races inférieures, le premier pas dans la voie de la sélection, c'est l'élimination des anormaux.

En proposant résolument cette suppression des anormaux, je vais assurément heurter la sensiblerie de notre époque. On va me traiter de monstre, parce que je préfère les enfants sains aux enfants tarés, et que je ne vois aucune nécessité sociale à conserver ces enfants tarés.

Je n'ignore pas l'admirable dévouement des maîtres qui enseignent les sourds-muets. Je tiens l'abbé de l'Épée pour un des plus généreux et nobles esprits de tous les temps. Mais tout de même son œuvre paraît stérile. A quoi bon avoir donné un semblant de vie à des êtres imparfaits, condamnés à l'imperfection? Un enfant nouveau-né est une créature exquise, devant laquelle je m'incline à genoux : ce sera un jour un être humain, capable non seulement de penser, mais encore de transmettre la pensée à ses enfants. Il suffit, pour que je l'adore, cet être humain naissant, qu'il ait un avenir de pensée. Mais où est l'avenir de pensée chez les sourds-muets? Ces ébauches d'humanité, ces produits disgraciés, condamnés, en eux ou en leur descendance, à être toujours des rebuts, ces pauvres avortons, doués de défectuosités physiques et de tares mentales, ne peuvent inspirer que pitié, dégoût et aversion. Pourquoi nous obstiner à prolonger leur existence, malgré l'ordre formel de la Nature qui les veut supprimer?

A force d'être pitoyables, nous devenons des barbares. C'est barbarie que de forcer à vivre un sourd-muet, un idiot, un rachitique. Ce qui fait l'homme, c'est l'intelligence. Une masse de chair humaine, sans intelligence humaine, ce n'est rien. Il y a là de la mauvaise matière vivante qui n'est digne d'aucun respect ni d'aucune compassion. Les supprimer résolument, ce serait leur rendre service, car ils ne pourront jamais que traîner une misérable existence. Quelle joie peuvent-ils attendre de la vie? Même si, à force de soins, on prolonge de quelques mois ou de quelques années l'existence d'un hydrocéphale, il ne sera jamais qu'un être dégradé, indigne du nom d'homme.

Assurément, il faut une certaine audace pour rompre en visière avec l'opinion générale. Peu m'importe, si l'opinion générale me paraît errer. Je n'ai pas la prétention qu'aussitôt après qu'on aura lu ce livre, des lois vont être proposées pour la destruction des idiots et des sourds-muets. Je désire seulement qu'on réfléchisse et qu'on se persuade enfin que la vraie humanité consiste à respecter dans l'homme ce qui seul est respectable, c'est-à-dire l'intelligence.

De quel droit, dira-t-on, l'État va-t-il intervenir? Après tout, si les parents veulent faire vivre un enfant idiot, c'est leur affaire. Soit! et on ne va pas jusqu'à croire nécessaire le sacrifice officiel de cette piteuse existence. Mais au moins faudrait-il que l'État ne prît pas soin de ces pauvres créatures. La Nature les a condamnées, et il n'est pas bon d'aller à l'encontre d'un arrêt irrévocable que la Nature a prononcé. Laissez ces malheureux à la charge de leurs familles, et rassurez-vous. Au bout de quelques années, il n'en restera guère.

La sélection ne sera efficace que si elle est sévère; et la sévérité, c'est l'élimination des mauvais. Or les mauvais ne vont pas disparaître de leur plein gré : il faudra donc une autorité pour les éliminer de la société humaine. Refuser à une autorité le droit d'intervenir, c'est une opinion qui peut se défendre; mais sachons bien que cette absence d'autorité équivaut à la négation même de la sélection. C'est laisser les unions se faire au hasard, c'est permettre aux êtres difformes d'être des reproducteurs, et, par conséquent, c'est perpétuer, sans espoir de progrès, les infirmités et les dégradations individuelles.

Si l'on estime que les choses actuelles sont parfaites, telles qu'elles sont aujourd'hui, si l'on prétend qu'il est bon de persévérer dans les errements anciens, si l'on déclare qu'il ne faut pas améliorer l'espèce humaine et qu'il est équitable de donner aux infirmes et aux dégradés protection et assistance, de manière à permettre à une race infirme et dégradée de s'établir solidement, alors, sans doute, il ne faut pas intervenir. Au nom de la liberté individuelle, nous voilà condamnés à accueillir avec faveur les vilaines choses que la Nature fait effort pour rejeter.

Mais nous ne pouvons accepter cette doctrine de désespérance. Notre tâche devrait être de fortifier le dédain de la Nature pour les faibles, son mépris pour les malvenus, son aversion pour les anormaux, sa sévérité pour les avortons. Eh bien! aveuglés par une routine que rien ne justifie, nous agissons en sens inverse. Ces faibles, ces malvenus, ces anormaux, ces avortons, de toute notre puissance nous les aidons à vivre, et si, par bonheur, ils n'arrivent que rarement à faire souche d'êtres aussi détestables qu'ils le sont eux-mêmes, ce n'est pas notre faute, c'est parce que la Nature y a sagement pourvu. Nature vraiment plus humaine que le philanthrope, puisqu'elle n'accorde ni longue existence ni force génératrice à ces formes larvaires.

Nous devrions considérer la normalité comme un minimum nécessaire. Tous les fleuves de nos grandes villes devraient recevoir le même tribut que l'Eurotas.

Si les culs-de-jatte, les becs-de-lièvre, les pieds-bots, les polydactyles, les hydrocéphales, les idiots, les sourds-muets, les rachitiques, les crétins étaient supprimés, les sociétés humaines n'y perdraient rien. Il y aurait quelques malheureux de moins. Voilà tout.

Sauf exception, toute tare organique est signe d'une défectuosité profonde. Une malconformation en entraîne une autre. Bien rarement les déformations congénitales sont isolées. Bien rarement, elles n'entraînent pas quelque vice mental. Bien plus rarement encore, elles ne se transmettent pas aux descendants.

Peut-être par-ci, par-là aurait-on anéanti quelque enfant doué de quelque talent; mais ce serait un mince dommage : pour l'humanité future, le nombre importe peu. Il y aura toujours assez d'êtres humains à la surface de la terre. Dans un prochain avenir, c'est la pléthore, et non la pénurie d'hommes, qu'il faudra craindre. Il faudra s'attacher à la qualité, plus qu'à la quantité (1), de nos enfants.

(1) Il n'y a là aucune contradiction avec ce que nous avons dit à diverses reprises sur la natalité française. L'accroissement de la popu-

Notre urgent devoir est d'assurer la forte constitution d'une race irréprochable. Je comprends très bien la douleur profonde qu'une mère éprouve quand elle perd son enfant. Chose sacrée. Mais, si cet enfant est un hydrocéphale, je ne comprends plus. La fin de cette pauvre créature ne sera que délivrance. La douleur est de l'avoir mise au monde, et non de la voir disparaître.

On prétend qu'on s'expose ainsi à sacrifier des êtres qui eussent pu servir l'humanité. Je n'en disconviens pas; mais combien plus, au regard de cette existence utile, en aura-t-on éteint de misérables, indignes d'être prolongées, et même, en vérité, dangereuses. Un être anormal n'est pas seulement un fléau pour lui-même, une angoisse pour les siens; c'est encore, s'il est apte à la génération, une menace pour l'intégrité de la race.

Nous devons voir les choses telles qu'elles sont, sans nous embarrasser de lamentations inutiles. La religion de la douleur humaine est la seule qui soit sainte; mais notre but est précisément d'éviter quelques douleurs humaines, de sacrifier quelques créatures inférieures, pour que cette infériorité, dont ils souffrent cruellement, ne s'étende pas plus loin, et que d'autres créatures inférieures, vouées à une même souffrance, ne viennent pas à naître. Les vrais barbares sont ceux qui n'ont pas peur de propager les déformations et les malformations, c'est-à-dire des existences condamnées à une éternelle douleur.

Nous n'entrerons pas ici dans les détails, nous n'essayerons pas, par une classification prématurée, de dire où il faut

lation française est d'une importance extrême pour la France, mais pour la France seulement. Au point de vue mondial, il importe assez peu qu'il y ait sur la terre un milliard ou six milliards d'hommes.

s'arrêter. Il y aura une limite à déterminer, difficile toujours, parfois impossible. Mais, quelle que soit cette limite, précisée par les législateurs de l'avenir, le grand principe de la normalité devra être à la base de toute notre éducation physique. Soyons tous fortement convaincus que toute défectuosité est multiple, et que le seul moyen de ne plus voir naître d'enfants anormaux, c'est d'écarter tous ceux qui sont anormaux, même si la malformation est, en apparence, sans retentissement sur sa vie psychique.

Nous n'admettons pas qu'on nous reproche la cruauté : il n'est de cruauté que si une conscience humaine est opprimée ou supprimée. Or ces petits enfants nouveau-nés n'ont pas encore de conscience. En les arrêtant dans leur évolution, on ne leur inflige ni torture, ni souffrance; car pour souffrir il faut penser, et ils ne pensent pas encore. Ah ! s'ils étaient capables de penser, ils nous remercieraient de notre clémence, puisqu'ils ont la certitude d'un avenir misérable, et que nous leur aurons épargné d'indicibles souffrances.

Mais si on les laisse vivre, la vie psychique apparaîtra : une personnalité humaine aura apparu. Ils seront devenus des êtres pensants; ce qui leur crée des droits.

De même les malades, les incurables, quoique nuisibles aux générations futures, ont aussi quelque droit à l'existence. Mais l'être nouveau-né, qui n'a pas d'existence psychique, ne peut être traité comme personnalité humaine. Un nouveau-né n'est qu'une espérance. Or, s'il est contrefait à sa naissance, il est plutôt la désespérance que l'espoir.

XXI

PROHIBITION DU MARIAGE DES ANORMAUX.

Au moment de la naissance, on ne peut prévoir ce qui adviendra du nouveau-né. Nous avons supposé que de sages lois ont écarté de la collectivité humaine ceux qui étaient atteints d'une tare organique congénitale. Mais il est des enfants qui, quoique sains en apparence, ne se développeront pas normalement, tant par l'esprit que par le corps ; il en est qui seront frappés de maladies incurables, compliquées de lésions indélébiles transmissibles par l'hérédité. Contre ceux-là des mesures sont à prendre, plus importantes peut-être que contre les malformés ; car les malformés n'ont jamais grande facilité à contracter le mariage, tandis que les malades et les débiles, pour peu qu'ils compensent leur débilité par certains avantages sociaux, ont toutes facilités pour donner naissance à une descendance pervertie.

Or il ne peut être question de supprimer leur existence. Et pourtant leur influence néfaste sur la race humaine doit être ici, sans faiblesse ni réticence, courageusement envisagée. Il ne faut pas être timide quand il s'agit de l'avenir des hommes. Ce rêve grandiose, d'une humanité supérieure, ce rêve, que nous avons le droit et le devoir de concevoir, il faut, sans frayeurs lâches, le faire entrer dans la réalité. Donc, au lieu de nous accommoder aux préjugés enfantins de notre époque, allons jusqu'au bout de notre pensée.

A tout prix il faut empêcher ces incurables et ces malades de jeter dans la race humaine des produits de qualité inférieure.

Par conséquent, il faut leur interdire la génération.

Or il n'est que deux moyens pour que notre action préservatrice soit efficace : un moyen radical, la stérilisation; un moyen plus atténué, l'interdiction du mariage.

Nous examinerons tout à l'heure quels seront les individus sur lesquels devra s'exercer cette action. La limite est bien délicate à préciser. Mais, pour le moment, nous supposerons résolue cette difficulté du choix, et nous mettrons la société en présence d'un individu de vingt-deux ans, lequel est atteint d'une maladie incurable et doit, par conséquent, sous une forme ou sous une autre, transmettre à sa descendance, s'il a une descendance, ce vice organique.

La société a le droit strict d'arrêter le cours de cette descendance viciée et vicieuse.

Aucune déclamation sentimentale ne me fera reconnaître à ce malheureux individu le droit de mettre au monde des enfants aussi malheureux que lui, épileptiques, alcooliques, dégénérés, neurasthéniques, criminels, tuberculeux, débiles, laids, rachitiques, déformés. Ces êtres chétifs et vilains rendraient promptement toute une race très vilaine et très chétive, si la Nature, plus clémente que nous, ne dotait d'une heureuse stérilité de pareils personnages.

Non ! un homme n'a pas le droit de perpétuer la maladie et la douleur dans l'espèce humaine.

Le moyen radical serait la castration ; et je crois fermement que l'humanité de l'avenir adoptera une réforme dans ce sens. Alors on aura trouvé des moyens, chimiques ou chirurgicaux, qui, sans jamais mettre la vie en danger, apporteront l'infécondité, et qui peut-être, sans supprimer les apparences de l'acte sexuel, le rendront inefficace pour la génération. Mais, à l'heure actuelle, qui voit le triomphe de toutes les fausses philanthropies, ce moyen héroïque n'aurait pas grande chance d'être adopté. On objecterait que ces malades ont une conscience, une personnalité digne de respect, et qu'on ne peut leur infliger de mutilation — cette mutilation fût-elle intérieure et non apparente — sans commettre le scandale d'une peine imméritée. On dirait que, si la collectivité a des droits sacrés, l'individu a des droits tout aussi sacrés, auxquels on ne peut attenter sans crime. Enfin on trouverait quantité de raisons, plutôt mauvaises que bonnes, pour établir qu'une société n'a le droit de châtrer ni les criminels, ni les imbéciles, ni les incurables, ni les contrefaits.

Je n'insiste pas. L'avenir jugera. Et d'ailleurs en voilà assez pour qu'on n'ignore pas quel est mon intime sentiment. Aussi passé-je tout de suite à l'autre moyen, moins efficace, mais très puissant aussi, l'interdiction du mariage.

J'ai dit plus haut, à propos du mariage des blancs avec les noirs ou les jaunes, que le mariage civil, avec les avantages sociaux qu'il apporte, n'est pas un droit du citoyen.

Si la société, avec toute l'autorité que lui apporteront la science et l'expérience, déclare formellement que tel individu ne peut engendrer qu'enfants anormaux et chétifs, si la société juge que cette descendance abâtardie est un péril social, alors elle a incontestablement le droit de refuser à cet individu taré les avantages d'une union légitime. Elle intervient, et elle a le droit d'intervenir; car l'intérêt de la communauté est en jeu.

Qu'on ne prononce pas ici le mot de tyrannie. Il n'y a pas trace de tyrannie : c'est le refus d'un avantage. Rien de plus.

Voici une comparaison qui montrera bien que toute tyrannie est absente. Très facilement, en France au moins, des *Sociétés* peuvent se constituer : il en existe un très grand nombre; mais parmi elles il en est très peu qui réussissent à se faire déclarer d'*utilité publique*, ce qui leur assure aussitôt certains privilèges notables. On ne va pourtant pas crier à l'injustice et à la tyrannie, parce que le gouvernement ne reconnaît pas d'utilité publique toutes les Sociétés particulières qui se sont constituées en France. L'État ne donne son approbation, son estampille, si l'on veut, qu'à celles qui lui paraissent recommandables, et il exige de nombreuses conditions, qui sont extrêmement sévères.

Il faut qu'il en soit ainsi pour le mariage. Rien de plus simple, ni de plus légitime.

Et ce n'est pas là une mesure réservée aux âges futurs et aux siècles à venir. *C'est tout de suite, c'est demain que cette réforme doit être faite.* Réforme simple, protectrice des malheureux qu'un lien funeste va peut-être unir pour toujours à un dégénéré.

Nous pouvons en effet défendre les hommes, ignorants et faibles, contre leurs propres erreurs, et intervenir dans les ménages. De même que nous empêchons la contamination des eaux par les microbes infectieux, sans que personne ne songe à prétendre qu'on ne doit pas empêcher un citoyen libre de boire une eau contaminée, de vendre des poisons, de circuler sur des navires infectés. Ces mesures prohibitives, auxquelles nous sommes depuis longtemps habitués, nous paraissent absolument légitimes; et pourtant le péril n'est pas beaucoup plus grand à boire une eau contenant quelques microbes, qu'à contracter mariage avec un aliéné, un épileptique, un rachitique.

Il va de soi que cette réglementation du mariage n'aurait d'efficacité que si elle était consacrée par les législations de tous les pays. Mais une entente internationale ne serait pas chose difficile. Aucun gouvernement sérieux ne trouverait de raisons valables à lui opposer.

Quoique je ne puisse entrer dans tous les détails de l'application, détails multiples, complexes, délicats, il faut cependant tracer, dans ses lignes générales, les conditions générales de l'aptitude au mariage.

Pour qu'on ne nous accuse pas de parler dans le vide, et d'imaginer des chimères, rappelons un fait très banal, et familier à chacun de nos contemporains.

Le service militaire est obligatoire, dans tous les pays d'Europe (sauf en Angleterre). A l'âge de vingt et un ans, tous les jeunes gens sont appelés à être soldats. Mais n'est pas soldat qui veut. Il faut être dans certaines conditions de santé et de force pour être déclaré *Bon pour le service*, et il y a des *Conseils de revision*, auxquels prennent part des officiers et des médecins, qui décident si les jeunes gens appelés sont en état de devenir soldats. Chaque pays, chaque armée, sans aucune exception, élimine les infirmes; car évidemment des pieds-bots, des culs-de-jatte, des aveugles, des idiots, ne peuvent faire de service militaire effectif.

Voilà donc des individus qu'on juge incapables de faire l'exercice, de tirer un coup de fusil, de balayer la chambrée, et de porter l'uniforme. Eh bien! *à ces dégradés, ces impotents, ces infirmes, on permet le mariage.* N'est-ce pas très étrange?

Il y a beaucoup moins de péril à introduire dans notre armée un individu débile qu'à permettre à ce débile d'avoir une descendance. Après tout, s'il entre au régiment, on pourrra l'envoyer à l'infirmerie, ou l'employer à des travaux sédentaires; mais, au bout de deux ans, il a fini son temps, et le passage de cet invalide n'aura laissé aucune trace.

Au contraire, s'il est marié, c'est tout autre chose. Il a épousé une belle fille vigoureuse et saine, et voilà un couple condamné à une descendance chétive. Voilà qu'une famille de dégénérés s'est constituée, qui introduira définitivement des germes mauvais dans la race. Mal irréparable; car les demi-dégénérés issus de ce couple fâcheux se distingueront à peine des individus normaux, mais ils verseront, dans le sang des générations à venir, des difformités, des chétivités, des laideurs qui, gagnant de proche en proche, éterniseront dans une race la difformité, la chétivité et la laideur.

N'est-il pas d'une inconséquence invraisemblable qu'on permette le mariage et la génération à des individus assez faibles et assez malades pour ne pas satisfaire à ce minimum de normalité, qui est le service militaire? Quoi! On ne sera pas capable de porter le sac pendant deux kilomètres, et on sera bon pour le mariage et la reproduction! On est trop faible pour parader une demi-heure, dans une caserne, avec le fusil sur l'épaule, et on est assez puissant pour être père de famille, pour procréer, élever et nourrir des enfants!

C'est là une de ces nombreuses absurdités sociales que nous subissons parce que nous ne réfléchissons pas. Mais qui donc ose réfléchir? Est-ce que la routine n'est pas le grand mobile qui mène les hommes? Est-ce que nous ne vivons pas, servilement, sur les idées de nos pères, sans avoir le courage de les examiner? Nous les acceptons par paresse, sans les discuter, sans les regarder même. La seule raison d'être de nos usages, c'est qu'ils sont. Parfois leur absurdité est éclatante. Mais on ne la voit pas, parce qu'on ne daigne pas la regarder. Si dans notre enfance on nous avait enseigné et démontré que le monde est supporté par les épaules d'Atlas, ce serait devenu une élémentaire vérité à laquelle personne ne trouverait à redire.

La seule objection sérieuse à la réglementation du mariage, c'est qu'on va alors aussitôt augmenter le nombre des unions libres, et par conséquent les naissances d'enfants illégitimes. Assurément. Et je regrette, pour ma part, que des mesures plus dures ne puissent être prises pour rendre absolument incapables de toute procréation les invalides et les criminels. Mais l'interdiction du mariage est, actuellement, étant données nos mœurs ultra-sensibles et notre fausse philanthropie, le seul moyen qui permettra de diminuer les naissances de dégénérés et d'infirmes. Il restera encore des enfants illégitimes; mais ces malheureux, issus de parents dégradés qu'on aura reconnus inaptes au mariage, naîtront dans des conditions doublement mauvaises, aussi bien au point de vue social qu'au point de vue physiologique, et ils n'auront pas grande chance de longévité ou de fécondité.

La réforme est facile. Elle est urgente. On l'a proposée déjà. Mon regretté ami CAZALIS l'avait indiquée en termes excellents, et si la logique, non la routine, régissait le monde, elle serait depuis longtemps entrée dans la pratique.

Il est très simple d'exiger, pour l'autorisation au mariage, non pas le banal certificat d'un médecin complaisant, mais la décision d'une commission de contrôle, jugeant avec plus de sévérité encore que nos conseils de revision militaire. On exclura les syphilitiques, les alcooliques, les épileptiques, les tuberculeux, les rachitiques : ceux ou celles qui n'auront pas la taille ou la force musculaire suffisantes; ceux ou celles qui ne seront pas en état de lire, écrire et compter. On exclura rigoureusement ceux ou celles qui auront subi plusieurs condamnations judiciaires : car il est tout à fait inutile de perpétuer des familles de criminels, de rachitiques ou d'imbéciles.

Il est clair que les conditions de chacune de ces exclusions devront être longuement discutées. Ce sera l'affaire du législateur et du médecin. Mais peu importe le détail. Il s'agit du principe même. Et ce principe s'impose à toute Société moderne avec une évidence éblouissante.

On n'a pas le droit de se marier quand on ne peut avoir que de misérables enfants.

XXII

L'ÉDUCATION DE L'INTELLIGENCE.

En définitive, par la plus grande sévérité du mariage, par l'élimination des types aberrants, la race sera préservée de la décadence et gardera ses caractères normaux; la moyenne de l'intelligence et de la santé ne tombera pas au-dessous d'une certaine limite. Mais ce n'est pas ainsi que pourra se constituer un type humain plus élevé. Et cependant c'est ce progrès de l'espèce humaine que nous voulons obtenir. Il ne suffit pas d'arrêter la chute. Il faut monter plus haut.

Or, pour la création d'une humanité supérieure, il est des mesures à prendre, hardies, confusément perdues encore dans les brumes de l'avenir, mais auxquelles il faut avoir l'audace de penser. Jusqu'à présent, j'étais resté dans le domaine des réalités contemporaines, sans m'égarer dans les possibilités des temps futurs. Le moment est venu de quitter les réformes présentes, celles qui peuvent demain avoir une sanction législative immédiate, et d'aborder les réformes de l'avenir, celles que ne verront sans doute pas les enfants de nos petits-enfants. Celles-là, au risque de passer pour téméraires, nous devons y penser dès aujourd'hui.

Jamais en effet un progrès ne se fait subitement, par irruption brusque d'une idée neuve au milieu des banalités actuelles. Il vient autrement, par la lente infiltration de certaines conceptions hardies, qui, timidement émises, prennent à la longue force et vie et, après avoir été discutées pendant des années, parfois des siècles, s'imposent, quand le jour vient, à l'opinion. Un progrès est comme la calomnie : il commence humblement, en rasant la terre, puis il se répand peu à peu, s'enfle, se dilate, devient de plus en plus bruyant, et finit par envahir l'univers.

Examinons donc par quelles méthodes, conformes à la science et au bon sens, se pourra réaliser le progrès de l'espèce humaine. Autant nous avons été affirmatifs jusqu'ici, pour indiquer l'urgence de ce progrès, autant maintenant nous serons réservés ; car c'est à nos arrière-petits-enfants, et non à nous-mêmes, qu'il appartiendra de décider.

Tout d'abord, une première méthode très simple, pour améliorer l'espèce : l'amélioration de chacun des individus qui la constituent.

Il est prouvé que certaines qualités du corps, vigueur et santé, sont indispensables. Il est prouvé que certaines qualités de l'esprit, intelligence et invention, ne sont pas moins indispensables. Il est prouvé que ces qualités du corps et de l'esprit sont également héréditaires. Donc, — et le raisonnement est d'une force logique irrésistible, — il faut développer ces qualités de l'esprit et du corps pour les transmettre à nos descendants.

Elles ont en effet ceci d'admirable, ces vertus du corps et de l'esprit, qu'elles sont plastiques, et qu'elles peuvent s'amplifier énormément par l'éducation, l'habitude, l'entraînement.

Notre système de vie est absurde. Parmi les hommes, les uns, de beaucoup les plus nombreux, n'exercent pas leur esprit : les autres, un tout petit groupe d'hommes, n'exercent pas du tout leurs muscles.

C'est miracle que la race humaine ait pu garder quelque puissance intellectuelle, alors que des milliers et des milliers d'êtres humains ne font jamais travailler leur cerveau ; c'est miracle que les intellectuels, si dédaigneux de leur corps, puissent encore avoir des enfants. Tout le système social est consacré à l'expansion de cette double erreur, immense et funeste : atrophie de l'intelligence, par excès des travaux manuels ; atrophie des muscles, par excès des travaux intellectuels.

Aussi faut-il que les travailleurs manuels, paysans, laboureurs, mineurs, pêcheurs, vignerons, artisans, bûcherons, — c'est-à-dire la population rurale tout entière, — soient désormais beaucoup plus cultivés qu'ils ne le sont. On a, dans la plupart des pays, décrété l'instruction obligatoire ; mais cette réforme, qui était d'ailleurs indispensable, est absolument insuffisante. Non pas que nous attachions grand prix à ce que le système décimal soit bien connu par tous les petits paysans et les petites paysannes de chaque commune, et à ce qu'il soit bien répondu aux questions que fera l'inspecteur primaire. Cette capacité scolaire est de mince importance. Les connaissances ainsi acquises ne sont rien. Elles ne servent à rien ou presque rien. Le vigneron qui taille sa vigne n'a pas besoin de savoir la quantité de chlorure de sodium contenue dans un litre d'eau de mer, et le mineur qui donne des coups de pioche au fond d'un trou n'a aucun intérêt à connaître la filiation de Louis XIV et de Louis XV. Ce n'est pas la chose apprise qui importe :

ce qui importe, c'est que le cerveau ait travaillé pour apprendre quelque chose. Car, par le travail mental, l'esprit est devenu plus réceptif, et cette plus grande réceptivité se transmet aux descendants.

P. Bourget a décrit, non sans profondeur, dans *l'Étape*, l'histoire d'un individu issu de paysans non affinés par plusieurs générations intellectuelles. Malgré son génie personnel, ce primitif ne peut atteindre le niveau auquel sans peine parviennent des fils et des petits-fils d'intellectuels. L'exercice de la pensée crée un cerveau apte à penser, et la fonction développe l'organe. Or toutes les fonctions, toutes les aptitudes se transmettent par hérédité : par conséquent le fils d'un paysan ne peut pas, sans un grand effort, comprendre ce que comprendra le fils d'un avocat ou d'un ingénieur, ou d'un médecin, surtout si ces mêmes avocats, ingénieurs, médecins, ont eu déjà des intellectuels parmi leurs ascendants.

Cette atrophie de la culture intellectuelle est, au point de vue de la descendance, très grave pour les hommes; mais combien plus grave encore pour les femmes! Celles-là, de tout temps, on les a tenues à l'écart de la civilisation générale : on ne leur a donné que de très vagues notions scientifiques. A peine ont-elles quitté l'école primaire qu'on les cantonne dans les plus basses besognes, sans qu'elles aient jamais l'occasion d'ouvrir un livre, de discuter une question générale, de prendre une décision personnelle après délibération et réflexion. Peut-être, pour beaucoup d'entre elles, n'y a-t-il pas excès de travail musculaire ; en tout cas il y a défaut, et défaut absolu, de travail intellectuel.

La moitié de la population humaine est condamnée à ne pas penser.

On voit tout de suite que cette inertie cérébrale de la femme se transmet aux descendants, puisque les qualités de la mère se retrouvent dans l'enfant aussi bien que les qualités du père. Si les éleveurs, lorsqu'ils font de la sélection, attachent tant d'importance au bon choix du mâle reproducteur, ils ne négligent nullement le choix de la femelle, car ils savent très bien à quel point l'un et l'autre sexe influent tous les deux sur les caractères de la progéniture. Espérer que l'intelligence de l'homme acquerra une supériorité croissante, sans que parallèlement on développe l'intelligence de la femme, c'est folie. Pour grandir l'intelligence des enfants, il n'est qu'un seul moyen : c'est de rendre plus puissantes l'intelligence du père et l'intelligence de la mère.

Nous n'avons pas le fétichisme de l'instruction : nous n'avons jamais supposé que par l'instruction universelle les problèmes sociaux allaient être totalement résolus. Même nous n'avons jamais partagé les espérances des hommes politiques qui voyaient là l'avènement d'une société future irréprochable, ni imaginé que, pour savoir un peu de géographie, d'histoire, de chimie et de cosmographie, les hommes deviendront moins malheureux. Ces connaissances sont inutiles ; elles ne contribuent pas au bonheur. Pourtant le travail nécessité par ces connaissances inutiles a été fructueux en soi. Le jugement ne s'est pas atrophié. La mémoire s'est accrue. La puissance d'attention s'est développée. Peu importe la chose apprise. On a appris à l'apprendre ; et c'est assez. Toute cette expansion de l'intelligence, due à l'exercice de son organe, se retrouvera dans les descendants, et si, à leur tour, ils ne laissent pas s'atrophier, par l'absence de pensée, l'organe de la pensée, alors progressivement il s'opérera un lent et constant développement de la puissance intellectuelle.

Ici se pose une question redoutable. Nous l'avons abordée plus haut, mais il convient d'y revenir. Les richesses intellectuelles de l'humanité se sont depuis deux mille ans amassées en proportions colossales, si bien que nous avons un trésor de connaissances, documents, lois, faits, phénomènes, trésor si riche et si abondant que jamais nos pères n'en ont pu rêver de pareil. Les mathématiques ont pris une extension prodigieuse. La chimie, la physique, l'astronomie, la biologie se sont avancées à des profondeurs insoupçonnées avant notre siècle, si bien que les savants qui étudient chacune de ces sciences doivent se spécialiser dans les domaines les plus restreints d'icelles, car il leur est impossible de connaître toute la science qu'ils cultivent. D'autre part, la vie sociale a pris une activité mille fois plus grande. Le monde, qui, pour les contemporains de Périclès, était limité à quelques rivages de la Méditerranée, s'étend maintenant à la planète entière. Des milliers d'industries nouvelles ont pris leur essor, riches en détails méticuleux. Tout a été mis en discussion ; tout a été pensé et repensé. En un mot, la somme des idées répandues dans le monde a centuplé, et même mille fois centuplé. Eh bien! malgré toute cette masse de connaissances acquises, l'homme contemporain est-il plus intelligent que le citoyen grec qui vivait au temps de Socrate, d'Aristophane et de Sophocle?

Personne n'oserait le dire ; pourtant, il semble bien que l'intelligence des modernes est plus vaste que celle des anciens ; moins subtile, moins esthétique peut-être, mais plus apte à saisir les généralisations, douée d'une mémoire plus étendue et pourvue d'un jugement plus sain. Puisque la somme des connaissances acquises est supérieure, il est bien probable que la capacité d'acquérir est devenue plus grande. Assurément, il est difficile de prouver que le *potentiel* de l'intelligence moyenne du xxe siècle est plus élevé que le *potentiel* de l'intelligence moyenne au Ier siècle. Mais notre esprit se meut aujourd'hui dans une sphère beaucoup plus étendue que la petite sphère d'autrefois, et ses mouvements ont plus de précision. Nous savons plus de choses, et nous les savons mieux. Peut-être même sommes-nous devenus plus disposés à les savoir. Un jeune citadin de quinze ans, fils et petit-fils d'intellectuels, qui a lu déjà beaucoup de journaux, entendu beaucoup de conversations, et parcouru beaucoup de livres, a l'esprit tout prêt à recevoir des notions nouvelles qui eussent trouvé le cerveau d'un jeune Grec mal préparé encore. Et on est tenté de croire que cette aptitude n'est pas seulement le fait des notions acquises, leçons, lectures et conversations, mais bien d'une hérédité intellectuelle.

La conclusion qui s'impose, c'est qu'il faut développer, beaucoup plus qu'on n'a osé le faire encore, les facultés de l'intelligence chez les gens du peuple, et cela pour de tout autres motifs que les motifs habituellement allégués. Si l'élite intellectuelle laissait la masse populaire s'endormir dans le néant de l'ignorance, l'élite serait envahie par la masse ignorante.

L'invasion serait brutale ou, ce qui est également vraisemblable, et également funeste, elle pénétrerait lentement par invincible infiltration. Les intellectuels ne veulent pas comprendre qu'il y a danger terrible à laisser tout près d'eux, sans qu'aucune ligne de démarcation ne les en sépare, une multitude inculte, plus forte qu'eux-mêmes, et par le nombre et par la fécondité.

De même un laboureur ne peut protéger son blé contre l'ivraie et le chardon, si, de toutes parts, son champ est entouré de terres en friche où poussent les herbes folles; car chaque coup de vent apporte des graines maudites, qui dévorent une culture à grand'peine produite.

Il faut donc que dans tous les pays civilisés la culture intellectuelle soit absolument différente de ce qu'elle est aujourd'hui. Qu'il ne soit permis à aucun peuple de rester dans l'ignorance. Une nation restée en retard retarderait toutes les autres; ainsi que, dans une marche militaire, les traînards, en s'égrenant sur la route, ralentissent la marche de tout le corps d'armée.

La presse quotidienne, avec sa prodigieuse extension qui croît chaque jour, pourrait être d'un puissant secours pour la culture intellectuelle. En effet le journal pénètre dans les plus humbles bourgades, et il est peu de communes, au moins en France, si incultes qu'on voudra, où ne se trouve quelque lecteur d'un journal quelconque. Toutefois ce n'est pas assez, et nous devons espérer mieux.

D'abord il n'est pas admissible que la lecture du journal soit réservée à quelques individus. Les femmes devraient toutes, sans exception, elles aussi, lire chaque jour le journal, pour s'initier, si peu que ce soit, aux événements mondiaux, aux découvertes scientifiques, aux problèmes multiples qui tourmentent nos modernes sociétés. Or les femmes se désintéressent de toutes ces questions qu'elles ignorent. En vain les progrès industriels, scientifiques, sociaux, se poursuivent partout. Ce sont des nuages qui passent au-dessus de leurs faibles têtes. Les pauvres créatures s'agitent cependant, soucieuses seulement du pot-au-feu et des commérages chez la voisine. Et combien d'hommes sont femmes en ce point!

S'il est vrai, comme nous avons cherché à l'établir par mainte preuve, que l'absence de tout exercice intellectuel entraîne chez les descendants une inaptitude au travail intellectuel, il s'ensuit que la perpétuelle invasion de ces éléments incultes dans une race très civilisée tend constamment à abaisser le niveau intellectuel moyen. Il y aura constamment une régression, si limitée qu'on la suppose, et tout le bénéfice d'une sélection lente, acquise à grand'-peine, sera perdu.

Et cependant la vie intellectuelle exige un perpétuel mouvement d'idées. L'école primaire ne suffit pas. En sortant de l'école primaire, l'enfant ne connaît que peu de chose; il n'a eu que sa mémoire à exercer. Si, après l'école primaire, il n'exerce pas sa réflexion et son jugement, s'il limite son horizon à un champ, des poules et une vigne, et s'il ne regarde pas au delà de l'âtre paternel et du clocher communal, c'en est fait de cette puissante intelligence humaine que lui ont confiée les ancêtres : elle s'atrophie dans l'inaction.

Ce n'est pas que je considère notre presse quotidienne comme une noble école de pensée. Elle est assez misérable, cette presse, pour exciter toute autre chose que l'admiration. Les ineptes romans-feuilletons, les faits-divers ridicules, qui stimulent à tous les vices, les facéties surannées, les fades relations des événements actuels, les déloyales et grossières polémiques, les vénalités à peine dissimulées, tout cela constitue un ensemble assez peu glorieux. Voilà les aliments que nous offre la presse, et pis encore. Pourtant, cette exécrable et détestable presse, c'est mieux que le néant.

L'exposé, même imparfait, des découvertes récentes, la

discussion, même faussée, des théories sociales, le récit, même mensonger, des événements du jour, c'est quelque chose. Grâce à cette lecture, l'artisan et le paysan s'initient tant bien que mal au monde moderne et assistent à sa rapide évolution. Dans les grandes villes, où la lecture du journal quotidien est heureusement devenue presque indispensable, il se fait, grâce au journal, une agitation intellectuelle incessante, une perpétuelle introduction d'idées qui entretient l'activité vitale de l'esprit. A Paris, à Londres, à Rome, à Berlin, comme tout le monde lit le journal, comme les conversations et les discussions s'engagent à propos de ce que le journal a relaté, la vie intellectuelle est plus intense, les jeunes hommes et les jeunes filles ont l'esprit plus exercé, plus souple, ouvert à un monde plus vaste. Les idées sont peut-être fausses; mais au moins ce sont des idées.

Le grand danger pour une nation, c'est la stagnation intellectuelle : *donc, tout ce qui va entretenir l'exercice de l'intelligence sera salutaire.* Le journal quotidien remplirait admirablement cet usage, s'il était autrement conçu. Sans doute un jour viendra où quelque journaliste de génie créera un journal à la fois sérieux et amusant, fécond en informations précises, en histoires ingénieuses, en vulgarisations scientifiques, en discussions loyales, de manière à continuer, par delà l'école, l'éducation populaire.

Le théâtre est aussi une source vive d'idées, d'images et d'enseignements. Mais il n'existe nulle part de théâtre populaire. La foule va aux cafés-concerts, aux music-halls et à ces établissements ignobles où se mélangent, en agréables proportions, la chanson plus stupide encore qu'obscène, la boisson, riche en poisons, et la prostitution, riche en syphilis. Voilà ce qui aujourd'hui séduit le populaire. Mais le théâtre, où se développent les plus puissantes et les plus nobles émotions de la vie humaine, le théâtre, où les grands faits historiques sont exposés sous une forme esthétique et attrayante, le théâtre, qui a rendu l'âme grecque si haute, le théâtre est abandonné. Heureusement cette déchéance n'aura qu'un temps : un jour viendra où, avec le journal populaire, le théâtre populaire sera un des éléments essentiels de l'éducation.

Car l'éducation est nécessaire. Dans nul pays, il ne doit rester un troupeau de paresseux, d'indolents, d'apathiques, dont l'intelligence est laissée en sommeil. Tous les jeunes gens doivent entrer à l'école, c'est entendu. Mais il leur faudra aussi, après avoir quitté l'école, continuer l'effort intellectuel. Et nul pays ne peut rester en arrière. Le progrès sélectif ne se maintient que si l'effort sélectif poursuit l'élimination rigoureuse des incapables. S'il n'y avait que des intellectuels, — en donnant à ce mot le sens précis de culture intellectuelle très développée, — alors tous les individus à naître seraient doués d'une pensée active et souple, tandis que, dans nos sociétés d'aujourd'hui, où les neuf dixièmes de la population sont incultes, on rencontre bien peu d'enfants ayant derrière eux quatre à cinq successives générations d'intellectuels, alors qu'il faudrait peut-être cinquante générations pour qu'un progrès manifeste pût être constaté.

La conclusion qui s'impose est évidente : c'est qu'il faudra intensifier le travail intellectuel; car le grand malheur qui pèse lourdement sur la descendance humaine, le grand danger qui menace l'avenir; le grand obstacle qui s'oppose à l'évolution progressive de la pensée, c'est que les parents sont incultes et par conséquent les enfants forcés de refaire le grand effort mental d'une reconstruction complète. La loi fondamentale de l'hérédité intellectuelle, c'est que ce qui avait exigé le grand effort du père est simplifié pour le fils. L'hérédité diminue l'effort personnel, et par conséquent permet de marcher en avant. Le fils, petit-fils, arrière-petit-fils de savants comprendra plus facilement les choses de la science que le fils, petit-fils, arrière-petit-fils de bûcherons. Si donc nous pouvions perpétuer plusieurs générations successives de savants, d'artistes et de penseurs; si nous pouvions surtout, en mieux instruisant les femmes, ne pas laisser s'engourdir la moitié de l'humanité dans la somnolence intellectuelle, alors, au bout de quelques générations, on verrait les caractères acquis devenir héréditaires.

Est-ce une chimère que de supposer une culture intellectuelle s'étendant à tous les citoyens d'une nation, même à ceux qui peinent dans de durs travaux pour gagner leur vie, les mineurs, les pêcheurs, les maçons, les portefaix? Oui, peut-être dans l'état actuel des choses, avec notre organisation sociale, féconde en iniquités et absurdités. Mais on conçoit très bien qu'une société nouvelle peut être fondée, dans laquelle le travail manuel ne sera pas exclusif du travail intellectuel.

Lorsque jadis des penseurs téméraires ont parlé pour la première fois de l'instruction obligatoire, l'idée fut considérée comme une insigne folie. Quoi donc! apprendre la lecture, l'écriture, le calcul, l'orthographe, la géographie et l'histoire à tous les enfants de douze ans, citadins et ruraux, plébéiens et bourgeois! Nous ne savons plus trop aujourd'hui quelles objections on a formulées, — car nous oublions très vite, — mais on en a trouvé de formidables. Tous les gens sérieux de l'époque ont donné des raisons excellentes pour démontrer que l'instruction obligatoire, l'école primaire pour tous les enfants, c'était une chimère d'abord, un péril ensuite. Mais les choses ont évolué. Ce qui était impossible est devenu une réalité. La chimère s'est transformée en un fait; et le péril a disparu. De même un jour cette instruction intensive pour tous les hommes — chimère et péril aujourd'hui — deviendra un fait banal, simple, qui n'effarouchera plus personne.

Par quels mécanismes sera réalisée cette extension de l'instruction, on ne saurait le prévoir. Cependant, on peut prendre un exemple banal, familier à tous.

A l'heure actuelle, en 1912, tous les jeunes gens sont forcés de faire deux années de service militaire. Il faut que toute la vie civile s'accommode à cette suspension de deux ans. — On nous dit que c'est aujourd'hui nécessaire. Je le veux bien. Mais ces temps barbares ne dureront plus longtemps, et ce sera bientôt un passé digne d'être préhistorique. — Supposons alors qu'au lieu de préparer les jeunes gens à des guerres qui n'auront pas lieu, on les soumette à une série d'études scientifiques, artistiques ou littéraires. Supposons qu'au lieu de les réunir dans des casernes, on les réunisse dans des écoles. Supposons qu'au lieu de leur apprendre un petit nombre de choses inutiles, on leur enseigne un grand nombre de choses utiles. Alors on sera bien près d'avoir créé cette instruction intégrale qui empêche le rural et l'ouvrier d'atrophier leurs facultés intellectuelles, au sortir de l'école primaire.

On pourrait donc continuer les convocations et les appels et les justifier par un enseignement scientifique approfondi, donné dans les casernes, transformées en écoles.

Qui sait même si dès maintenant, sans changer beaucoup les mœurs présentes, on ne pourrait pas aviser à un meilleur emploi du temps pour les soldats. Pourquoi n'ont-ils pas de cours et de leçons à suivre? Pourquoi, au régiment, ne leur donne-t-on pas quelques leçons d'histoire, de chimie, d'hygiène, de géographie? Ce serait presque aussi utile que de savoir présenter les armes ou se développer en tirailleurs.

Si donc il est entendu qu'on ne quittera l'école primaire qu'à seize ans, après avoir donné des preuves satisfaisantes qu'on sait tout ce qui est enseigné à l'école primaire; si, de plus, à vingt ans, on est appelé pendant deux ans à suivre des cours, à écouter des leçons, à subir des épreuves pratiques, à répondre à des interrogations, en un mot, à vivre de la vie intellectuelle des étudiants; si, en outre, durant dix ans, on est appelé pendant un mois chaque année, à suivre de nouveau les cours d'une école supérieure, alors on aura forcé tous les citoyens d'un pays à ne pas laisser leur cerveau s'atrophier par l'inertie intellectuelle. Alors, pendant les trente premières années de leur existence, tous les jeunes citoyens d'un pays auront dû faire de réels efforts d'attention, de travail, de pensée; et le bénéfice de ces efforts va se retrouver dans le cerveau plus actif des descendants.

Il ne s'agit pas là de progrès scientifique ni de production d'œuvres artistiques supérieures. Qu'il y ait un nombre immense d'individus modérément instruits ou un nombre restreint, c'est d'assez mince importance pour les créations originales. La chimie ne fera aucun progrès parce que trente millions de Français, au lieu de trois mille, connaîtront exactement les proportions d'azote et d'oxygène dans l'air. Si le *Misanthrope* peut être compris, goûté, applaudi partout, dans le plus petit village de France, comme à la Comédie-Française, cela ne va pas nous donner un second

MOLIÈRE. Vraiment non, cette diffusion de l'instruction n'a en soi aucun intérêt. Mais elle acquiert une considérable importance, comme exercice de la pensée.

Surtout il ne faudra pas laisser s'étioler l'âme pensante des femmes. Si leur intelligence est en général quelque peu inférieure à celle des hommes, c'est parce qu'elles subissent les conséquences d'une torpeur intellectuelle se perpétuant de génération en génération. L'absence de réflexion, d'initiative, c'est la résultante fatale du régime mental misérable auquel elles ont été soumises.

On n'a pas exercé leur faculté d'attention. Voilà le vice fondamental de toute l'éducation féminine.

En effet, le développement de l'intelligence ne procède ni de la multiplicité des conversations, ni de la poursuite des besognes quotidiennes, ni des nombreuses lectures, ni même des fréquents exercices de mémoire, encore que tout cela soit fort utile. Suivre des cours, fréquenter les salons, lire des livres, apprendre par cœur, rien de mieux. Mais ce n'est pas là le véritable travail cérébral. Travailler cérébralement, c'est faire un effort d'attention. Seul, l'effort d'attention mesure l'intensité du travail intellectuel. Fixer sa pensée sur un objet déterminé, retrouver, dans le trésor des souvenirs inconscients, tout ce qui se rapporte à cet objet; combiner les souvenirs, les comparer, les confronter, et en même temps éliminer toutes les idées qui jaillissent de toutes parts, étrangères à l'objet étudié, c'est en tout cela que consiste l'effort d'attention. Voilà la discipline de l'esprit, discipline à double effet, qui écarte les idées inutiles et appelle les idées fécondes.

Or, malheureusement, les femmes (qu'on appelle les femmes du monde), de par notre système d'éducation et nos mœurs, ne font jamais cet effort d'attention, de sorte qu'elles finissent par en devenir incapables.

Et que dire, hélas! des femmes du peuple! Celles-là, une fois qu'elles sont sorties de l'école primaire, où d'ailleurs on s'est borné à cultiver leur mémoire, ne font absolument plus rien d'intellectuel. Elles ne cherchent pas à comprendre le mécanisme de tous les appareils, sociaux ou mécaniques, qui s'agitent autour d'elles. Jamais une idée générale ne fait son apparition au milieu des idées enfantines que provoquent les événements quotidiens. Jamais une tentative pour pénétrer le mode d'agir des choses. Combien de femmes du peuple se servent de l'électricité sans avoir jamais cherché à savoir par quel mystérieux agencement de machines on fournit l'électricité? Combien d'ouvrières se rendent compte de ce qu'est une machine à vapeur? Si elles entrent dans une salle où se déroule le cinématographe, elles s'y amusent peut-être; mais, sur mille femmes qui assistent à la représentation, il n'en est peut-être pas une seule qui s'inquiète du procédé employé pour obtenir cette extraordinaire succession d'images.

Jamais les femmes du peuple ne se risquent à un effort intellectuel quelconque. Elles vivent au jour le jour, sans s'ébahir de toutes les merveilles que la civilisation leur met sous les yeux, sans s'appliquer à en connaître les principes. Elles font partie d'un organisme social dont elles ne connaissent pas un seul rouage. Demandez à une servante, à une femme de mineur, à une paysanne, à une piqueuse de bottines, ce qu'elles pensent de l'automobile. Malgré toute l'admiration béate que cette machine luxueuse, douée d'une formidable vitesse, leur inspire, aucune n'a cherché à comprendre que l'expansion des gaz est due à la chaleur de l'explosion, et que c'est là l'origine de la force. Pour posséder cette notion élémentaire, pour savoir ce que signifient les mots force, énergie, mouvement, chaleur, elles eussent dû faire un effort d'attention, d'application, et on ne leur a jamais enseigné cet effort.

A vrai dire, ce que nous disons des femmes du peuple s'applique aussi aux femmes de la bourgeoisie. C'est chose vraiment stupéfiante que leur impuissance à comprendre les sciences et à s'initier aux idées générales, même les plus simples. Non que l'intelligence fasse défaut. Et certes elles ont souvent de la mémoire et de l'esprit, s'entendent aux détails de la vie matérielle, se meuvent avec facilité au milieu d'intrigues fort complexes, savent s'adapter aux situations les plus diverses; mais, tout de même, ce n'est pas là l'effort d'attention qui constitue le véritable travail intellectuel. Un dompteur disait un jour à Darwin qu'il ne cherchait pas à apprivoiser ou à instruire les animaux qui lui paraissaient incapables de *faire attention*. Tout de suite, il les laissait de côté, ayant appris, par une longue expérience, que ces animaux inattentifs ne feraient jamais rien de bon. Cet empirique avait bien compris que l'élément fondamental de tout le mécanisme intellectuel, c'est l'attention.

Nous devons donc, avant toute chose, apprendre aux femmes à travailler et à réfléchir : les contraindre à quelques généralisations d'idées, et surtout à l'effort mental qui consiste à fixer une idée, de manière à ne pas se laisser détourner par les idées parasites, qui voltigent dans la cervelle.

Ce qui est essentiel, je le répète une fois encore, ce n'est pas que la masse populaire, hommes et femmes du peuple, ait de l'instruction. Cette instruction plus ou moins rudimentaire n'est pas destinée à faire progresser l'humanité.

Non! le travail intellectuel a une autre mission plus haute, c'est de *fortifier l'intelligence*. Ceux qui n'ont pas connu l'effort intellectuel n'ont pas pu faire croître leur puissance cérébrale, de même que la puissance musculaire ne peut pas croître si les muscles ne sont pas exercés. Quand les étudiants anglais exercent leur vigueur et leur adresse à donner des coups de rame, peu importe qu'ils aient navigué sur la *Cam* pendant quelques kilomètres; ces kilomètres parcourus n'ont aucune importance en soi. Toute l'importance gît dans l'effort musculaire qu'ils ont accompli; de même que l'importance de l'étude ne réside pas dans les connaissances acquises, mais bien dans l'effort qui a été nécessaire pour les acquérir.

Or, en forçant à cette gymnastique de l'esprit tous les citoyens et toutes les citoyennes d'une nation, on permet aux générations présentes de transmettre aux générations futures un cerveau plus apte au travail. L'exercice cérébral aura augmenté la puissance cérébrale d'une certaine quantité, très faible peut-être, mais enfin réelle et appréciable, qui se transmettra aux descendants. Alors, à chaque génération, le potentiel cérébral reviendra plus élevé. Alors sera assurée l'évolution progressive de l'espèce humaine vers un type humain intellectuellement supérieur.

Cette croissance du potentiel cérébral ne sera pas indéfinie. Tout a des limites. Mais nous n'en sommes pas là; on ne peut vraiment supposer aux intelligences humaines d'aujourd'hui, si peu adonnées aux travaux intellectuels, l'intelligence maximale qu'elles pourront jamais atteindre.

En un mot, il faut que les générateurs aient cultivé leur intelligence pour être dignes d'être générateurs. Et alors il faut que de dix à quarante ans jeunes hommes et jeunes femmes ne laissent pas le cerveau dépérir dans l'inactivité.

XXIII

INFLUENCE DE L'AGE DES ASCENDANTS.

Ainsi le progrès intellectuel des générations futures dépend des progrès individuels, multiples et divers, que les parents auront pu faire et qu'ils transmettront à leurs enfants.

Cela entraîne une conséquence assez singulière : c'est que les générateurs ne doivent pas être très jeunes. En effet, s'ils sont très jeunes, ils n'auront pas eu le temps de faire quelque progrès personnel. Ils n'apporteront pas leur quote-part, minime, mais cependant non négligeable, de perfectionnement individuel. Un jeune homme de vingt ans n'a pas eu le temps encore de développer et de grandir sa personnalité. Par conséquent, il transmettra à ses enfants ce qu'il a reçu de ses pères, mais sans y avoir pu rien ajouter; de sorte que le progrès sera nul. Les efforts intellectuels, qu'il fera plus tard, après la naissance de ses enfants, ne retentiront pas sur le progrès de la race, et n'auront aucun profit héréditaire.

L'effort intellectuel personnel, qui améliore l'individu, doit précéder, et non suivre la procréation, pour que les enfants profitent de l'amélioration individuelle. Il faut qu'avant la naissance des enfants les parents aient pu exercer activement et fortifier leur intelligence, de manière à ajouter quelque chose à l'intelligence héréditaire. Si les pères n'ont pas intensifié certaines qualités peu développées chez les ancêtres, les enfants ne seront pas plus intelligents que les pères. Or cet état de stagnation, d'immobilité, c'est le contraire même du progrès.

En somme, les progrès individuels doivent être acquis *avant* la procréation des enfants, et non *après*. Car, s'ils sont faits *après*, ils seront évidemment sans influence aucune sur le progrès général.

Ainsi, à ce point de vue, tout au moins, il y a avantage manifeste à ce que les générateurs ne soient pas trop jeunes.

De fait, comme le signalent expressément tous les ouvrages qui ont traité de l'hérédité humaine, les hommes très intelligents sont nés en général de parents qui n'étaient plus très jeunes. Dans les familles qui comptent de nombreux enfants, c'est bien rarement, comme toutes les statistiques le prouvent, l'aîné qui est le mieux doué.

Donc il faudrait, par des statistiques et des observations précises (et la tâche n'est pas commode), déterminer, plus exactement qu'on n'a pu le faire encore, les différences intellectuelles qui distinguent les aînés et les derniers nés d'une même famille. Cela reviendrait à résoudre ce problème qui n'est pas insoluble : quel est l'âge le plus favorable pour la procréation ?

Il y a là une intéressante question, à peine abordée encore, bien faite pour tenter la sagacité des savants qui étudient la biologie générale.

XXIV

CONCLUSIONS AU POINT DE VUE DE L'HYGIÈNE DES ASCENDANTS.

Les qualités du corps se transmettent comme celles de l'intelligence. Mêmes lois. Même hérédité. Même fixation des caractères acquis. Parmi les qualités qui se prolongent par l'hérédité, la santé ou la chétivité sont au premier rang. Des parents vigoureux et bien portants auront des enfants vigoureux et bien portants. Des parents chétifs et souffreteux auront des enfants souffreteux et chétifs.

Il a été démontré, par le raisonnement et l'expérience, que la condition essentielle de toute existence humaine, c'est la santé. Par conséquent le premier soin des générateurs doit être de rester sains et robustes pour avoir des descendants sains et robustes.

A mener une vie sédentaire, la santé se détériore, les muscles s'atrophient, la nutrition se fait mal, et des déchéances précoces altèrent tous les tissus de l'organisme. Pourtant, sauf de rares exceptions, les hommes adonnés aux travaux de l'esprit négligent complètement d'entretenir la vigueur musculaire. Ils vivent dans leur cabinet de travail, sans se résigner à des exercices corporels méthodiquement pratiqués.

Heureusement cette erreur n'est pas générale. Dans les pays anglo-saxons, les exercices physiques sont en grand honneur. Aussi n'est-il pas de comparaison possible, pour la robustesse, la santé et la beauté, entre les jeunes gens de l'Angleterre et ceux des nations continentales. Sur ce point il n'y a donc pas à innover, mais à suivre l'exemple donné par nos voisins. Ce ne sera l'affaire ni des lois, ni des institutions, mais des mœurs.

On sera amené alors à cette étonnante découverte qu'il n'est pas besoin, pour penser fortement, d'avoir un corps débile et des muscles atrophiés.

Les mineurs et les ouvriers des villes ne sont pas soumis, au point de vue de l'exercice musculaire, à un régime plus favorable que les intellectuels. Il ne suffit pas de travailler avec ses bras et ses mains pour se maintenir en santé et garder intacte la vigueur musculaire. Le mineur, au fond du trou noir où il pioche sans relâche, le mécanicien, dans l'atelier obscur où il cisaille du fer toute la journée, le typographe, le plombier, le zingueur qui manient des métaux toxiques, le tisserand qui respire des poussières néfastes, tous ces artisans exercent des travaux manuels; mais c'est au détriment de leur santé. Il faut que tous ces travailleurs, nécessaires à la civilisation, ne payent pas de leur existence même le secours qu'ils nous apportent. Il faut, par une moindre durée de travail, par des marches au grand air, par des exercices physiques judicieux, par le repos physique combiné à un certain travail intellectuel, compenser le travail manuel anormal qu'ils sont contraints de nous donner.

On ne tente malheureusement que de timides réformes dans ce sens. Le principal souci actuel est de protéger la vieillesse, et d'assurer une retraite aux travailleurs. Mais la sécurité d'une vieillesse paisible n'a aucune importance pour le perfectionnement de l'espèce. Une société où les vieillards sont protégés et où les enfants ne sont pas défendus, cette société-là, qui est celle d'aujourd'hui, mérite de succomber ; car le vieillard ne peut plus rien donner à la société future, et il faut songer à la société future.

Nous ne prétendons nullement que les vieillards ne sont pas dignes d'intérêt, et qu'il faut les laisser périr sans secours comme une loque inutile. Cette cruauté n'est pas dans notre pensée ; nous disons seulement que nos lois, qui font tout pour rendre la vieillesse moins misérable, ne font rien pour rendre la jeunesse plus vigoureuse. Il ne faut certes sacrifier ni les jeunes ni les vieux. Si pourtant il fallait choisir, il vaudrait mieux, pour garder à la race future toute sa vigueur, sacrifier la santé des vieillards à la santé des jeunes gens, procréateurs.

Ceux-là, quand ils vivent dans la mine, l'usine, l'atelier, sont soumis à des conditions physiologiques anormales ; et, quand on dit anormales, on veut dire détestables. Il y a par devers nous une trop longue hérédité de vie au grand air, dans le soleil et le vent, pour qu'on puisse impunément vivre loin du soleil et du vent, sans marcher, sans respirer l'air de la forêt, de la montagne, de la plaine et de la mer.

L'oxygène qui circule dans une houillère ou dans un atelier de tissage, n'est pas de même qualité que l'oxygène du large ou de la forêt. Les constitutions les plus robustes fléchissent à la longue pour avoir évolué dans des conditions que les ancêtres n'ont jamais connues. Or, de vingt à cinquante ans, l'homme et la femme doivent garder toute leur santé pour que leurs descendants en héritent. Tant pis pour les nations qui ne comprennent pas ce grand devoir. Elles sont ingrates en ne protégeant pas les vieillards ; elles sont condamnées à la déchéance, si elles ne défendent pas les générateurs.

Dans le programme socialiste d'autrefois il y avait le fameux principe des Trois Huit. Huit heures de travail : huit heures de repos : huit heures de sommeil. Il semble bien que ce soit fort sage. On n'a pas à voir ici jusqu'à quel point l'État aurait le droit d'édicter une réglementation à cet égard ; il suffit de dire que la durée de huit heures de travail corporel est plutôt exagérée que faible.

Comment veut-on qu'après avoir dû, pendant dix heures, sans relâche, suer, coudre, piocher, limailler, porter des fardeaux, l'ouvrier puisse garder encore quelque souci des choses intellectuelles? Comment peut-il développer son esprit, quand le corps est harassé? Vraiment, c'est une sinistre plaisanterie que de lui offrir alors des cours, des leçons, des théâtres, des conférences. Le malheureux a été, par un labeur écrasant, abruti et abêti, et il ne songe plus qu'à s'étendre sur un grabat, le corps brisé, et la tête vide.

Les très jeunes gens surtout, qui ont tant besoin du sommeil, ce précieux trésor de l'adolescence, auront en huit heures à peine le temps de réparer leurs forces. Que restera-t-il alors pour la vie intellectuelle si on leur impose plus de huit heures de travail à l'atelier ?

Souvent j'ai entendu dans le monde bourgeois cette objection : « Et moi, est-ce que je ne travaille pas plus de huit heures par jour? » J'en doute ; car un travail intellectuel intense de plus de huit heures est fort rare. Et je me refuse à appeler travail intellectuel intense les conversations d'un député qui assiste à une séance de la Chambre, d'un négociant qui débite sa marchandise, d'un professeur qui corrige les devoirs de ses élèves, d'un notaire, d'un médecin, d'un chef de bureau, qui reçoivent des clients.

D'ailleurs, même pour le travail intellectuel de création, à supposer qu'il dure plus de huit heures, ce qui est exceptionnel, il fatigue peut-être moins que huit heures d'exercice musculaire. Un compositeur pourra passer huit heures à composer de la musique, alors qu'un pianiste qui aura fait des gammes ou joué des valses pendant huit heures sera tout à fait épuisé.

Il m'est arrivé souvent de travailler plus de huit heures. J'eusse été bien autrement fatigué si j'avais dû donner sans relâche pendant huit heures des coups de pioche dans un bloc de houille. Car lorsqu'on compose, ou qu'on réfléchit, voire même quand on apprend des leçons ou qu'on repasse un examen, on a de longs moments de répit et de distraction que ne peut guère avoir le travailleur manuel.

Au surplus, il faut être sans fétichisme pour ce chiffre de huit heures, et on n'a pas la prétention d'indiquer ici une limite inexorable.

Si nous insistons, c'est qu'il nous paraît peu équitable de confondre l'*exercice physique* avec le *travail manuel*, surtout pour l'ouvrier des villes, qui travaille dans de sinistres ateliers. Même pour l'ouvrier agricole, le bûcheron, le marin, le laboureur, qui vivent au grand air, travail et exercice ne sont pas tout à fait synonymes ; car bien souvent le travail est exagéré, dépasse la mesure, et atteint la fatigue.

Ce sont là des vérités tellement banales qu'on hésite ici à les écrire. Mais elles sont à ce point méconnues, ces banalités, qu'il faut les répéter. D'ailleurs les classes qui se disent dirigeantes n'ont jamais voulu reconnaître aux gens du peuple le droit de cultiver leur intelligence. Lamentable erreur! Il ne faut pas que l'excès du travail manuel empêche l'effort intellectuel, continu, des artisans. Nous devons veiller à cela. L'avenir de l'homme futur est à ce prix. Sinon on arrivera à ce déplorable résultat : une masse populaire, innombrable, grossière, inculte, qui ignore tout, dont le cerveau reste fruste, et qui déverse continuellement, dans une société raffinée, des éléments grossiers et incultes, lesquels empêchent le progrès et arrêtent l'évolution de la pensée humaine.

XXV

ARISTOCRATIE ET SÉLECTION.

On pourra donc, par de prévoyantes lois aussi bien que par de sages mœurs, faire en sorte que les jeunes gens des deux sexes ne laisseront pas le cerveau s'étioler par l'inaction, et le corps s'épuiser par le surmenage. Mais ces réformes de l'éducation intellectuelle et de l'éducation physique, toutes deux également nécessaires, sont trop vagues et trop générales pour être efficaces, si elles ne comporten pas une sanction.

Cette sanction ne peut évidemment être pénale. Elle ne peut guère consister que dans l'autorisation ou la prohibition du mariage.

Cela est grave, et pourtant, comme on n'a pas coutume de traiter sérieusement les choses sérieuses, d'excellentes plaisanteries pourront rendre facétieuse cette idée qu'un examen est nécessaire au mariage. Les personnes les moins spirituelles trouveront là une facile occasion de prouver enfin qu'elles ont de l'esprit. Il m'est agréable de leur donner cette satisfaction — et je passe.

Si la volonté bien arrêtée des sociétés futures est de relever le niveau général de l'intelligence, de la santé, de la vigueur, elles devront se résigner à des mesures prohibitrices, *et interdire les mariages à ceux qui n'en seront pas dignes.*

Le mariage civil, répétons-le encore, n'est pas un droit. C'est une protection que la société confère à une union sexuelle et aux enfants qui naitront de cette union. Par conséquent la société peut parfaitement se refuser à accorder cette protection, si elle juge un mariage inopportun ou funeste.

Donc il faut que l'inculture intellectuelle ou la faiblesse physique ne dépassent pas une certaine limite pour que le mariage soit autorisé.

Quelle sera cette limite? Nous n'aurons pas l'imprudence de la vouloir préciser. Il s'agit seulement du principe, qui est le principe essentiel de toute sélection. A conserver comme reproducteurs les ignorants, les faibles, les chétifs, ceux à qui manquent la volonté ou la capacité, on arrête l'essor de l'intelligence humaine vers des destinées supérieures.

Supposons qu'on réunisse des jeunes gens de vingt à trente ans, de santé irréprochable, ayant les essentielles qualités du corps très développées; sachant faire de longues marches sans fatigue, montant bien à cheval, nageant et tirant à la cible parfaitement. Supposons en outre que ces jeunes gens soient assez intelligents et instruits pour passer des examens analogues à ceux de la licence ès sciences ou de la licence ès lettres. Si ces jeunes gens, qui représentent une élite, se marient à des jeunes filles aussi bien douées qu'eux pour l'esprit et le corps, et ayant subi avec succès identiquement les mêmes épreuves, est-ce que les enfants issus de ces mariages ne seront pas, selon toute vraisemblance, très robustes et très intelligents?

Et alors imaginons, pour continuer notre hypothèse, que pendant dix générations cette sélection sera continuée sans invasion d'éléments étrangers, et avec élimination de tous les enfants à naître qui n'auraient pas satisfait à ces conditions rigoureusement exigées, est-ce qu'on n'aura pas, selon toute vraisemblance, constitué une aristocratie admirable ?

S'il s'agissait des animaux, il n'y aurait pas de doute. Par quel étrange raisonnement voudrait-on refuser à la sélection humaine ce qui est mille et mille fois démontré pour la sélection animale ? Si l'on ouvre le cœur d'un chien, d'un lapin, ou d'un cerf, le sang coule à flots, et l'animal meurt. Quel besoin de faire le même traumatisme à un homme pour être assuré que, si on lui ouvre le cœur, le sang coulera à flots, et que l'homme périra ? Il est prouvé que la sélection perfectionne les races de moutons, de chiens, de pigeons et de chevaux. A-t-on besoin d'une expérience pour être assuré que la sélection va perfectionner les races humaines ?

Mais, comme nous l'avons dit plus haut, la création d'une aristocratie très limitée, si elle est possible physiologiquement, n'est pas possible socialement. Peut-être même n'est-elle pas désirable ; car il serait assez triste de laisser la plus grande partie de l'espèce humaine languir dans une relative infériorité. On ne peut donc pas songer à exiger pour le mariage des épreuves aussi difficiles ; pourtant il faudra quelques épreuves.

On peut pratiquer la sélection de deux manières : d'une part en ne prenant pour la reproduction que les individus tout à fait supérieurs : sélection par l'élite : d'autre part en éliminant les individus tout à fait inférieurs : sélection par l'éloignement des pires. Il semble bien que cette dernière méthode soit la seule applicable. On défendra le mariage à ceux qui n'auront pas donné quelque preuve, si médiocre qu'on voudra, d'intelligence et de robustesse.

Ce qui est essentiel, à l'heure présente, c'est de réserver le droit au mariage à ceux qui ne sont ni très bêtes, ni très paresseux, ni très débiles.

Et ceux-là, dira-t-on, que vont-ils devenir? La réponse n'est pas difficile, puisque aussi bien les incapables seront en nombre à peu près égal dans les deux sexes. Les incapables hommes pourront s'unir — en mariage non légitime — avec les incapables femmes, tout à leur gré, et il n'est guère probable que ces couples défectueux, et de situation sociale inférieure, réussiront à faire fortune, non plus qu'à mettre au monde de beaux et glorieux enfants. Ils ne méritent aucun intérêt, disons même aucune pitié; puisque leur infériorité manifeste est un élément perturbateur propre à avilir la race.

Il faut savoir résolument où l'on veut aller. Si vraiment le progrès de l'humanité est urgent, si nous voulons préparer l'avènement d'une espèce humaine supérieure, alors il faut rompre avec les errements anciens. A l'heure présente, les mariages se font au hasard, sans discernement, sans principe directeur, par la fantaisie momentanée de l'attrait sexuel, ou par des cupidités savantes. Les pires s'unissent aux meilleurs. Même, si la Nature ne venait pas mettre sa toute-puissante et toute sage Force au milieu de ce désordre, la race serait bien vite dégradée et anéantie. Veut-on ne rien changer à l'état de choses actuel? C'est très simple; nul progrès ne sera possible, et les hommes évolueront vers une race médiocre, probablement inférieure à l'humanité actuelle; car la société civilisée contrarie la sélection naturelle.

Ce serait à désespérer de l'avenir.

Mais il ne faut pas désespérer; car les sociétés auront le courage de se réformer elles-mêmes. La sensiblerie, la phraséologie, l'humanitarisme, et toutes les lamentations des philanthropes, ne tiennent pas devant l'intérêt supérieur de l'avenir. Que nous importent les criminels, les sourds-muets, les hydrocéphales, les rachitiques, les épileptiques? Laisserons-nous notre race humaine se pervertir par ces germes viciés? Et moi aussi, je suis philanthrope, mais ma philanthropie me conduit à espérer une race humaine noble et forte. Que m'importent les paresseux, les ignorants, les maladroits, les chétifs? Ils sont tels, soit par défaut de volonté, soit par leur constitution psychologique. Si c'est par défaut de volonté, tant pis pour eux; nous les mettrons à l'écart de la société, et ils n'auront que ce qu'ils méritent. Si c'est par défaut d'intelligence et de vigueur, il ne faut pas que leur pâle sang vienne corrompre le sang généreux d'une race forte.

Mais, pour accepter ces principes nouveaux, il faut du courage. Ce n'est pas en un jour, et avec un livre, que se modifie l'opinion universelle. Je n'ai pas la prétention de convaincre tous mes contemporains. Il me suffit d'avoir fait réfléchir quelques jeunes hommes.

XXVI

LES CONDITIONS ACTUELLES DU MARIAGE.

En parlant du mariage, nous avons implicitement supposé que les conditions en resteraient identiques aux conditions actuelles. Rien n'est moins probable.

En effet, il y a dans le mariage monogame un vice grave, qui est peut-être la cause essentielle de toutes les violations de la monogamie, si fréquentes dans nos sociétés.

Il faut en parler sans fausse pruderie. Aussi bien n'y a-t-il là de mystère pour personne, et paraîtrait-on quelque peu ridicule à vouloir taire ce que personne n'ignore. De fait, dès qu'une femme est enceinte, il est dangereux, pour elle et pour l'enfant, de continuer les relations conjugales. Quelques médecins ont déjà dénoncé ces périls : avortement, accouchement prématuré, hémorrhagies, et maladies utérines, rebelles à tout traitement, entraînant la stérilité ultérieure, et des infirmités incurables.

Les animaux — qu'on pardonne à un naturaliste de toujours s'en référer à l'état de nature — sont plus sages que l'homme. Jamais, sans aucune exception, une femelle en gestation n'accepte l'approche du mâle : et d'ailleurs elle n'a pas à se défendre, car jamais les mâles ne recherchent les femelles en gestation.

Les couples humains sont bien loin de cette prudence. Or la santé des femmes enceintes, et par conséquent la santé des enfants qu'elles portent, est gravement troublée par ces rapports sexuels intempestifs. On peut donc considérer comme anormale et dangereuse la recherche des plaisirs sexuels pendant la gestation. Cette gestation dure neuf mois, et, même si pendant les premiers mois l'époux peut se permettre quelques écarts de conduite, pendant cinq à six mois tout au moins il devra s'abstenir complètement.

Plus tard il devra s'abstenir encore ; car la mère doit allaiter son enfant, et, pendant l'allaitement, c'est-à-dire pendant un an environ, il ne faut pas de conception nouvelle : car le lait tarit, et, si le lait tarit, l'enfant est condamné à mourir. Tout cela est si bien connu, qu'on interdit aux nourrices mercenaires, et avec raison, toutes relations avec leur mari. Mais l'usage des nourrices mercenaires, réservé à quelques personnes riches, n'est-il pas une coutume barbare? Que penser de ces parents qui, afin de ne pas se priver de leurs plaisirs amoureux, confient la vie de leur enfant à une nourrice, et sacrifient ainsi, le cœur joyeux, une jeune existence humaine, l'enfant de la nourrice, plus ou moins réservé à mort?

Voilà donc dix-huit mois pendant lesquels le mari doit vivre séparé de sa femme. Et cette prescription n'est pas une fantaisie médicale : elle a été formulée avec une extrême précision par la Nature elle-même. Pendant la gestation, comme pendant l'allaitement, les menstrues sont supprimées. Voilà un fait brutal, indiscutable, qui prouve en toute évidence que, pour se conformer à la loi naturelle, il ne doit y avoir, pendant toute cette période d'inactivité ovulaire, aucun rapprochement sexuel.

On répondra que la Nature est une personne acariâtre ne sachant ce qu'elle dit : que les jeunes époux sont gens trop civilisés pour écouter cette vieille personne, et qu'il faut passer outre. Mais prenons garde. La Nature est plus puissante que nous. Si on ne lui obéit pas, elle se venge, et cruellement, sur la mère aussi bien que sur les enfants. En tout cas, ce n'est pas en la violentant, cette patiente et silencieuse, mais inexorable Nature, qu'on créera la forte race de l'avenir. Il faut d'abord obéir à la Nature pour pouvoir ensuite lui commander. *Qui naturae non obtemperat, naturae non imperat,* disait un vieux philosophe.

A coup sûr, même si la durée de dix-huit mois de silence paraît quelque peu exagérée, il n'en reste pas moins six mois pendant lesquels l'abstinence conjugale devra être rigoureuse.

Or une abstinence de six mois, pour un homme jeune et vigoureux, — et une abstinence qui se répétera tous les deux ans, si le mariage est fécond, — est bien près d'être anormale. L'homme, à cet égard, est mieux, ou plus mal, pourvu que les animaux. Chez eux il y a une période de rut, simultanément pour la femelle et le mâle, qui répond en général à la saison printanière (1). Et les animaux sauvages, cerfs, sangliers, buffles, lièvres, perdrix, corbeaux, en dehors de la période des *amours*, qui est limitée à un, deux, ou trois mois, n'ont pas de rapprochement sexuel.

(1) Bien entendu, la domesticité change tout : les chiens, les étalons, les taureaux, les béliers n'ont guère de période saisonnière pour le rut. Est-ce parce que les conditions d'existence ne sont pas les mêmes que dans l'état de nature?

Nos civilisations ont donné à l'amour une place prépondérante, probablement exagérée. Les habitants des grandes villes sont soumis à des excitations sexuelles permanentes, qui revêtent toutes les formes. Le théâtre, la littérature, les tableaux, les conversations, les réunions, ont pour principal, sinon pour unique objet d'exalter la sensibilité amoureuse, de glorifier l'union sexuelle, de stimuler l'appétit génésique. Les femmes ne songent qu'à plaire ; toutes, plus ou moins, cherchent à provoquer les désirs des hommes, et elles mettent toute leur finesse, toute leur énergie, à cette provocation. Elles ont comme complices tous les arts. Il n'est pas une seule pièce de théâtre qui ne soit consacrée à l'amour. Un romancier se croirait déshonoré s'il ne faisait pas de l'amour le centre de son œuvre. Les poètes ne chantent la nature que parce qu'elle fournit un cadre agréable à l'émotion amoureuse. A partir de quinze ans, dans toutes les classes de la société et dans tous les pays, jeunes hommes et jeunes femmes ne pensent plus guère qu'au sentiment sexuel.

Est-ce un bien ou un mal? Qui pourra le dire? Toujours est-il que cette conspiration universelle vers les choses amoureuses entraîne un éréthisme universel, et que tous, jeunes gens et jeunes femmes, considèrent l'amour comme le but de la vie. Le temps qui n'est pas consacré à l'amour est du temps perdu.

Pour les hommes surtout. Car les femmes, celles qui sont enceintes, et celles qui allaitent, n'ont guère de propension aux exercices sexuels. La Nature, qui leur a imposé de lourds devoirs, les préserve contre elles-mêmes, et fait taire tout appétit ; mais l'homme n'a aucune charge, ni gestation, ni allaitement. Quelques heures après que la fécondation a eu lieu, il a tout oublié. Et alors que deviendra-t-il pendant cette année d'abstention nécessaire, alors que les excitations sexuelles continuent leur enveloppement, à chaque livre qu'il ouvre, à chaque parole qu'il entend?

La contradiction est éclatante. D'une part la monogamie, celle qu'ont établie nos justes lois occidentales, avec la fécondité de la femme qui commande l'abstinence ; d'autre part l'appétit amoureux des hommes qui ne peut s'accommoder de ces abstinences prolongées.

Par conséquent l'homme est polygame; *une stricte monogamie est en désaccord avec les besoins sexuels de l'homme.*

Et pourtant la monogamie est la seule forme sociale de mariage compatible avec le progrès.

On pourrait alléguer maintes raisons, assez médiocres d'ailleurs, en faveur de la monogamie ; l'histoire, qui montre en quelle décadence tombent les peuples où règne la polygamie; et surtout la nécessité du foyer patriarcal, difficile à maintenir paisible et respecté, quand plusieurs femmes se disputent les faveurs du maître, et bataillent entre elles pour leurs enfants. Mais il y a une autre raison, qui est formelle, et qui suffit, motif plus puissant que tous les autres pour établir sur des assises inébranlables le principe de la monogamie nécessaire : *c'est la proportion des naissances de garçons et de filles.*

Il naît 103 garçons pour 100 filles, chez tous les peuples de la race blanche, et, à la fin de la première année, comme la mortalité des petits garçons est un peu plus forte, il y a 100 garçons pour 100 filles. Cette parité dans le nombre des individus de l'un et l'autre sexe se continue ainsi, à quelques nuances près, jusqu'à l'adolescence, l'âge adulte, et la vieillesse.

Or cela seul rend le principe de la polygamie absurde, voire même scandaleux. En effet, si certains individus, ceux qui sont plus adroits, ou plus forts, ou plus riches, peuvent avoir plusieurs femmes, les autres n'en auront pas du tout. Soit 400.000 hommes et 400.000 femmes nubiles : si 100.000 de ces hommes ont chacun quatre femmes, comme cela se passe en Orient, en Chine et en Turquie, il y aura 300.000 individus qui en seront privés, et qui n'auront pour se dédommager que la prostitution ou des amours contre nature.

Ainsi de toutes parts les contradictions s'accumulent, les conflits se multiplient. La monogamie s'impose par la parité des naissances de filles et de garçons ; et la monogamie suppose chez l'époux d'anormales abstinences, sous peine de maladies irréparables, et de postérité débilitée.

Cependant la société, malgré ces antinomies inconciliables, se maintient. Elle vit, en dépit des causes de mort qu'elle porte en elle. Mais que de mensonges et que de cynismes à la fois! L'adultère et la prostitution, qui tantôt se cachent, et tantôt s'étalent, sans qu'on puisse dire ce qui est le plus misérable. Et, même quand il s'agit de ménages réguliers et honorables, si le lit des époux pouvait tout raconter, nous aurions de bien vilaines confidences.

On a tenu à présenter, dans toute sa sévérité, le combat qui s'engage entre les forces de la Nature et celles de la civilisation. *La monogamie est nécessaire, et cependant elle est impossible.*

Nous n'avons nullement eu ici la prétention de le résoudre, cet effrayant problème. Il nous a paru seulement qu'on n'y avait pas suffisamment réfléchi. Ce n'est pas parce qu'on ne veut pas le voir qu'un problème n'existe pas. Malgré notre aveuglement volontaire, il est là, vivant, urgent, douloureux.

Que pourra-t-il être fait ? Nous ne pouvons que l'entrevoir confusément.

Notre société européenne actuelle, c'est le régime de la monogamie, tempérée par la prostitution, et rectifiée par l'adultère. Il n'y a pas de quoi être bien fiers, et on peut supposer que nos arrière-petits enfants trouveront mieux.

Il est très probable que la science, qui continue ses progrès, en dépit de nos absurdités sociales, aura enfin pu connaître les conditions suivant lesquelles naissent des enfants de tel ou tel sexe. Déjà les éleveurs peuvent avoir, à peu près comme ils le désirent, des pouliches ou des poulains, des brebis ou des béliers. Il est très vraisemblable que pour l'espèce humaine on saura bientôt la loi qui préside aux naissances de garçons ou de filles. Actuellement c'est le hasard seul qui est en cause. Mais, quand les conditions déterminantes seront connues, il y aura, suivant la volonté des parents, naissance d'un garçon ou d'une fille.

Rien n'est moins vraisemblable, puisque certainement les proportions de naissances de garçons et de filles sont soumises à une loi naturelle, physiologique. Quoiqu'on ne connaisse pas cette loi, elle n'en existe pas moins. Le tout est de la trouver, et il est probable que quelque jour elle sera découverte.

Alors, si le besoin social l'exige, le nombre des filles pourra être quatre, cinq, dix fois plus élevé que le nombre des garçons, et la monogamie n'aura plus aucune raison d'être.

Une solution plus simple, mais, hélas! assez peu vraisemblable aussi, ce serait le changement des mœurs. Si elles étaient moins frénétiquement tournées vers l'amour, si le souci des choses abstraites occupait davantage les pensées des hommes, les abstinences conjugales pourraient être plus allégrement supportées. Probablement ces périodes de chasteté prolongée contribueraient à donner plus de vigueur aux enfants à naître. Et ce serait la monogamie vraie, — non l'hypocrite monogamie d'aujourd'hui, — avec le foyer familial respecté, fécond et prospère.

En tout état de cause, et pour nous résumer, le principe de sélection ne consiste pas seulement dans le choix des générateurs : il faut encore que les générateurs ne s'épuisent pas à des plaisirs malsains. Il faut qu'au moment de la conception ils soient tous deux en parfait état de vigueur corporelle. Enfin il est nécessaire que la femme, à partir du moment où elle a conçu jusqu'au moment où son enfant peut être sevré du lait maternel, s'abstienne de tout rapport conjugal (1).

Polygamie ou monogamie, peu importe en somme, pourvu que le mariage soit interdit aux incapables et aux faibles, pourvu que la femme, qui porte en sa matrice l'être futur, ne soit pas violentée par la brutalité du mâle, pourvu que l'homme n'épuise pas sa virilité en sordides débauches.

(1) Voir à ce sujet les remarquables travaux de mon savant ami A. Pinard sur la *puériculture*.

XXVII

LA RÉGLEMENTATION DU MARIAGE.

Revenons à la sélection. Tout ne sera pas dit quand on aura éliminé les éléments mauvais. Il faudra faire choix des meilleurs.

Mais il est impossible d'espérer qu'on trouvera un grand nombre d'individus réunissant en eux, à un degré éminent, *toutes* les qualités intellectuelles ou physiques; il sera donc beaucoup plus sage de faire comme les éleveurs, qui, lorsqu'ils perfectionnent une race, ne pensent pas à développer toutes les qualités, mais seulement certaines qualités particulières.

Ils déterminent alors l'attribut spécial sur lequel il faudra faire porter la sélection ; taille, ou vitesse, ou fécondité, ou beauté des formes, ou intelligence, ou finesse de l'odorat, ou robustesse. Ils créent ainsi des variétés nouvelles, douées à un très haut degré de telle ou telle qualité éminente. La matière vivante est assez plastique pour leur permettre ces étonnantes spécialisations.

Sans aucun doute il pourrait en être ainsi chez l'homme. Car, chez l'homme, l'hérédité des aptitudes intellectuelles spéciales est un fait avéré. Le fils d'un musicien est mieux doué pour la musique que le fils d'un avocat. Les exemples abondent pour prouver qu'il y a des familles de peintres, de poètes, de savants, de légistes, où le goût pour les études en lesquelles le père avait excellé fut très développé, chez l'enfant, dès son plus jeune âge.

Nous voici alors conduits à une conception nouvelle du principe de sélection : et ce principe, si l'on a le courage d'en poursuivre méthodiquement l'application, produira, en toute certitude, des effets inespérés.

On ne se dissimule pas que les idées émises dans ce livre, qui par ailleurs heurte tant de routines séculaires, ne sont pas destinées à beaucoup d'adhérents. On ne se fait donc pas de grandes illusions sur le sort de celle qui va être développée ici, encore qu'elle s'appuie sur les faits les plus positifs de la psychologie et de la science expérimentale.

Si réellement, comme de multiples et positives observations l'établissent clairement, l'aptitude à tel ou tel art, à telle ou telle forme de l'intelligence, est héréditaire, il s'ensuivra qu'au bout de quelques générations cette aptitude spéciale, si tous les ascendants l'ont eue, n'aura fait que croître. On arrivera ainsi à une perfection très grande. Mais il faudra, puisque l'hérédité transmet les caractères de la mère comme ceux du père, que les deux parents se soient tous deux signalés par la même aptitude. Platon, dans son *Politikon*, avait émis déjà l'idée que l'État devait présider au choix des époux dans le mariage. Même il avait abouti à cette assez étrange conclusion, qu'il faut unir les dissemblables : marier un homme violent à une femme douce, pour que ce mélange de violence et de douceur engendrât un caractère pondéré. « Si, dit-il, la violence s'unit à la violence, il en résulte une violence extrême, ce qu'il importe d'éviter. » Assurément. Mais, lorsqu'il s'agit de certaines qualités intellectuelles éminentes, comme par exemple l'aptitude à la musique, aux mathématiques, à la peinture ou à la poésie, elles se développeront, par le fait de l'hérédité, avec une intensité d'autant plus grande que les époux l'auront l'un et l'autre possédée.

Il faudrait donc faire tout autrement que ne l'a conseillé Platon, et, puisqu'il s'agit non de mauvaises qualités, mais de qualités précieuses, unir le semblable et non le dissemblable, afin de l'intensifier dans les enfants.

On en viendra ainsi, grâce à l'hérédité prolongée, à la constitution de certaines aristocraties spécialisées dans telles ou telles sciences, ou dans tels ou tels arts.

On a remarqué en effet qu'à certaines époques ont apparu dans un petit peuple des hommes éminents, en grand nombre, doués d'aptitudes extraordinaires et spéciales : les peintres hollandais, les philosophes grecs, et les naturalistes suisses. Taine a expliqué ces étonnantes efflorescences par l'influence du milieu. Eh bien ! sans nier aucunement l'influence du milieu ambiant pour exalter une aptitude mentale particulière, nous croyons que l'hérédité y joue une plus grande part encore.

Et d'ailleurs pourquoi opposer l'influence du milieu à celle de l'hérédité? Pourquoi ne pas les faire agir synergiquement?

Faisons cette hypothèse très simple que, dans une région limitée, ou peut-être dans une très grande ville, il y aura de brillantes écoles de peinture et de dessin, des musées nombreux, des expositions de tableaux fréquentes, des journaux excellents consacrés aux choses artistiques. Supposons encore que, dès leur plus jeune âge, les jeunes garçons et les jeunes filles ont reçu une éducation un peu spéciale, c'est-à-dire tournée, avec une prédilection marquée, vers le dessin et la peinture. Autour d'eux, constamment, bon gré, mal gré, la préoccupation des choses d'art sera prépondérante. Alors l'activité mentale de tous les jeunes gens qui habitent cette ville aura pris une même direction, et il en résultera un grand effort intellectuel, conscient ou inconscient, vers les arts plastiques.

Supposons encore, puisque nous sommes dans la région de l'hypothèse, que les parents et les grands-parents ont eu la même éducation très spécialisée. Au bout de quelques générations, il se sera créé dans cette ville un groupement humain ayant des aptitudes spéciales; de sorte que les habitants de cette curieuse cité seront tous, ou presque tous, exceptionnellement bien doués pour les beaux-arts.

Rien n'est moins invraisemblable. Rien n'est plus simple.

Mais l'invraisemblance et la difficulté apparaissent dès qu'on veut donner aux mariages que vont contracter les jeunes citoyens de cette ville d'art un caractère impératif ou prohibitif.

Si nous l'osions, nous dirions qu'il faudrait interdire à ces jeunes gens tout mariage avec des jeunes filles n'ayant pas reçu cette même culture esthétique, intense. Mais nous n'osons pas insister sur cette prohibition qui paraîtra bien chimérique. Et cependant, si nous voulons que les vertus de cette éducation esthétique soigneusement développée puissent se maintenir, se développer, s'intensifier, elles ne devront pas se perdre dans la masse commune. Ce sont des époux semblables, et non dissemblables, qu'il faut unir, pour qu'il n'y ait pas conflit entre deux hérédités contradictoires. Comprendrait-on qu'un éleveur, après avoir à grand'-peine obtenu une race de chevaux aptes à la course, abandonnât cette sélection pour croiser ces chevaux rapides avec de lourds chevaux de trait? Si l'on veut obtenir des groupements humains doués de facultés esthétiques originales et puissantes, il ne faut pas laisser une sélection, qui a déjà commencé, s'interrompre par l'introduction d'éléments étrangers, c'est-à-dire d'individus chez qui le caractère esthétique ne prédomine pas. De même qu'il ne faut pas permettre au sang nègre de s'introduire dans une famille blanche de manière à vicier pour longtemps cette intelligence des blancs qui est le fruit d'une longue sélection.

J'ignore vraiment comment se pourront perpétuer ces familles de musiciens, de peintres, de mathématiciens, de naturalistes, de poètes, sans qu'il y ait d'unions entre les unes et les autres, sans qu'il y ait de rapprochements avec des familles populaires, de moindre culture ou de culture non spécialisée. Je sais seulement que *l'intensité, si hautement désirable, d'aptitudes intellectuelles spéciales, sera la conséquence d'une sélection continue et sévère.* Sans cette sévérité, il n'y aura pas de progrès. Une aristocratie qui admet l'intrusion du sang roturier perd bien vite toute autorité, et se confond rapidement avec la plèbe. De même ces élites intellectuelles spéciales ne conserveront leur force mentale que si elles restent fermées, ne laissant pénétrer les intrus que dans des conditions exceptionnelles et éliminant du groupe limité qu'elles forment, tous ceux de ses enfants qui sont dépourvus de qualités éminentes.

Je ne veux pas, dans cet ouvrage qui a la prétention

d'être logique et scientifique, me laisser emporter à la fantaisie de l'imagination. Pourtant, je vois nettement, dans la société future, ces groupements très homogènes et très spéciaux se maintenant à l'écart des autres cités de la planète; je vois la cité des artistes, la cité des naturalistes, la cité des mathématiciens, la cité des musiciens. Alors, dans chacune de ces cités, l'hérédité renforçant l'influence du milieu, certaines aptitudes intellectuelles prendront un développement jusqu'alors inconnu, pour, de là, répandre des chefs-d'œuvre dans le monde et doter l'humanité de puissances ou de jouissances nouvelles.

Mais ce sont là des rêves, et il n'est pas sain de trop s'y complaire.

En tout cas, ce qui n'est pas un rêve, c'est que l'État peut et doit exercer son autorité sur les mariages. Il ne lui est pas permis de s'en désintéresser. *Ce n'est que par des lois sur les mariages qu'on pourra entreprendre la sélection humaine.* Si cette sélection est abandonnée au hasard, c'est comme s'il n'y avait pas de sélection. Si un pouvoir central, vigilant, ne prend pas la défense de l'humanité future, c'en est fait des progrès de l'humanité future.

Quoi! on compterait sur les fantaisistes amours des hommes et des jeunes filles pour la formation d'une race supérieure! Ils ont bien d'autres soucis, ces jeunes gens, quand ils se marient. On peut être assuré que, si l'État n'intervient pas, il n'y aura pas de sélection ; par conséquent, pas de progrès.

Or l'intervention de l'État ne peut s'exercer que de deux manières, soit par la prohibition, soit par la recommandation de certains mariages.

Pour la prohibition, rien de plus légitime. Ainsi que nous l'avons dit à diverses reprises, il est parfaitement acceptable que certaines conditions soient exigibles, de santé, d'intelligence, de non-criminalité. Nous n'y reviendrons pas.

Mais, pour donner à la sélection toute sa force, pour obtenir mieux que le maintien de l'état actuel, *il ne suffira pas de prohiber certains mariages : il faudra en encourager d'autres*, ceux-là, par exemple, qui, par l'union de deux époux doués des mêmes éminentes qualités spéciales, auront pour résultat heureux et fatal la naissance d'enfants doués de ces mêmes qualités spéciales.

Or, pour favoriser certains mariages, l'État dispose de moyens divers, très efficaces. Si dès aujourd'hui quelque gouvernement avait le courage de proposer une loi à cet effet, il aurait fait le premier pas dans la voie d'une sélection humaine méthodique.

Rien ne s'oppose à ce que des dotations spéciales soient affectées à certaines unions, supposées favorables à la sélection. Pourquoi non? S'imagine-t-on qu'un mariage conclu dans ces conditions sera plus malheureux qu'un autre? Qu'on pense aux mesquines et imperceptibles causes qui décident des mariages (et même des amours), et on sera vite convaincu que ces causes ne sont guère respectables ; que l'intervention de la science est préférable aux caprices des amants; et, tout compte fait, qu'un mariage entre deux jeunes gens, de même capacité intellectuelle spéciale, tous deux beaux, vaillants et robustes, a grande chance d'être heureux et fécond.

Tout cela, ce n'est pas un rêve. Ce sera une réalité, dès que nous aurons daigné secouer un peu notre apathie intellectuelle et voir un peu plus loin que le temps présent.

Mais qui donc ose réfléchir aux problèmes de l'avenir? Qui donc prend souci des générations futures, et de l'humanité de demain?

Soyons bien certains cependant qu'un moment viendra où ces problèmes, téméraires sans doute à l'heure où j'écris, seront agités et résolus par nos descendants.

XXVIII

CONCLUSIONS GÉNÉRALES.

Je ne sais si le lecteur aura eu la patience de suivre le développement de ma pensée. Il s'agit de réformes si audacieuses que j'ai longtemps hésité à les proposer. Elles me semblent pourtant si logiques, ces réformes, que je m'imagine avoir convaincu tous ceux qui m'auront lu.

Maintenant, je voudrais, pour achever mon œuvre, reprendre l'enchaînement des idées, établir le lien logique, par lequel apparait en toute évidence la nécessité d'un changement radical dans nos institutions et dans nos mœurs; un pareil changement n'est ni immédiat ni facile : nous avons seulement voulu prouver qu'il est nécessaire et possible.

1° Le progrès est désirable. Par progrès, on entend une somme plus grande de bonheur, une moindre somme de souffrance. Or le vrai progrès, le seul progrès général et puissant, ce sera la création d'une race humaine, plus saine, plus vigoureuse, plus intelligente surtout. Car l'intelligence crée les sciences, et c'est par les sciences seules que peuvent s'atténuer les misères humaines.

La science, si l'intelligence de l'homme ne suit pas un développement parallèle, aura vite atteint sa limite dernière. La science ne grandira que si l'homme peut faire grandir l'intelligence humaine.

2° Pour cela, il ne faut compter ni sur les hasards, ni sur les Providences. Il n'y a ni hasards ni Providences, mais lois fatales qui gouvernent l'évolution des êtres. Or l'évolution ne s'accomplira que par la sélection.

Mais la sélection, si puissante chez les espèces animales, ne peut s'exercer pour l'espèce humaine que par la volonté de l'homme. Donc le progrès dépend de nous, et de nous seuls; et c'est par la sélection seule qu'il pourra être obtenu.

Si nous nous refusons à entreprendre cette sélection, nous voici condamnés à la stagnation, à l'immobilité, peut-être même à la décadence, car le progrès d'une civilisation n'a nullement pour effet le progrès de la race humaine. Au contraire. Une civilisation compliquée atrophie les individus, dont la personnalité s'amoindrit à mesure que la puissance de la société augmente. Il faut donc, sous peine d'aboutir aux pires dégradations morales et physiques, vouloir, et vouloir résolument, une sélection humaine méthodique.

3° La matière vivante est plastique, comme l'argile entre les mains du potier. Par l'hérédité, on peut obtenir ce qu'on veut. Les caractères accidentels et individuels des ascendants, s'ils se prolongent pendant quelques générations, finissent par devenir spécifiques, et se fixent d'une manière indélébile sur les descendants.

Par exemple, on fera des races nouvelles à très grande taille, de chiens, de lapins, de moutons, de porcs, si l'on veut continuer l'effort sélectif pendant plusieurs générations. Mais, pour réussir, il faut être implacable, c'est-à-dire éliminer sans pitié tous les reproducteurs qui ne seraient pas de grande taille.

Ce qui est vrai pour la taille est vrai pour tous les caractères physiques, pour la force musculaire, pour la longévité, et aussi pour l'intelligence. En toute certitude, comme la théorie l'indique et comme l'observation le prouve, ce qui est vrai pour l'animal est vrai pour l'homme. L'intelligence des enfants est fonction de l'intelligence des parents. Des parents médiocres et hébétés ne donneront naissance qu'à des enfants médiocres et hébétés. Et inversement. Des parents intelligents et vigoureux donneront naissance à des enfants intelligents et vigoureux.

Cette proposition est tellement évidente par elle-même que, pour la faire accepter de tous, c'est assez de l'avoir énoncée. Il faudra cependant toujours tenir compte des régressions ou des hérédités ancestrales, qui tantôt feront naître dans une famille de médiocres un individu de grande intelligence, et tantôt — plus souvent d'ailleurs — feront naître des médiocres dans des familles hautement intelligentes.

Ces exceptions apparentes, au lieu d'infirmer les lois de l'hérédité, les confirment avec grande force. Elles prouvent qu'il n'y a pas seulement l'hérédité du père et de la mère, mais celle des grands-pères et grand'mères, voire même celle des arrière-grands-pères et des arrière-grand'mères. Tous les ascendants ont mis quelque chose d'eux-mêmes dans l'être qui vient au monde. Chaque être vivant est la résultante finale d'une chaîne innombrable de générateurs.

Par conséquent, ce ne sera pas assez d'un effort sélectif poursuivi pendant une ou deux générations. Il faudra que l'effort sélectif soit prolongé, sans faiblesse, sans intermittences, pendant trois, quatre, dix générations. Ce qui revient à dire que plusieurs centaines d'années sans doute s'écouleront avant qu'une race humaine nouvelle, même très légèrement supérieure à la race humaine actuelle, ait pu se constituer en toute fixité. Un effort sélectif momentané n'est rien.

4° Donc, par un effort sélectif prolongé, l'homme arrivera à se constituer en une race humaine vigoureuse et intelligente. Et nous ne séparons pas ces deux attributs. Quoique, en dernière analyse, la classification hiérarchique des êtres humains se fasse surtout par l'intelligence, il serait imprudent de tenir compte de l'intelligence seule. Le corps a ses exigences; et il faudra lui faire une large part. La santé, la vigueur, la beauté, la longévité sont des qualités indispensables. Ainsi il n'y aura de progrès durable, fixé définitivement dans la race, que s'il y a impitoyable élimination de tous les individus complètement dépourvus de santé, de vigueur et de beauté.

5° Toutes ces propositions sont tellement précises et indiscutables qu'elles ne soulèveront aucune controverse. Mais, dès qu'il s'agit de passer à une conclusion pratique, les objections se présentent, innombrables, formidables.

Aujourd'hui, le but des sociétés civilisées semble être surtout de protéger les faibles, de donner quelque santé précaire aux débiles, de secourir les infirmes, de faire vivre les incurables et de donner asile aux criminels. Nous avons des assistances, publiques et privées, qui se préoccupent des enfants arriérés, des aveugles-nés, des sourds-muets. Nous avons des philanthropes qui prétendent réformer les criminels au lieu de les châtier et engagent l'opinion publique à trouver nos pénalités trop sévères.

Tous les produits de déchet de l'humanité sont pieusement recueillis. On fait d'immenses efforts pour prolonger de quelques mois ou de quelques semaines la triste existence des tuberculeux et on entoure de délicates attentions les plus incorrigibles vauriens. Comment changer ces mœurs assez pour rigoureusement sévir contre les vicieux et empêcher les incurables de perpétuer la race? Ne paraîtra-t-on pas inhumain à traiter tous ces rebuts comme des rebuts?

Au risque de passer pour un être barbare, je déclare avoir le souci des êtres à venir plus que de ces misérables. Je ne voudrais pas faire de mal aux épileptiques, aux syphilitiques, aux tuberculeux, voire même aux criminels; mais je ne tiens nullement à ce qu'ils engendrent des enfants souffreteux, vilains, chétifs, immoraux, opprobre de l'humanité. Difformités, infections, intoxications, vices, tares, ne sont pas des titres à notre respect. J'ai profonde pitié et sympathie pour les dégradés, innocents de leur malheur, mais à condition que cette dégradation ne se perpétue pas. L'alcoolique qui a eu le malheur de perdre, par l'alcool, son corps et son esprit, m'inspire une vraie compassion. Pourtant cette compassion ne va pas jusqu'à espérer qu'il va devenir un père de famille; car ses enfants seront des dégénérés, des épileptiques, des neurasthéniques, des idiots ou des fous. Les ravages que l'alcool a faits sur le père vont se continuer pendant plusieurs générations, si nous n'y mettons ordre.

Donc, pour les incurables, les alcooliques, les syphilitiques, les tuberculeux, les difformes, les infirmes, les criminels, dans l'intérêt supérieur de la société humaine à venir, il faut la prohibition du mariage.

6° Et de quel droit? va-t-on dire. Du droit de préservation sociale.

Quand un fou menace par sa folie la vie et la santé des hommes, la société a le droit, et même le devoir, de le rendre inoffensif. Sa personne est digne de respect, mais il y a une limite à ce respect. Or cette limite, c'est la nocivité. Si on le laisse hurler dans les rues, incendier les maisons et assommer les passants, on se rend responsable des désastres qu'on lui permet d'amasser. Eh bien! ce fou est tout aussi dommageable à la société quand il fait des enfants atteints de tares incurables que quand il brûle une meule de foin ou tire des coups de revolver dans les rues. En effet ses enfants vont constituer une race dégradée, et, même au bout de deux ou trois générations, les tares héréditaires reparaîtront dans la descendance.

Le plus souvent, la Nature, dans sa puissante sagesse, se charge de faire disparaître ces dégénérés. Et c'est fort heureux; car notre civilisation prend un tel soin des dégénérés qu'elle leur permet de faire souche, de perpétuer des successions d'êtres aberrants et difformes; de rendre les races humaines à venir hideuses et chétives. Aussi, grâce à notre inhumaine philanthropie, malgré le grand effort de la Nature pour les éliminer, certains avortons réussissent-ils à vivre et à avoir des enfants.

N'est-ce pas une aveugle présomption que de vouloir rectifier une grande loi biologique? Ne devrions-nous pas, au contraire, appuyer, confirmer, fortifier l'effort sélectif de la Nature, et empêcher l'humanité de se dégrader?

Il ne s'agit pas de punir les malades et les difformes (toute punition serait une monstruosité); mais uniquement de les rendre inoffensifs. Or ils ne seront inoffensifs que lorsqu'ils auront été rendus impuissants à perpétuer leurs tares.

Le moyen héroïque, ce serait la stérilisation, la castration. Elle est sans danger pour la vie, aussi bien pour les filles que pour les garçons. Mais nos timides contemporains n'oseraient pas aller jusque-là. Ils allégueraient que certains malades peuvent guérir (ce qui d'ailleurs n'empêcherait nullement leurs enfants d'être des dégénérés)... que la limite entre les malades et les normaux est impossible à tracer (objection ridicule, puisque, en cas de doute, on traiterait les malades comme des gens normaux);... que le droit des individus est sacré (mais le droit de la société est sacré, lui aussi). Bref, ils se refuseraient à ce moyen simple, relativement innocent, la castration, qui éliminerait de la race humaine tous les générateurs dégradés et imparfaits.

7° Mais le principe de la castration infligée aux défectueux, aux vicieux, aux criminels, aux récidivistes en révolte contre l'état social, ne serait pas aujourd'hui accepté. Donc, puisqu'il faut aboutir à une conclusion pratique, immédiate, il ne reste que la prohibition du mariage.

Les unions libres seront encore possibles, malheureusement, mais, du moment qu'on ne veut pas recourir à la castration, il faudra se contenter d'une réforme moins radicale, très facile, immédiatement applicable. *On interdira le mariage aux défectueux.*

Nulle objection sérieuse. Le mariage n'est pas un droit. La société donne aux époux certains avantages; elle légitime leur union, mais elle est parfaitement libre de ne pas accorder cette légitimation, si bon lui semble. Refuser à bon escient le mariage, c'est un droit que la société peut et doit s'attribuer. En vertu de quels principes l'État serait-il contraint à consacrer, par son approbation, une union forcément malheureuse? Dans l'ancien droit ecclésiastique étaient regardés comme nuls les mariages où l'époux était impuissant. Mais la procréation d'enfants défectueux comporte des conséquences beaucoup plus graves que l'absence, exceptionnelle d'ailleurs, de virilité. Après tout, un mariage où l'époux est impuissant ne conduit qu'à l'infécondité, tandis qu'un mariage où l'époux procrée des enfants tarés, c'est un malheur public.

Permettre le mariage aux malvenus, aux criminels, aux difformes, aux débiles, c'est permettre la dégradation matérielle et morale de l'humanité. Quelques individus dépravés suffisent pour vicier le sang d'une noble race. Et le mal, irréparable, va en se perpétuant d'âge en âge. Car ces dégénérés sont parfois féconds, et leurs tares reparaissent, parfois singulièrement aggravées dans toute leur descendance.

8° Nous ne voulons pas seulement les prohibitions individuelles; mais aussi les prohibitions ethniques. Il est prouvé, par tout un ensemble de preuves inattaquables, que la race jaune, et surtout la race noire, sont absolument inférieures à la race blanche. Le mélange de la race blanche avec ces créatures humaines inférieures a toujours eu des résultats déplorables. Les métis ont toujours été des êtres médiocres, et rien n'a jamais été inventé par eux. Quant aux noirs et même aux jaunes, leur intelligence est enfantine; ils ne peuvent sortir de l'état de demi-barbarie où depuis des siècles ils sont restés ensevelis, et, si parfois ils ont quelque apparence de civilisation, c'est pour adopter servilement nos mœurs et notre industrie.

Il ne s'agit ni de les martyriser, ni de les combattre. Non ! Il faut très amicalement, très sympathiquement, les tenir à distance. Voilà tout ! Car la race mixte, résultant de toute union avec une race inférieure, serait forcément inférieure. Or notre premier devoir, c'est de conserver intact le plus glorieux des patrimoines : notre intelligence de blancs, supérieure à l'intelligence des nègres. Voilà le vrai trésor, conquis par nos pères, en longs siècles d'efforts intellectuels. Par l'évolution, ils ont fait grandir l'intelligence. A nous de ne pas la laisser dépérir dans la promiscuité avec des races inintelligentes. Ce serait revenir en arrière, anéantir le travail sélectif prolongé qui a abouti à créer ce joyau précieux, le chef-d'œuvre de la Nature : l'intelligence — et l'intelligence de l'homme blanc.

Donc, une mesure radicale est urgente. Elle est, au moins aujourd'hui, à peu près inutile pour l'Europe. Mais pour l'Asie, l'Afrique et l'Amérique, elle est, même aujourd'hui, indispensable, et demain elle sera plus indispensable encore. Il faudra donc sévèrement interdire aux blancs le mariage avec tout individu d'une autre race. Au lieu de cultiver cette immense erreur qui s'appelle l'égalité des races humaines, erreur qui nous conduirait à des désastres, on marchera vers un autre but, très haut et très noble : le perfectionnement de l'homme. Nous créerons parmi les races qui peuplent la terre une véritable aristocratie, celle des blancs, de race pure, non mélangées avec les détestables éléments ethniques que l'Afrique et l'Asie introduiraient parmi nous.

9° Toute réglementation du mariage, soit au point de

vue individuel, soit au point de vue ethnique, ne peut avoir d'effets que si elle est sévère. Nous n'avons pas à en tracer ici les limites. Ce sera aux législateurs de l'avenir à aviser. Disons seulement ceci, qui est évident : plus la sévérité sera grande, plus les conditions de santé, de beauté, de moralité, d'intelligence, seront rigoureuses, plus la race future deviendra forte. Elle sera ce que les lois l'auront faite.

L'avenir n'est à personne, a dit le plus grand des poètes. Eh bien ! non. L'avenir est à celui qui prévoit. Or la science nous permet de prévoir la qualité des enfants à naître, en empêchant les mauvais procréateurs de procréer. Ne légalisons pas les unions sexuelles si elles ont toute chance pour aboutir à des produits détestables. Une fois que les sociétés humaines auront bien compris ce principe fondamental, elles édicteront une réglementation précise et sévère ; et ce sera pour le plus grand bien de l'humanité future.

10° Mais ces mesures, si sages qu'on les suppose, ne seront que conservatrices. Elles empêcheront la dégradation et la décadence de la race blanche : elles n'aboutiront pas à la création d'une humanité supérieure à l'humanité actuelle.

Il faudra quelque chose de plus pour faire progresser l'être humain. Or nous voulons le progrès. Nous voulons que d'âge en âge chaque génération soit supérieure à la génération qui l'a précédée.

Aetas majorum
Melior avis ferat nos meliores.

La voie à suivre est simple, et l'indication est impérative.

C'est par les progrès individuels que pourra se conquérir le progrès général. Donc il faudra exercer l'intelligence et le corps des enfants, de bonne heure et sans relâche; ne pas permettre aux intellectuels de laisser leurs muscles s'affaiblir; ne pas permettre aux artisans de laisser leur intelligence s'étioler.

Tout l'effort social devra résolument porter sur l'éducation des jeunes gens: formation du caractère, grandissement de l'intelligence, développement du corps. Ceux qui dépasseront les autres seront avantagés au point de vue du mariage. Ceux qui n'atteindront pas un certain niveau d'intelligence ou de vigueur ne seront pas autorisés au mariage.

Surtout il faudra que l'intelligence des femmes soit cultivée. Depuis de longs siècles, on les tient dans une sorte de sujétion humiliante. Il est temps de leur donner la même nourriture intellectuelle qu'aux hommes. A laisser les femmes dans l'hébétement, on ne peut attendre qu'une descendance hébétée.

Entrer plus avant dans le détail, ce serait folie. Tout est à faire, et on n'aura pas la prétention ici de tracer même l'ébauche d'un programme.

Ce n'était pas là notre but.

Notre but a été de montrer que la sélection humaine est possible, qu'elle est désirable, qu'elle est nécessaire. Or, jusqu'à présent, elle n'a été ni tentée, ni même proposée. Peut-être même nous traitera-t-on de cynique pour avoir osé prononcer ce mot.

La sélection humaine! Les hommes plus vigoureux, plus intelligents, plus sains, plus beaux. Non! cette noble conception n'est pas un rêve. C'est un espoir. C'est déjà même une idée en marche. Il ne faut pas qu'on la laisse disparaître, car elle contient en germe tout l'immense avenir.

C'est LA SÉLECTION HUMAINE QUI SERA L'UNIQUE SOUCI ET LE GRAND EFFORT DES GÉNÉRATIONS FUTURES.

NOTES ET APPENDICES

I. — LA MÉGALANTHROPOGÉNÉSIE[1]

L'art de faire des grands hommes est un livre singulier, qui, malgré la phraséologie ridicule de l'époque, et l'absence de toutes discussion scientifique, contient çà et là des parties intéressantes.

Je laisse délibérément de côté le tome II, traduction du très médiocre ouvrage de PORTA sur la Physionomie humaine, et de l'ouvrage, plus médiocre encore, de LAVATER, sur le même sujet. Nous n'aurons à retenir que certains chapitres du tome I.

Les premiers chapitres (I-206) sont l'exposé des notions banales qu'on avait alors sur les fonctions de la génération. Ils ne méritent pas d'être lus.

Au contraire nous trouvons dans le chapitre XIII : *Loix organiques de la mégalanthropogénésie*, des paroles tout à fait curieuses.

« Dans la génération, si l'un des deux individus n'assortit pas l'autre et ne se trouve pas en rapport harmonique de talent, les produits en sont pour toujours dégradés et c'est là l'origine de l'abâtardissement des races. Les exemples nombreux de journaliers que nous puisons dans l'économie rurale et végétale, sont entièrement applicables aux loix de l'économie humaine. L'agriculture s'est revivifiée depuis l'établissement des haras et des pépinières et sa prospérité est attachée à leur conservation. La mégalanthropogénésie aurait-elle une moins grande influence sur le corps social? Nul ne peut assigner des bornes à l'intelligence humaine... Si tous les gouvernements se confédèrent pour l'établissement de la mégalanthropogénésie, on verra bientôt l'espèce humaine marcher vers une perfection inconnue et impossible même à concevoir. En conservant la race des grands hommes, on aura

(1) Le titre exact du livre est : NOUVEL ESSAI SUR LA MÉGALANTHROPOGÉNÉSIE, OU L'ART DE FAIRE DES ENFANTS D'ESPRIT, QUI DEVIENNENT DE GRANDS HOMMES ; *suivi des traits physiognomoniques propres à les faire reconnaître, décrits par Aristote, Porta et Lavater, avec des notes additionnelles de l'auteur*, par ROBERT LE JEUNE, *docteur en médecine, membre de plusieurs sociétés savantes*. Seconde édition, considérablement augmentée, et qui ne ressemble à la première que par le titre (2 vol. 8°. Paris, Le Normant, an XI, 1803, 395 et 162 pp.)

la pépinière toujours vivante des bienfaiteurs de l'humanité; on découvre à la pensée l'horizon d'un nouveau monde, et de proche en proche le foyer des lumières éclairera toutes les nations de l'univers... Si je proposais d'ouvrir aux mers d'autres abîmes ou d'arrêter les vents dans leur course vagabonde, on aurait droit de crier à la folie; mais je propose l'établissement de deux collèges nationaux, pour faire instruire suivant un nouveau plan d'éducation que je ferai bientôt connaître, les enfants issus d'un père et d'une mère qui auront du génie; mais je propose, en honorant les talents, d'inviter les grands hommes à choisir des épouses dignes d'eux; mais je propose de promettre une éducation gratuite à leurs enfants lorsqu'ils seront pauvres; vais-je par là tarir les finances de la République, mettre au jour un projet d'une exécution impossible? Suis-je fou parce que je crois qu'on peut perfectionner la race des hommes comme on perfectionne celle des animaux?... *Tandis qu'on n'épargne rien en Europe pour relever la beauté des coursiers, améliorer les bêtes à laine, et perpétuer la race des bons limiers, n'est-il pas honteux que l'homme soit abandonné par l'homme?* Serait-ce parce que la race humaine, par un privilège particulier, n'aurait pas à craindre, comme les autres races, l'abâtardissement par le mélange continuel des individus de la même famille? La nature aurait-elle dérogé aux lois préexistantes de son harmonie, et fait une exception en sa faveur? Non, sous tous les climats, l'homme dégénère et s'abâtardit lorsqu'il se mésallie, mais il n'a rien à attendre pour sa perfection, parce qu'il vit parmi les hommes. Peut-être qu'un jour il cessera d'être le plus négligé des animaux et que la philosophie effacera, par respect pour son origine, les stigmates de sa dégradation.

« Si le gouvernement français honore les mariages mégalanthropogénésiques et permet une éducation gratuite aux enfans des grands hommes convenablement mariés, il n'est besoin que de l'établissement de deux Athénées, pour que la mégalanthropogénésie soit en vigueur. »

On voit que Robert Le Jeune a bien compris la nécessité de la sélection humaine; mais le mot de sélection, avant Darwin, n'avait pas été prononcé. Et d'ailleurs, les connaissances de Robert Le Jeune, en fait de sciences naturelles, étaient extrêmement limitées.

A vrai dire, il n'a pas vu que la sélection par une élite était de fait inutile, et ne pouvait aboutir. A quoi bon créer une aristocratie destinée à être tôt ou tard dévorée par la masse populaire? Et puis ce n'est pas aux hommes de génie qu'il faut demander d'être des générateurs.

Un peu plus loin, ROBERT LE JEUNE donne libre cours à sa fantaisie pseudo-scientifique. Il écrit un chapitre curieux sur *la véritable heure pour procréer des enfants d'esprit* (1).

Plus loin, il dit en termes dont le pittoresque n'exclut pas le ridicule : « Suivant la profession à laquelle un père destine son enfant, il doit donner une éducation toute particulière à sa femme (lorsqu'elle est en état de grossesse). Veut-il faire parcourir au fils la carrière des armes? Qu'il alimente sans cesse l'imagination de la mère des récits belliqueux des plus grands conquérants, qu'il étale à ses yeux les pompes triomphales réservées aux vainqueurs... Veut-il qu'il chante la valeur, le courage, la beauté, la vertu, le bonheur? Qu'il fasse lire à sa femme Homère, Virgile, le Tasse, Voltaire, Fénelon. Veut-il en faire un astronome? *Ah! c'est alors qu'il doit remettre entre ses mains la lunette d'Herschell, et lui apprendre à compter les cinquante mille étoiles de Lalande!* »

Mais tout n'est pas aussi déraisonnable. ROBERT insiste avec raison sur la relation étroite qui unit le physique et le moral de l'homme (CABANIS venait d'écrire son grand ouvrage). « C'est, dit-il, dans le physique de l'homme qu'il faut chercher les éléments de sa perfectibilité morale », et il donne tout un programme d'éducation, — parfaitement chimérique d'ailleurs, — un *Androcée* pour les jeunes hommes, un *Gynécée* pour les jeunes demoiselles « avec une ration de miel et de beurre pour chaque enfant; car c'est là le véritable aliment de la pensée, et qui, d'après GALIEN, spiritualise le cerveau. »

(1) « Chaque père, dit-il, jaloux de voir son fils digne héritier de son talent, ne doit approcher son épouse qu'après avoir allumé son imagination au flambeau de son génie. Ainsi le guerrier, le poète, l'orateur, le peintre, le musicien auront des enfants qui deviendront leurs émules, leurs rivaux, si, après une bataille, une tragédie, un panégyrique, un tableau, une symphonie, ils ne laissent point refroidir leurs sens avant de payer un tribut à l'amour. Je suis persuadé que, si *Vestris* s'acquittait de ses devoirs conjugaux après le ballet de *Télémaque* ou de *Psyché*, il ne pourrait manquer d'engendrer un fils digne de lui, surtout ayant épousé une nouvelle *Terpsichore*. » Rien ne peut mieux que le passage suivant (I, 249) donner une idée de l'état d'âme, plus que baroque, de ROBERT : « Mon père a observé, il y a quelques années, qu'il eut des lapins d'un poil rude et hérissonné, pour avoir fait travailler dans sa garenne un vieux maçon, nommé *Bardonnanche*, dont les cheveux étaient crépus et tout rabougris. »

« Quand les élèves respectifs de l'*Androcée* et du *Gynécée* auraient fini leurs études, ils seraient employés par le gouvernement aux différentes branches du service public, et tous les ans, à la fête du premier vendémiaire, on célébrerait leurs mariages mégalanthropogénésiques ; les filles seraient dotées par le gouvernement ; l'inauguration des épousailles se ferait dans la salle de l'Institut ; tous les membres seraient invités de droit au repas des noces, et le plus jeune poète chanterait l'épithalame ; rien ne serait oublié pour donner à cette fête une pompe et un éclat extraordinaires. »

Et, malgré toutes ces sottises, l'auteur de ce livre étrange maintes fois raisonne juste. En supprimant les propositions grotesques et les vaniteuses rodomontades, je trouve les passages suivants, qui indiquent à quel point il avait nettement entrevu, à travers les brumes de son esprit nébuleux, la grande conception de la perfectibilité humaine par la sélection :

« Je sais assigner à l'homme la prééminence que son intelligence lui assure sur tous les êtres vivants ; je sais qu'à raison de la pensée, il est le souverain de l'univers ; mais son corps ne se forme-t-il pas comme celui des autres animaux ? Ne croît-il pas de la même manière ? N'est-il pas composé des mêmes éléments ? L'analyse chimique n'en obtient-elle pas les mêmes produits ? Enfin, sa destruction n'obéit-elle pas aux mêmes loix ? Si, quelle que soit la nature de l'âme, elle a besoin, pour bien exécuter ses fonctions, d'un corps bien organisé, pourquoi veut-on qu'il n'y ait pas un art de fournir de beaux corps à l'âme, comme un luthier connaît l'art de fournir de bons instruments à un musicien ?... Tous les jours, on observe que, dans les haras, *le moral* des chevaux se communique indistinctement des étalons et des juments aux poulains. Pourquoi donc, chez l'homme, un enfant n'hériterait-il pas de son père ?... PLATON dit à GLAUCON, dans le 5e livre de sa république : « Vous nourrissez chez vous beaucoup de chiens, de chevaux, mais *cherchez-vous à avoir des petits des uns et des autres indifféremment, et n'avez-vous pas grand soin de n'avoir de la race que des meilleurs et des plus excellents, de peur que la race de vos chiens ne s'abâtardisse ?* 544 ans avant J.-C., le célèbre poète employa la même comparaison ; car il dit : quand nous voulons avoir des chiens, des chevaux, des ânes, nous cherchons les meilleures races ; et quand il s'agit de choisir une femme ou un mari, on prend tout ce qu'il y a de plus méchant, pourvu qu'il soit riche. »

« Après nous être occupés si sérieusement des moyens de rendre plus belles et meilleures les races des animaux ou des plantes utiles et agréables, après avoir remanié cent fois celles des chevaux et des chiens; après avoir transplanté, greffé, travaillé de toutes les manières les fruits et les fleurs, combien n'est-il pas honteux, dit CABANIS, de négliger totalement la race de l'homme! Comme si elle nous touchait de moins près! Comme s'il était plus essentiel d'avoir des bœufs grands et forts que des hommes vigoureux et sains; des pêches bien odorantes ou des tulipes bien tachetées que des citoyens sages et bons... Peut-on ignorer l'influence d'une longue culture physique et morale sur la perfectibilité humaine? Voyez ces haras, où l'on élève une race de chevaux choisis; tous les individus qui en proviennent sont bons et généreux; tous ont la force, l'agilité et, disons même, l'intelligence de leurs pères...

« Je veux perfectionner les individus vivants, pour qu'à leur tour ils éclairent les siècles à venir... L'éducation ne peut faire qu'un être plus perfectible, et, en suivant d'individu en individu ce même mode de perfectionnement, peut-on assigner quelle sera dans une longue succession de siècles le terme de sa perfectibilité?... On peut reculer plus loin les bornes de l'intelligence. Le génie de l'homme ne connaît aucune limite. Qui sait si l'éducation du genre humain n'est pas encore à son enfance? Je conçois comme dans l'ordre des choses possibles que les grands hommes qui naîtront dans la suite puissent différer autant de ceux qui les ont précédés que les sauvages d'Amérique diffèrent aujourd'hui des hommes civilisés...

« Ceux qui nient la perfectibilité de l'homme et l'influence de l'éducation sur le développement de certaines facultés extraordinaires, avilissent leur propre pensée et se ravalent au rang des animaux dont l'espèce n'était pas plus industrieuse il y a deux ou trois mille ans, que de nos jours. »

On voit que notre bizarre devancier avait, sur les deux points fondamentaux de la sélection humaine, deux idées très précises et en somme très justes : 1° l'éducation (physique et morale) perfectionne les individus; 2° cette perfection plus grande se transmet par hérédité aux descendants (1).

(1) Cette notion de la perfectibilité était d'ailleurs banale à la fin du XVIIIe. siècle. PORTALIS a dit : « La perfectibilité individuelle est l'instrument donné à l'homme pour atteindre aux dernières limites de son développement intellectuel et moral. »

A ces idées sur le progrès humain il faut rattacher sans doute les folles conceptions de FOURIER. FOURIER n'est rien moins qu'un savant, et, quoique

II. — LA MORALE SEXUELLE (1)

La réglementation du mariage, dans ses rapports avec la santé des enfants à naître, a été traitée avec une précision sobre et éloquente par mon ami A. WYLM, et la ressemblance est trop frappante entre son opinion et la mienne pour que je ne rapporte pas ici les pages qu'il a écrites à ce sujet :

« La société peut-elle intervenir pour limiter la liberté de ce choix (choix de l'époux et de l'épouse)? Historiquement, les sociétés ne se sont pas privées de ce contrôle. Les nobles, à Rome, ne pouvaient pas épouser des femmes de certaines conditions... L'État autorisera-t-il les mariages entre races différentes, par exemple, entre blancs, noirs et jaunes? Jaunes et blancs sont des races civilisées, et il ne paraît pas y avoir de différences aussi marquées entre eux qu'entre la race blanche et la race noire par exemple. Cette dernière n'est pas apte à la civilisation au même degré que

le livre où il est parlé de l'avenir des hommes date de 1808 (*Théorie des quatre mouvements et des destinées générales*, Leipzig, 1808), les noms de LAMARCK et d'Erasme DARWIN ne sont pas mentionnés. Le livre de FOURIER est le livre d'un fou, d'un aliéné maniaque exubérant et déraisonnant. Et son nom ne devrait pas être prononcé plus que celui de ces infortunés qui encombrent de leurs élucubrations les asiles où ils furent justement enfermés... Si l'on en doute, qu'on juge de cet avenir réservé à l'homme : « Quand le genre humain sera dans la phase d'harmonie, notre planète engendrera un printemps éternel; l'eau de la mer se changera en limonade; les poissons deviendront des serviteurs amphibies traînant les vaisseaux; la stature de l'homme attèindra sept pieds; son existence moyenne sera de cent quarante-quatre ans; et l'on ne comptera pas moins de trente-sept millions de poètes égaux à Homère, trente-sept millions de géomètres égaux à Newton, trente-sept millions d'écrivains dramatiques égaux à Molière. »...

Hélas! bien peu de ceux qui ont parlé de l'avenir de l'homme ont pu s'abstenir de billevesées semblables, pour lesquelles un silence dédaigneux devrait suffire. Car, au lieu de serrer de près la réalité, tous les auteurs ont donné libre cours à leur imagination, laquelle, livrée à elle-même, n'est capable que de folies.

De fait il n'est, pour toute prévision relative à l'avenir de l'homme, d'autre méthode que la méthode scientifique, naturelle, la connaissance de l'homme actuel, et les légères transformations qu'une sélection prolongée et savante pourra effectuer, aussi bien au point de vue moral qu'au point de vue physique.

Hors de la science, point de salut.

(1) S.-A. WYLM. *La morale sexuelle*, 1 vol. 8°, Paris, Alcan, 1907, 325 pp.

les races jaune ou blanche. Aucune nation nègre n'a encore produit de société avancée au point de vue intellectuel... Comme les individus, les races sont inégales : l'affirmation de leur égalité est encore une illusion de la sentimentalité. »

Et cependant, A. Wylm, après avoir constaté cette inégalité des deux races (autrement dit l'infériorité de la race noire) en déduit une conclusion qui ne me paraît guère justifiée : « ces raisons n'ont pas assez d'importance pour justifier l'interdiction du mariage entre gens de races différentes. »

Il y a évidemment une contradiction entre cette affirmation que les noirs nous sont inférieurs (ce qui n'est guère contestable) et cette conclusion que le mariage pourrait être permis. Et je croirais volontiers qu'aujourd'hui A. Wylm accepterait notre syllogisme dans toute sa rigueur :

Maj. Les noirs sont inférieurs aux blancs.

Min. Le croisement avec une race inférieure produit des enfants inférieurs.

Conclusion. Donc, il faut proscrire tout croisement (mariage) des blancs avec les noirs.

En effet, ce qui doit dominer dans les règles sociales, c'est le souci des enfants à naître; l'avenir ne doit jamais être sacrifié au présent. En agissant ainsi, les sociétés humaines se conforment aux lois de la Nature. La Nature est très peu soucieuse des individus; elle les sacrifie à l'espèce; et tout son effort semble être de maintenir vigoureuse la race, même au détriment des individus, dont le bonheur et la santé lui importent peu, du moment que la conservation de l'espèce est assurée.

Or le premier principe de la conservation de l'espèce, c'est que l'espèce doit rester noble, ne pas se dégrader : et le mélange avec des individus de race inférieure constitue une dégradation.

Sur ce point, A. Wylm est, en principe, d'accord avec moi; car il dit très formellement : « L'individu respectueux des lois de la nature doit chercher d'abord la santé physique et morale dans son conjoint, qui doit être exempt de toute tare transmissible. »

Or le fait d'appartenir à une race inférieure constitue une tare indélébile, absolument et rigoureusement transmissible par hérédité. Et cette considération suffit pour éliminer les races noires et (avec moins de certitude, je l'avoue) les races jaunes.

On comprend bien d'ailleurs que chacun, selon ses tendances, sera porté à attacher plus ou moins d'importance, tantôt au bonheur des individus présents, tantôt à l'avenir des enfants à naître. Pour ma part mon choix est fait, et, fidèle aux grands enseignements de la Nature, je crois que toute la législation relative au mariage doit avoir pour principal objet la santé et le bonheur des enfants.

A. Wylm dit avec raison : « L'État doit empêcher ce crime qu'est l'enfantement des dégénérés au physique comme au moral : qu'un pareil acte soit en opposition avec les règles fondamentales de la morale sexuelle, personne ne le contestera. Ce qu'on peut contester avec une apparence de raison, c'est le droit pour la collectivité de restreindre la liberté individuelle sur ce point. Cette objection ne me paraît pas satisfaisante... L'alcoolique chronique qui féconde sa femme; le syphilitique non guéri qui contamine sa partenaire et son fruit, commettent une mauvaise action. Ils façonneront un être misérable, voué à toutes sortes de souffrances... Ces enfants idiots, imbéciles, tarés, seraient traités avec plus de pitié et de justice si on leur épargnait une vie inutile et douloureuse. Ne serait-on pas vraiment bon et moral en leur procurant une paisible euthanasie? La Nature serait plus cruelle pour eux si elle était seule à leur appliquer sa loi... Pourquoi laisser faire ces enfants indignes et incapables de vivre si on peut éviter le crime de leur naissance? La science sera un jour de mon avis; la science impartiale et sereine, la science qui est comme la Nature, ignorante de toute fausse pitié, esclave de la justice et de la vérité. Elle dira, elle dit déjà que la liberté humaine a des limites; qu'elle doit être respectée dans la mesure où elle n'est pas nuisible, et qu'il n'est pas plus injuste de priver les reproducteurs malsains des moyens de nuire, qu'il n'est injuste d'arracher aux vipères leurs crocs venimeux... *La collectivité a donc le devoir d'écarter la possibilité des reproductions malsaines.* »

On ne saurait mieux dire; mais ce que demande ici A. Wylm me semble un minimum, et un minimum insuffisant. Ce n'est pas assez que d'empêcher les tares de se perpétuer par l'hérédité. Ce n'est pas assez que de laisser des générations de débiles et de dégradés se prolonger à travers les âges; nous demandons davantage.

Nous voulons que la race humaine à venir soit plus belle et plus forte que la race humaine actuelle; car sans cette évolution nous sommes destinés à porter toujours la même défroque, sans qu'il se dégage une humanité supérieure. Certes, il est bon de ne pas dégénérer; mais ce n'est pas assez, il faut aller de l'avant. *Excelsius.*

Alors l'élimination des pires ne peut suffire, il faut l'élimination des médiocres. De sorte que non seulement j'adopte la proposition de A. Wylm qu'il faut écarter la possibilité des reproductions malsaines, mais encore je l'étendrais jusqu'à dire : La société a le droit et le devoir d'écarter la possibilité des reproductions médiocres.

Et, à n'en pas douter, l'humanité sera forcée d'aboutir à cette conclusion. Un jour viendra où, après qu'on aura très sagement interdit les unions malsaines, dangereuses, pathologiques, on interdira de même les unions médiocres, c'est-à-dire celles des individus qui sont nettement au-dessous de la moyenne, soit comme force physique, soit comme santé, soit comme intelligence, soit comme moralité. Ce n'est pas tout de suite qu'on arrivera à cette sévérité, et nous savons fort bien que nous parlons d'un lointain avenir; mais il importe peu, et même ce lointain avenir doit être prévu. Donc un jour viendra où une certaine médiocrité intellectuelle (ou physique) sera considérée à l'égal d'une tare véritable : et par conséquent, enlèvera le droit au mariage.

Mais laissons l'extrême sévérité des conditions qu'une société future, très lointaine, exigera pour le mariage, et ne pensons qu'à la société actuelle, celle de 1911. C'est celle-là seule dont se préoccupe A. Wylm.

« Il y a une réforme à laquelle nos mœurs sont préparées : c'est l'interdiction du mariage à ceux qui sont atteints de maladies transmissibles. Personne ne s'offenserait de voir la syphilis, non guérie, constituer un empêchement au mariage. Rien n'est plus juste que d'exiger de l'avarié la guérison avant le mariage (1)... Nous aurions pour prévenir le mal l'examen médical. Je ne serais pas choqué de voir les futurs époux joindre à leur déclaration de mariage, ou présenter à l'officier de l'état civil un certificat sanitaire, une patente nette, de même qu'ils présentent leurs actes de naissance, source de révélations quelquefois douloureuses, et toutes sortes de pièces, y compris un certificat du notaire, rédacteur du contrat de mariage... Pourquoi exiger un certificat notarial, et non un certificat médical? Celui-ci n'est-il pas infiniment plus que l'autre?... Il est facile aux jeunes filles et aux jeunes gens de fournir un pareil certificat si leur santé est bonne : l'inconvénient ne commence qu'avec leur contamination... Certains cancers, la tuberculose, l'alcoolisme, pourraient être assimilés aux maladies

(1) Et même l'interdiction absolue et définitive du mariage (Ch. R.).

vénériennes dans la législation matrimoniale... En tout cas, nous devons nous pénétrer de l'idée fondamentale du mariage, qui est celle de la reproduction, et tendre de plus en plus à rendre possible la *perpétuation de la vie saine, seule condition certaine de son amélioration*. Ce concept moral doit être le principe directeur de notre vie sexuelle, sociale et individuelle. Nous devons nous efforcer de conformer notre conduite à cet idéal supérieur, et d'y adapter nos mœurs et nos lois, nos lois qui sont l'expression généralement attardée de nos mœurs. »

Ainsi parle A. WYLM, qui est à la fois un savant juriste et un habile médecin. A voir l'énergie avec laquelle il soutient cette belle cause, — la cause de la race future, — on comprend que les temps sont mûrs pour une profonde réforme de notre législation.

On verra plus tard à rendre les mesures préservatrices plus sévères encore, non seulement contre les mauvais, mais encore contre les médiocres. Aujourd'hui la réforme urgente, indispensable, facile et immédiate, c'est d'éliminer les éléments dégradés et tarés qui infecteraient la race à venir.

III. — LE CRIME ET LA SOCIÉTÉ (1)

J. MAXWELL a très bien résumé tout ce qui a été jusqu'à présent tenté en fait de prophylaxie sociale, et notamment au sujet de la castration des criminels. Son opinion, très voisine des idées de A. WYLM et des nôtres, mérite d'être indiquée ici; et même on trouvera d'étranges points de ressemblance entre sa doctrine et la nôtre :

« Quel souci avons-nous des enfants des dégénérés et des alcooliques? Nous les soignons dans nos asiles quand nous ne les envoyons pas en prison ou au bagne; mais nous ne cherchons pas à parer au malheur de leur naissance. Nous donnons des primes

(1) 1 vol. 12°, 1909. *Bibliothèque de philosophie scientifique*, Paris, Flammarion.

à la sélection des reproducteurs animaux; nous encourageons la pureté du sang de nos chevaux, de nos bœufs, de nos moutons; nous sommes indifférents à la qualité des hommes et des femmes qui formeront notre société future...

« ... Il est difficile de trouver des moyens pratiques d'empêcher les procréations malsaines; il y en a un qui a été proposé : c'est la castration des criminels; scientifiquement je n'y verrais aucun inconvénient; qu'importent le plaisir et la fantaisie des parents en face de l'intérêt social supérieur et de l'enfant futur?

« C'est une idée que plusieurs savants ont soutenue; NAECKE l'a proposée depuis longtemps dans un article des *Archiv für kriminal Anthropologie und Kriminalistik.*

« LOHMER s'y rallie (*Umschau,* 1908, 58); DANIELS (*Literary Digest,* 23 juin 1895; *Arch. d'anthr. criminelle,* 1895, 266) voudrait que la castration fût employée soit comme peine légale, soit comme moyen thérapeutique social.

« Ce système a été proposé par RENTOUL, au Congrès de la *British medical association,* de Toronto, 1906. Sa proposition a été développée dans *American journal of Sociology,* 1906-1907, 319, sous le titre : *The sterilization of mental degenerates.* Déjà REID RENTOUL avait publié un livre sur le même sujet : *Proposed sterilization of certain mental and physical degenerates,* London, 1903 (résumé in *Archivio di Psichiatria,* 1905, 351). RENTOUL va trop loin (1), car il veut castrer beaucoup de monde, lépreux, fous, idiots, épileptiques, cancéreux, néphrétiques, cardiaques, syphilitiques, tuberculeux, prostituées, criminels, vagabonds, et jusqu'aux porteurs du streptocoque, fléau de la jeunesse imprudente.

« Il ne faut pas croire que ce système radical soit demeuré exclusivement théorique. L'État d'Indiana l'a réalisé... La loi du 9 mars 1907, chap. 215, est ainsi conçue :

« Considérant que l'hérédité joue un rôle très important dans la transmission de la criminalité, de l'idiotie et de l'imbécillité... le Congrès a décidé qu'il sera obligatoirement enjoint aux établissements de l'État chargés de la garde des criminels incorrigibles, des imbéciles, des aliénés, d'adjoindre à leur administration outre le médecin de l'établissement deux chirurgiens expérimentés...

(1) C'est l'opinion de J. MAXWELL. Ce n'est point tout à fait la nôtre. Quel besoin de perpétuer cette détestable engeance? (Ch. R.)

au cas où les experts et le conseil jugeraient qu'il ne convient pas aux individus examinés de procréer, et s'il n'existe aucune probabilité en faveur de l'amélioration mentale de ces individus, les chirurgiens seront autorisés à pratiquer, pour rendre inféconds ces divers individus, telle opération qu'ils estimeront la plus sûre et la plus effective...

« D'après les *Archiv für kriminal Anthropologie*, 1908, XXXII, 175, en septembre 1908, 300 castrations ont été exécutées sans hésitation.

« Ce n'est pas l'Amérique seule qui nous donne cet exemple de prévoyance hardie : la Suisse a précédé l'État d'Indiana, sinon dans la promulgation, au moins dans la discussion d'une loi semblable. C'est au canton de Saint-Gall que revient cet honneur. L'assemblée législative de ce canton a été saisie d'un projet de loi ordonnant la castration de certains dégénérés. Ce projet ne semble pas avoir été adopté.

« Cependant la loi a été appliquée indirectement : quatre pensionnaires de l'asile cantonal (16e rapport de l'asile cantonal de Wil, pour 1907, Saint-Gall, 1908, cité in *Archiv für kriminal Anthropologie*, XXXII, 343), ont été castrés avec leur consentement et l'assentiment de leurs parents et des autorités compétentes. Les opérés sont 1° une fille de 25 ans, nymphomane et épileptique; 2° une femme de 36 ans, faible d'esprit, sujette à des crises d'agitation et d'excitation sexuelle; 3° un homme de 31 ans, dégénéré alcoolique, ayant des tendances à torturer les animaux, à mentir, etc.; 4° un homme de 32 ans, homo-sexuel récidiviste et extra-moral. L'opération pratiquée sur les femmes a été la castration des ovaires; chez les hommes, il semble que l'on ait sectionné les canaux déférents...

« Il est évident que la castration est une mesure dont l'efficacité est certaine; les reproducteurs malsains sont exclus de la participation à la constitution des éléments de la société future...

« La loi danoise du 30 mars 1906... étend aux relations conjugales l'article 181 du code pénal danois qui punit d'emprisonnement ou de correction le fait d'avoir sciemment ou par imprudence, communiqué à autrui, par un acte sexuel, une maladie vénérienne.

« ... Les médecins sont obligés de signaler aux autorités médicales les cas (de maladie vénérienne) qu'ils sont appelés à soigner...

« ... Le souci de la santé publique a provoqué un mouvement d'opinion. (V. ANDRÉ COUVREUR, *La graine*, in *Chronique médicale*, 1903 : *Le mariage doit-il être réglementé?*) Les savants avaient déjà donné l'alarme. TRÉLART, dont GRASSET (*Demi-fous* et *demi-responsables*, 209) cite l'opinion, voulait la réglementation législative du mariage...

« D'autres écrivains ne s'opposent pas au mariage, mais voudraient que la procréation fût interdite; il semble que cette mesure, dont l'application est incertaine, soit inefficace sans la castration préalable...

« MAC LAREN... voudrait que les candidats au mariage fussent obligés à contracter une assurance sur la vie au moment de leur union (*Arch. d'anthrop. criminelle*, 1905, p. 338)... SCHALLMAYER (*Zeitschr. für die Bekämpfung der Geschlechtskrankheiten*, 1903-1904, II, fasc. 10, résumé *in Arch. f. kriminal Anthropologie*, XVII, 193. *Infektion als Morgengabe*) réclame avec énergie l'interdiction du mariage des gens atteints de maladies vénériennes.

« En Italie, ZUCCARELLI demande la stérilisation des criminels. LOMBROSO appuie cette opinion de sa haute autorité...

« La Roumanie est sur le point d'interdire le mariage aux épileptiques, aux tuberculeux, aux syphilitiques en période virulente (*Arch. d'anthr. crim.*, 1908, 96)...

« Les États de Minnesota, Wisconsin, Alabama, Tennesee, Géorgie, Colorado, Michigan, prohibent d'une manière plus ou moins complète le mariage des épileptiques, des idiots, des imbéciles, des fous, des vénériens non guéris. Je citerai comme exemple l'État de Dakota, qui a promulgué une loi obligeant les personnes voulant contracter mariage à se soumettre à l'examen d'un jury médical. »

Et, dans le chapitre suivant, J. MAXWELL dit avec raison :

« Le seul moyen efficace de prévenir la criminalité congénitale serait... de défendre contre toute cause de contamination le fait de la reproduction de la race. Personne ne met en doute le péril social que je dénonce, mais personne n'a le courage de dire que la *liberté absolue de la reproduction* est *une erreur*. Nous respectons cette liberté malfaisante, alors que, dans un intérêt collectif moins évident, nous n'hésitons pas à en restreindre d'autres, plus inoffensives. C'est un préjugé qu'il faut énergiquement combattre. On ne peut avoir le droit de faire des enfants, quand on n'est pas apte à faire des enfants sains de corps et d'esprit. »

Nous avons tenu à reproduire intégralement ces paroles de

notre savant ami. La contamination de la race est un mal si grave que toutes les sentimentalités philanthropiques doivent s'effacer devant le grand devoir qui s'impose : prévenir l'abâtardissement de l'espèce humaine.

Assurément, ce n'est que le premier pas. Mais, une fois le principe établi qu'il faut sauvegarder l'humanité future, on en déduira bien vite cette conséquence, qu'il faut améliorer l'humanité future.

IV. — L'ÉTAT MENTAL DES NÈGRES

Afin qu'on ne nous reproche pas de charger le tableau représentant les nègres comme une race inférieure, j'emprunterai quelques citations à un écrivain dépourvu de tout préjugé, et qui fait autorité, A. Hovelacque, professeur à l'École d'anthropologie (1).

Il est vrai qu'il ne parle que des nègres d'Afrique, et qu'il ne s'occupe pas des nègres du Nord-Amérique, mêlés à notre civilisation de blancs. D'ailleurs Hovelacque ajoute à son opinion personnelle celle de beaucoup de voyageurs et de naturalistes, de sorte que, par l'ensemble de ces appréciations, nous pouvons nous former une opinion très nette sur la mentalité des nègres.

« L'Africain, qui est d'un caractère naturellement gai, d'un esprit vif et pénétrant... ne regarde pas comme un crime le vol et le larcin... Il est ami de ses amis, aussi prompt à remplir ses promesses qu'il l'est à les violer lorsqu'on lui manque de parole. Il est tellement paresseux que, s'il travaille, ce n'est que par contrainte, non pour amasser des richesses, mais pour vivre; sans quoi il terminerait sa carrière dans l'oisiveté, dans les divertissements et dans la danse, qui fait toutes ses délices. Ainsi, il passe sa jeunesse dans les plaisirs et la débauche, le moyen âge dans l'oisiveté, et sa vieillesse est presque sans remords... Nul projet de fortune

(1) *Les nègres*. 1 vol. 8°. Paris, 1889.

ne l'occupe, il ne s'occupe que de vivre au jour le jour, et, dès qu'il a du riz ou du miel, il a tout. » (DEMANET, 1767.)

« Les noirs sont comme des enfants qui jouent à la poupée. Dès qu'ils ont une minute, ils plient, déplient, examinent les bagages qu'ils ont à eux. Pour les uns ce n'est qu'une très petite quantité de tabac, noué dans un coin de leur boubou; pour les autres, c'est un sac gros comme le poing, renfermant des gris-gris, des bouts de guenille, du tabac. » (SANDERVAL.)

« Je considère le nègre adulte comme un être dont l'intelligence est restée, par une sorte d'arrêt de développement, au point où nous l'observons chez les adolescents de race blanche... Le nègre conserve toute sa vie la légèreté, la versatilité et l'étourderie de l'enfant. » (QUATREFAGES, 1860.)

« Je crois que, pendant la période de l'enfance, le nègre dépasse en intelligence l'enfant blanc du même âge; mais son esprit ne prend aucun développement. Le fruit est là; il ne mûrit pas; le corps se fortifie, l'esprit reste stationnaire. » (BAKER.)

« Ces promesses d'une intelligence qui semblait si compréhensive disparaissent vers la dix-septième année. Il ne reste guère des choses apprises que ce qui peut servir à tromper le voisin. Les idées ont disparu, et le jeune noir qui à douze ou treize ans paraissait si intelligent, si disposé à comprendre, est devenu un vrai nègre dès qu'il en a dix-huit. » (MONDIÈRE.)

« L'infériorité intellectuelle du nègre se traduit par une grande incapacité d'attention. Le nègre réfléchit difficilement, il manque essentiellement d'esprit de comparaison, c'est-à-dire, en réalité, de jugement. On ne peut donc, sans injustice, attendre de lui ce que l'on peut attendre d'un individu de race blanche. » (BÉRENGER-FÉRAUD.)

« Le témoignage unanime de tous les explorateurs qui ont écrit avec bonne foi est qu'il ne faut guère se flatter de les voir arriver définitivement à une civilisation comparable à la nôtre. La civilisation européenne plait au nègre; il en reconnait la supériorité. Néanmoins, il ne demande pas qu'on l'introduise chez lui. Bonne pour blancs, dit-il, elle est mauvaise pour noirs. En essayant de devenir un homme blanc, le nègre perd ses bonnes qualités naturelles et, une fois abandonné à lui-même, après avoir été initié à notre culture, il rétrograde immanquablement; comme un cheval en liberté, il devient sauvage. » (HOVELACQUE, 441.)

Et HOVELACQUE ajoute (456) :

« L'abstraction est absolument en dehors de sa faculté de conception : point de mots abstraits dans son langage : seules les choses tangibles ont le don de le saisir. Quant à généraliser, quant à tirer de l'ensemble des phénomènes matériels une systématisation quelconque, il ne faut pas le lui demander. »

Il conclut comme nous avons conclu, comme ont conclu tous ceux qui, au lieu de songer, dans leur cabinet de travail, à une chimérique égalité des races humaines, ont voulu voir de près ces individus : « Par leur développement intellectuel et par leur civilisation, les nègres sont inférieurs à la masse des populations européennes. Personne évidemment n'en peut douter. Personne ne peut douter non plus que, sous le rapport anatomique, le noir ne soit moins avancé que le blanc en évolution. Les nègres africains sont ce qu'ils sont : ni meilleurs, ni pires que les blancs ; ils appartiennent simplement à une autre phase de développement intellectuel et moral. Ces populations enfantines n'ont pu parvenir à une mentalité bien avancée, et, à cette lenteur d'évolution, il y a eu des causes complexes... Toutefois, ce que l'on peut assurer avec expérience acquise, c'est que prétendre imposer à un peuple noir la civilisation européenne est une aberration pure... Le noir est un grand enfant, crédule et inconstant, auquel il ne faudra de longtemps, semble-t-il, demander les qualités de l'homme fait. »

Quant aux mulâtres et aux métis, je me contenterai de citer le plus illustre des naturalistes (Darwin, *De la variation des animaux et des plantes. Trad. franc.* 1880, II, 23), qui, après avoir reconnu qu'il existe des mulâtres dont le caractère et le cœur sont excellents, comme les habitants de l'île de Chiloé, très doux et aimables, ajoute: « Il y a bien des années, j'ai été frappé du fait que, dans l'Amérique du Sud, les hommes descendant de croisements complexes entre des nègres, des Indiens et des Espagnols, présentaient rarement un aspect sympathique... Livingstone avait dit : Je ne sais pourquoi les métis sont infiniment plus cruels que les Portugais ; mais le fait est incontestable... Lorsque deux races, toutes deux inférieures, viennent à se croiser, leurs descendants paraissent extrêmement méchants. Ainsi, le grand Humboldt, qui n'avait aucun préjugé contre les races inférieures, s'exprime en termes énergiques sur le caractère sauvage et méchant des Zambos ou métis des Indiens et des nègres, et plusieurs observateurs ont confirmé sa manière de voir. (P. Broca.) Les faits doivent peut-être nous faire admettre que l'état de dégradation dans lequel se trouvent tant de métis peut être attribué autant à un retour vers une condition primitive et sauvage, déterminée par le croisement, qu'au détestable milieu moral dans lequel ils sont généralement placés. »

J. C. NOTT (cité par P. BROCA, *Phénomènes d'hybridité dans le genre humain. Journ. de Physiologie*, 1860, III, 400) formule les propositions suivantes, fruit d'une longue et attentive étude (1842) : « Les mulâtres vivent moins longtemps que toute autre classe d'hommes. Leur intelligence est intermédiaire entre celle des blancs et celle des nègres. Ils résistent moins que les blancs et les nègres aux travaux pénibles. Les mulâtresses sont délicates et sujettes à diverses affections chroniques. Elles sont mauvaises nourrices, et sujettes à l'avortement ; généralement leurs enfants meurent jeunes. »

« Les métis, dit BOUDIN (*Bull. de la Soc. d'anthropol. de Paris*, 1er mars 1860), sont très souvent inférieurs aux deux races mères, soit en vitalité, soit en intelligence, soit en moralité. Les métis de Pondichéry fournissent une mortalité beaucoup plus considérable non seulement que les Indiens, mais encore que les Européens... Voilà pour la vitalité. A Java, les métis de Hollandais et de Malais sont tellement peu intelligents qu'on n'a jamais pu prendre parmi eux un seul fonctionnaire ni un seul employé. Tous les historiens hollandais sont d'accord sur ce point. Voilà pour l'intelligence. Les métis de nègres et d'Indiens (Zambos du Pérou et de Nicaragua) sont la pire classe de citoyens. Ils forment à eux seuls les quatre cinquièmes de la population des prisons. Voilà pour la moralité. »

Après tous ces témoignages, il paraîtra bien que, si abrutie que soit la race nègre, les produits du blanc avec la négresse (car les unions du nègre et de la blanche sont rares et inféconde en général) sont tout aussi inférieurs que les plus abrutis des nègres.

Le comte DE GOBINEAU s'exprime ainsi (1) :

« Trois grands types nettement distincts : le noir, le jaune et le blanc.

« La variété mélanienne est la plus humble et gît au bas de l'échelle.

« ... Elle ne sortira jamais du cercle intellectuel le plus restreint ; ce n'est pas, cependant, une brute pure et simple que ce nègre à front étroit et fuyant, qui porte, dans la partie moyenne de son

(1) *De l'inégalité des races humaines*, 2e édit., I, Didot, 1884, 214.

crâne, les indices de certaines énergies grossièrement puissantes. Si ses facultés pensantes sont médiocres ou même nulles, il possède dans le désir, et par suite dans la volonté, une intensité souvent terrible... Mais, dans l'avidité même de ses sensations, se trouve le cachet frappant de son infériorité. Tous les aliments lui sont bons; aucun ne le dégoûte, aucun ne le repousse. Ce qu'il souhaite, c'est manger, manger avec excès, avec fureur... A ces traits, il joint une instabilité d'humeur, une versatilité de sentiments que rien ne peut fixer, et qui annule, pour lui, la vertu comme le vice. On dirait que l'emportement même avec lequel il poursuit l'objet qui a mis sa sensibilité en vibration et enflammé sa convoitise, est un gage de prompt apaisement de l'une et du rapide oubli de l'autre. Enfin, il tient également peu à sa vie et à celle d'autrui : il tue volontiers pour tuer, et cette machine humaine, si facile à émouvoir, est, devant la souffrance, ou d'une lâcheté qui se réfugie volontiers dans la mort, ou d'une impassibilité monstrueuse.

« La race jaune se présente comme l'antithèse de ce type... Peu de vigueur physique, des dispositions à l'apathie. Au moral, aucun de ces excès étranges, si communs chez les Mélaniens. Des désirs faibles, une volonté plutôt obstinée qu'extrême, un goût perpétuel, mais tranquille, pour les jouissances matérielles; avec une rare gloutonnerie, plus de choix que les nègres dans les mets destinés à la satisfaire. En toutes choses, tendances à la médiocrité; compréhension assez facile de ce qui n'est ni trop élevé ni trop profond; amour de l'utile, respect de la règle; conscience des avantages d'une certaine idée de liberté. Les jaunes sont des gens pratiques, dans le sens étroit du mot. Ils ne rêvent pas, ne goûtent pas les théories, inventent peu, mais sont capables d'apprécier et d'adopter ce qui sert... C'est une populace et une petite bourgeoisie que tout civilisateur désirerait choisir pour base de sa société : ce n'est cependant pas de quoi créer cette société ni lui donner du nerf, de la beauté et de l'action.

« Viennent maintenant les peuples blancs. De l'énergie réfléchie, ou, pour mieux dire, une intelligence énergique : le sens de l'utile, mais, dans une signification de ce mot beaucoup plus large, plus élevée, plus courageuse, plus idéale que chez les nations jaunes; une persévérance qui se rend compte des obstacles, et trouve, à la longue, le moyen de les écarter; avec une plus grande puissance physique, un instinct extraordinaire de l'ordre... et, en même temps, un goût prononcé de la liberté, même extrême; une hostilité déclarée contre cette organisation formaliste où s'endorment, volontiers, les Chinois, aussi bien que contre le despotisme hautain, seul frein suffisant aux peuples noirs.

« L'immense supériorité des blancs dans le domaine de l'intelligence s'associe à une infériorité non moins marquée dans l'intensité des sensations. Le blanc est beaucoup moins doué que le noir et le jaune sous le rapport sensuel. Il est ainsi moins sollicité et moins absorbé par l'action corporelle, bien que sa structure soit remarquablement plus vigoureuse. »

Telles sont les opinions de GOBINEAU sur l'état mental des nègres et des jaunes. On voit qu'il ne leur accorde qu'une très médiocre place dans la hiérarchie intellectuelle des groupes humains.

Ajoutons — car cela est nécessaire — que, dans son analyse psychologique relative aux différenciations des races, le comte DE GOBINEAU ne semble pas avoir fait preuve d'une bien pénétrante perspicacité. Et cependant — on ne sait trop pourquoi — les idées de GOBINEAU ont trouvé, surtout en Allemagne, une extrême faveur (que j'ai le courage de trouver peu justifiée), encore que sur le point spécial dont il s'agit, la dégradation de la race noire, il me paraisse avoir pleinement raison.

Mon savant ami J. B. DE LACERDA, quoique dépourvu de tout préjugé contre les nègres, les juge très sévèrement aussi (1) :

« Vices de langage, vices du sang, conceptions erronées sur la vie et la mort, superstitions grossières, fétichisme, incompréhension de tout sentiment élevé d'honneur et de dignité humaine, bas sensualisme, tel est le piètre héritage que nous avons reçu de la race noire. Elle a empoisonné la source des actuelles générations, elle a énervé le corps social, avilissant le caractère des métis, et abaissant le niveau des blancs... Après l'abolition, le noir, livré à lui-même, commença par quitter les grands centres civilisés sans chercher à améliorer sa position sociale, fuyant le mouvement et le progrès auxquels il ne pouvait s'adapter. Vivant d'une existence presque sauvage, sujet à toutes les causes de destruction, sans recours suffisants pour se maintenir, réfractaire à quelque discipline que ce soit, le nègre se répand dans les régions peu peuplées et tend à disparaître de notre territoire, comme une race destinée à la vie sauvage et rebelle à toute civilisation. »

(1) *Sur les Métis au Brésil*, Paris, Devouze, 1911, 30 p. — *Commun. faite au 1er Congrès universel des Races*, 26-29 juillet 1911, Londres.

Et, comme conclusion, DE LACERDA parlant en historien, en savant, en homme politique, s'exprime ainsi :

« L'importation de la race noire au Brésil a exercé une influence néfaste sur le progrès de ce pays ; elle a retardé pour longtemps le développement matériel et rendu difficile l'emploi de ses immenses richesses naturelles. Le caractère de la population s'est ressenti des défauts et des vices de la race inférieure importée. »

Il semble bien, après de pareilles affirmations, que la conclusion générale soit l'infériorité des métis. Mais J. B. DE LACERDA n'ose pas aller tout à fait jusque-là. Il reconnaît que les métis sont inférieurs aux noirs comme force physique, et aux blancs comme intelligence. Mais il espère que peu à peu, par suite de mélanges toujours plus fréquents avec les blancs, les métis finiront par perdre leurs caractères de dégradation, et devenir *à peu près* égaux aux blancs. C'est dans ce sens, d'ailleurs, qu'avait conclu DE QUATREFAGES lorsqu'il parlait d'un retour à la race blanche par graduelle extinction des caractères du noir.

Cela est possible, voire même probable. Il n'en est pas moins vrai que la race blanche aura été contaminée par cet impur alliage. La seule justification qu'on ait jusqu'à présent trouvée au métissage, c'est que, peu à peu, les inconvénients en diminuent, grâce à l'envahissement progressif par la race supérieure.

Pour prendre une comparaison, qui paraîtra peut-être triviale, mais qui, cependant, est exactement applicable, si à un vin généreux on a mélangé un vin grossier, la boisson finira par être supportable, quand, plusieurs fois de suite, on aura ajouté au mélange des quantités croissantes du vin généreux. Ainsi à la longue finira par être masquée la saveur odieuse du vin nauséabond qui aura infecté la première liqueur.

De même une population de métis, peu pratiques en leurs affaires, sans aptitude pour la vie commerciale ni pour la vie industrielle, versatiles, avec un penchant irrésistible pour l'ostentation, et sans persévérance dans leurs entreprises, sans robustesse physique et sans force musculaire (J. B. DE LACERDA), finira par devenir presque égale à une population blanche, si plusieurs générations de blancs se mélangent à elle.

Mais, même en admettant, ce qui est douteux, que le retour intégral au type blanc soit possible, quelles terribles conséquences n'aura pas eu, pendant de longues séries d'années, cette contamination d'une noble race !

V. — LA SÉLECTION MÉTHODIQUE

CH. DARWIN (*De la variation des animaux et des plantes*, 1880, II, 188, trad. franç.) a multiplié les exemples de sélection méthodique, et il n'a pas eu de peine à établir qu'en fait de sélection on obtient, pourvu qu'on ait la patience nécessaire, à peu près *ce qu'on veut*.

Il convient d'insister quelque peu sur ces conditions nécessaires, car, en parlant de la sélection humaine, c'est à cette sélection méthodique que nous avons fait allusion, celle qui est voulue, consciente, scientifique, et qui se propose un objet nettement déterminé à l'avance.

Ce que nous rapporterons à ce sujet est emprunté en grande partie à l'admirable ouvrage de DARWIN.

YOUATT dit que le principe de la sélection permet à l'agriculteur non seulement de modifier les caractères de son troupeau, mais de les changer entièrement... WRIGHT dit que les éleveurs modernes ont beaucoup amélioré la race des courtes cornes de Ketton... La mode a influencé à diverses époques la forme et la position de l'œil. Autrefois l'œil était haut et saillant; plus tard il fut terne et enfermé... pour faire place enfin à un œil clair, saillant, au regard placide.

H. D. RICHARDSON, pour l'élevage du porc, a noté que les pattes ne devaient pas être plus longues qu'il n'est nécessaire pour empêcher le ventre de l'animal de toucher la terre... « il est inutile qu'il y en ait plus qu'il n'en faut pour soutenir le reste du corps ». Et en effet, il n'y a qu'à comparer le sanglier sauvage au porc des meilleures races actuelles pour juger de la réduction qu'ont subie les membres... Même pour un oiseau aussi peu important que le canari, on a établi des règles et fixé un type de perfection auquel tous les éleveurs de Londres ont cherché à ramener les diverses sous-variétés. Un éleveur de pigeons dit : s'il y a beaucoup d'amateurs qui recherchent ce qu'on appelle le bec de chardonneret... d'autres prennent pour modèle une grosse cerise ronde, dans laquelle ils insèrent un grain d'orge pour représenter le bec; d'autres préfèrent un grain d'avoine... mais, comme j'estime que le bec de chardonneret est le plus élégant, je conseille à l'amateur inexpérimenté de se procurer une tête de chardonneret, et de l'avoir toujours sous les yeux... Et, en effet, si différents que soient les becs du pigeon biset et du chardonneret, le but a été presque atteint.

Un éleveur anglais, le créateur de la race Bantam, sir JOHN SEBRIGHT, a même pu dire qu'en trois ans il produirait chez un oiseau une plume donnée, mais que, pour obtenir telle ou telle forme de la tête et du bec, il lui fallait six ans. SIR JOHN SEBRIGHT passe souvent deux ou trois jours à examiner cinq ou six oiseaux, à consulter ses amis et à discuter avec eux sur les qualités et les défauts de ses élèves.

Au dire de M. BAILEY, la mode a voulu que le coq espagnol eût une crête redressée, et au bout de quatre à cinq ans, tous les bons oiseaux en étaient pourvus. Puis on prescrivit, pour le coq huppé, l'absence de crêtes et de plumes de la collerette, et on l'obtint. Puis on prescrivit la barbe, et, en 1860, tous les coqs en étaient pourvus.

L'augmentation constante du poids des poulets, des dindons, des oies est très remarquable. Des canards de trois kilos sont communs actuellement; ils étaient rares. Il a fallu treize ans à M. WICKING pour donner une tête blanche au pigeon culbutant amande.

Pour les animaux mammifères, les résultats ne sont pas moins éclatants. La vitesse des chevaux de course va en croissant graduellement, et c'est par une sélection attentive et prolongée que les éleveurs ont pu arriver à produire des chevaux ayant la vitesse extraordinaire du cheval de course actuel. La vitesse des chevaux trotteurs va aussi en augmentant chaque année; chaque année ils sont capables de fournir la même course en en diminuant la durée de quelques secondes ou fractions de secondes.

DAUBENTON, ayant croisé des béliers du Roussillon avec des brebis de Bourgogne, obtint des moutons pourvus d'une laine longue de trois pouces. Mais, en choisissant ensuite pour reproducteurs pendant plusieurs générations (8) les sujets pourvus de plus longues laines, il finit par avoir des laines de 22 pouces. La toison des premiers béliers pesait 2 livres; celle de la huitième génération pesait 8 livres.

En Allemagne, pour l'élevage du mouton mérinos, chez lequel la qualité requise est la finesse de la laine, on a inventé des instruments pour mesurer l'épaisseur des fibres, et on a fini par obtenir des toisons dont douze brins de laine égalent une seule fibre de la laine d'un mouton Leicester.

C'est par une habile sélection qu'ont été obtenus les mérinos dits de Mauchamp. Chez ces moutons, le crin de laine est ondulé et soyeux. Dans les troupeaux de mérinos, de temps en temps, des individus présentent ce caractère de lainage. Or, jusque à 1829, on les écartait de la reproduction; car les agneaux de cette sorte sont malingres et chétifs. En 1829, M. Graux, à Mauchamp (Aisne), prit un de ces agneaux à laine soyeuse comme reproducteur. Les quelques individus qu'il obtint alors furent accouplés ensemble, et finalement, il y eut, après plusieurs générations successives, assez d'agneaux à laine soyeuse, pour qu'on puisse choisir parmi eux les plus vigoureux, et finalement constituer une race (de Mauchamp) remarquable par la qualité de sa laine, et la vigueur de sa constitution.

D'après Geoffroy Saint-Hilaire, les cocons de vers à soie introduits en France en 1784 avaient une proportion de 10 0/0 de cocons jaunes, de moindre valeur commerciale. Par une série de sélections, la proportion de cocons jaunes a été en diminuant, si bien qu'il n'y en a plus que 3,5 0/0.

Avec les plantes, les résultats sont plus extraordinaires peut-être qu'avec les animaux. Les fruits succulents que nous consommons sont dus à une sélection méthodique longtemps prolongée. On est arrivé progressivement à obtenir des betteraves contenant des quantités de sucre de plus en plus grandes; la betterave actuelle a trois fois plus de sucre que la betterave ancienne. Les fraises, les melons, les pêches, les poires se sont transformés dans le cours d'un demi-siècle.

Pour les fleurs, les résultats sont plus étonnants encore. A chaque exposition de fleurs, on voit apparaître des fleurs nouvelles, nouvelles par le nombre des pétales, par la richesse du coloris, par l'étrangeté et l'harmonie des formes.

Darwin a même formulé cette étonnante et curieuse proposition que les parties (des fleurs et des fruits) les plus estimées par l'homme, sont celles qui présentent les plus grandes différences. Les pois, qui sont des plantes alimentaires, ne diffèrent que par la graine, et c'est la graine qu'on recherche; les fleurs et les tiges sont à peu près les mêmes dans toutes les variétés de pois. Les nombreuses variétés de radis ne diffèrent que par la graine, et, quant aux innombrables variétés de roses, ce n'est que sur les pétales que porte la différence.

TABLE DES MATIÈRES

Pages.

NOTES ET APPENDICES

R.F. IMPRIMÉS

IMPRIMÉ

PAR

PHILIPPE RENOUARD

19, rue des Saints-Pères

PARIS

LIBRAIRIE FÉLIX ALCAN

FÉLIX ALCAN ET R. LISBONNE, ÉDITEURS

PHILOSOPHIE — HISTOIRE

CATALOGUE

DES

Livres de Fonds

On peut se procurer tous les ouvrages qui se trouvent dans ce Catalogue par l'intermédiaire des libraires de France et de l'Étranger.

On peut également les recevoir franco *par la poste, sans augmentation des prix désignés, en joignant à la demande des* TIMBRES-POSTE FRANÇAIS *ou un* MANDAT *sur Paris.*

108, BOULEVARD SAINT-GERMAIN 108

Les titres précédés d'un *astérisque* (*) sont recommandés par le Ministère de l'Instruction publique pour les Bibliothèques des élèves et des professeurs et pour les distributions de prix des lycées et collèges.

BIBLIOTHÈQUE
DE PHILOSOPHIE CONTEMPORAINE

La *psychologie*, avec ses auxiliaires indispensables, l'*anatomie* et la *physiologie du système nerveux*, la *pathologie mentale*, la *psychologie des races inférieures et des animaux*, les *recherches expérimentales des laboratoires*; — la *logique*; — les *théories générales fondées sur les découvertes scientifiques*; — l'*esthétique*; — les *hypothèses métaphysiques*; — la *criminologie* et la *sociologie*; l'*histoire des principales théories philosophiques*; tels sont les principaux sujets traités dans cette bibliothèque. — Le catalogue spécial à cette collection, par ordre de matières, sera envoyé sur demande.

VOLUMES IN-16, BROCHÉS, A 2 FR. 50
Ouvrages parus en 1910, 1911 et 1912 :

BALDWIN (J.-M.), correspondant de l'Institut. * **Le Darwinisme dans les sciences morales.** Traduit par G.-L. Duprat, docteur ès lettres. 1910.
BAUER (A.). **La conscience collective et la morale.** (*Cour. par l'Institut.*) 1912.
BOHN (G.), directeur du laboratoire de biologie et psychologie comparée à l'École des Hautes-Études. * **La Nouvelle Psychologie animale.** (*Couronné par l'Institut.*) 1911.
BOURDEAU (J.). **La philosophie affective.** 1912.
DUGAS (L.), docteur ès lettres et MOUTIER (Dr F.). **La Dépersonnalisation.** 1911.
DUNAN (Ch.), professeur au collège Rollin. **Les Deux Idéalismes.** 1910.
EMERSON. **Essais choisis.** Traduits par Mlle Mirabaud-Thorens. Préface de H. Lichtenberger, professeur adjoint à la Sorbonne. 1912.
EUCKEN (R.), professeur à l'Université d'Iéna. **Le Sens et la valeur de la vie.** Traduit par M.-A. Hullet et A. Leicht. Avant-propos de H. Bergson, de l'Institut. 1912.
HÖFFDING (H.), prof. à l'Univ. de Copenhague. **Jean-Jacques Rousseau et sa philosophie.** Traduit et précédé d'une préface par J. de Coussange. 1912.
JOUSSAIN (A.). **Romantisme et religion.** 1910. (*Récompensé par l'Institut.*)
— **Esquisse d'une philosophie de la nature.** 1912.
KOSTYLEFF (N.). * **La Crise de la psychologie expérimentale.** 1910.
LAHY (J.-M.), chef des travaux à l'École pratique des Hautes-Études. * **La Morale de Jésus.** *Sa part d'influence dans la morale actuelle.* 1911.
LE DANTEC (F.), chargé du Cours de biologie générale à la Sorbonne. **Le Chaos et l'harmonie universelle.** *Discussion de quelques théories sur la formation des espèces.*
LEROY (E.). **Une philosophie nouvelle.** *Henri Bergson.* 1912.
LICHTENBERGER (E.), professeur honoraire à la Sorbonne. * **Le Faust de Gœthe.** *Essai de critique impersonnelle.* 1911.
MENDOUSSE (P.), docteur ès lettres, professeur au lycée de Digne. * **Du Dressage à l'Éducation.** 1910.
OSTWALD (W.), professeur à l'Université de Leipzig. **Esquisse d'une philosophie des sciences.** Traduit par M. Dorolle, agrégé de philosophie. 1911.
PARISOT (E.) et MARTIN (E.), professeurs de philosophie. **Les Postulats de la Pédagogie.** Préface de G. Compayré, de l'Institut (*Récompensé par l'Institut*). 1911.
PAULHAN (Fr.), Corresp. de l'Institut. * **La Logique de la contradiction.** 1910.
PÉLADAN. **La Philosophie de Léonard de Vinci.** 1910.
PHILIPPE (Dr J.) et PAUL-BONCOUR (Dr G.). * **L'Éducation des anormaux.** 1910.
QUEYRAT (Fr.). * **La Curiosité.** *Étude de psych. appliquée.* 1910. (*Récompensé par l'Institut.*)
ROBERTY (E. de). **Les concepts de la raison et les lois de l'univers.** 1912.
ROGUES DE FURSAC (J.). * **L'Avarice.** *Essai de psychologie morbide.* 1911.
SCHOPENHAUER. * **Philosophie et science de la nature.** 1911. (*Parerga et Paralipomena.*)
— **Fragments sur l'histoire de la philosophie.** Trad. A. Dietrich. 1912. id.
— **Essai sur les apparitions et opuscules divers.** Trad. A. Dietrich. 1912. id.
SEGOND (J.), docteur ès lettres. * **Cournot et la psychologie vitaliste.** 1910.
SEILLIÈRE (E.). **Introduction à la philosophie de l'impérialisme.** 1910.
SIMIAND (F.), agrégé de philosophie, docteur en droit. **La Méthode positive en science économique.** 1912.
SOLLIER (P.). * **Morale et moralité.** *Essai sur l'intuition morale.* 1912.
WINTER (M.). * **La Méthode dans la philosophie des mathématiques.** 1911.

Précédemment publiés :

ALAUX (V.). **La Philosophie de Victor Cousin.**
ALLIER (R.). * **La Philosophie d'Ernest Renan.** 2e édit. 1903.
ARRÉAT (L.). * **La Morale dans le drame, l'épopée et le roman.** 3e édit.
— * **Mémoire et imagination** (Peintres, musiciens, poètes, orateurs). 2e édit.
— **Les Croyances de demain.** 1898.

VOLUMES IN-16 A 2 FR. 50

ARRÉAT (L.). **Dix Ans de philosophie.** 1900.
— **Le Sentiment religieux en France.** 1903.
— **Art et psychologie individuelle.** 1906.
ASLAN (G.), docteur ès lettres. **L'Expérience et l'invention en morale.** 1908.
AVEBURY (Lord) (Sir JOHN LUBBOCK). **Paix et bonheur.** Trad. A. MONOD. (V. p. 4.)
BALLET (G.), professeur à la Faculté de médecine de Paris. **Le Langage intérieur et les diverses formes de l'aphasie.** 2e édit.
BAYET (A.). **La Morale scientifique.** 2e édit. 1906.
BEAUSSIRE, de l'Institut. * **Antécédents de l'hégélianisme dans la philosophie française.**
BERGSON (H.), de l'Institut, professeur au Collège de France. * **Le Rire.** Essai sur la signification du comique. 9e édit. 1912.
BINET (A.), directeur du laboratoire de psychologie physiologique de la Sorbonne. **La Psychologie du raisonnement**, expériences par l'hypnotisme. 5e édit. 1911.
BLONDEL (H.). **Les Approximations de la vérité.** 1900.
BOS (C.), docteur en philosophie. * **Psychologie de la croyance.** 2e édit. 1905.
— * **Pessimisme, Féminisme, Moralisme.** 1907.
BOUCHER (M.). **L'Hyperespace, le temps, la matière et l'énergie.** 2e édit. 1905.
BOUGLÉ (C.), chargé de cours à la Sorbonne. **Les Sciences sociales en Allemagne.** 3e édit. revue, 1912.
— * **Qu'est-ce que la Sociologie?** 2e édit. 1910.
BOURDEAU (J.). **Les Maîtres de la pensée contemporaine.** 6e édit. 1910.
— **Socialistes et sociologues.** 2e édit. 1907.
— **Pragmatisme et modernisme.** 1909.
BOUTROUX, de l'Institut. * **De la Contingence des lois de la nature.** 6e édit. 1908.
BRUNSCHVICG (L.), docteur ès lettres, professeur au Lycée Henri IV. * **Introduction à la vie de l'esprit.** 3e édit. 1911.
— * **L'idéalisme contemporain.** 1905.
COIGNET (C.). **L'Évolution du protestantisme français au XIXe siècle.** 1907.
COMPAYRÉ (G.), de l'Institut. * **L'Adolescence.** *Étude de psychologie et de pédagogie.* 2e éd.
COSTE (Ad.). **Dieu et l'âme.** 2e édit. précédée d'une préface par R. WORMS. 1903.
CRAMAUSSEL (Ed.), docteur ès lettres. * **Le premier Éveil intellectuel de l'enfant.** 1909. 2e éd.
CRESSON (A.), prof. au lycée St-Louis. **La Morale de Kant.** 2e édit. (*Couronné par l'Institut.*)
— **Le Malaise de la pensée philosophique.** 1905.
— * **Les Bases de la philosophie naturaliste.** 1907.
DANVILLE (Gaston). **Psychologie de l'amour.** 5e édit. 1910.
DAURIAC (L.). **La Psychologie dans l'Opéra français** (Auber, Rossini, Meyerbeer).
DELVOLVÉ (J.), professeur-adjoint à l'Univ. de Montpellier. * **L'Organisation de la conscience morale.** *Esquisse d'un art moral positif.* 1906.
— * **Rationalisme et tradition.** *Recherche des conditions d'efficacité d'une morale laïque.* 2e édit. revue. 1911.
DROMARD (G.). **Les Mensonges de la Vie intérieure.** 1909.
DUGAS, docteur ès lettres. * **Le Psittacisme et la pensée symbolique.** 1896.
— **La Timidité.** 5e édit. augmentée, 1910.
— **Psychologie du rire.** 2e édit. 1910.
— **L'Absolu.** 1904.
DUGUIT (L.), prof. à la Faculté de droit de Bordeaux. **Le Droit social, le droit individuel et la transformation de l'État.** 2e édition, 1911.
DUMAS (G.), professeur adjoint à la Sorbonne. * **Le Sourire,** avec 19 figures. 1906.
DUNAN, docteur ès lettres. **La Théorie psychologique de l'Espace.**
DUPRAT (G.-L.), docteur ès lettres. **Les Causes sociales de la Folie.** 1900.
— **Le Mensonge.** *Étude psychologique.* 2e édit. revue. 1909.
DURKHEIM (Émile), professeur à la Sorbonne. * **Les Règles de la méthode sociologique.** 6e édit. 1912.
EICHTHAL (E. D'), de l'Institut. **Pages sociales.** 1909.
ENCAUSSE (Papus). **L'Occultisme et le spiritualisme.** 3e édit. 1911.
ESPINAS (A.), de l'Institut. * **La Philosophie expérimentale en Italie.**
FAIVRE (E.). **De la Variabilité des espèces.**
FÉRÉ (Dr Ch.). **Sensation et Mouvement.** Étude de psycho-mécanique, avec fig. 2e éd.
— **Dégénérescence et Criminalité,** avec figures. 4e édit. 1907.
FERRI (E.). * **Les Criminels dans l'Art et la Littérature.** 3e édit. 1908.
FIERENS-GEVAERT. **Essai sur l'Art contemporain.** 2e éd. 1903. (*Cour. par l'Acad. franç.*)
— **La Tristesse contemporaine,** 5e édit. 1908. (*Couronné par l'Institut.*)
— * **Psychologie d'une ville.** *Essai sur Bruges.* 3e édit. 1908.
— **Nouveaux Essais sur l'Art contemporain.** 1903.
FLEURY (Maurice de), de l'Académie de médecine. **L'Ame du criminel.** 2e édit. 1907.
FONSEGRIVE, professeur au lycée Buffon. **La Causalité efficiente.** 1893.
FOUILLÉE (A.), de l'Institut. **La propriété sociale et la démocratie.** 4e édit. 1909.
FOURNIÈRE (E.). Prof. au Conserv. des Arts et Métiers. **Essai sur l'individualisme.** 2e édit. 1908.
GAUCKLER. **Le Beau et son histoire.**
GELEY (Dr G.). * **L'être subconscient.** 3e édit. 1911.
GIROD (J.), agrégé de philosophie. * **Démocratie, patrie, humanité.** 1909.
GOBLOT (E.), professeur à l'Université de Lyon. **Justice et liberté.** 2e éd. 1907.
GODFERNAUX (A.), docteur ès lettres. **Le Sentiment et la Pensée.** 2e éd. 1906.

GRASSET (J.), professeur à la Faculté de Médecine de Montpellier. **Les Limites de la biologie.** 6e édit. 1909. Préface de Paul Bourget, de l'Académie française.

GREEF (de), prof. à l'Univ. nouv. de Bruxelles. **Les Lois sociologiques.** 4e édit. revue. 1908.

GUYAU. * **La Genèse de l'idée de temps.** 2e édit. 1902.

HARTMANN (E. de). **La Religion de l'avenir.** 7e édit. 1908.

— **Le Darwinisme, ce qu'il y a de vrai et de faux dans cette doctrine.** 9e édit.

HERBERT SPENCER. * **Classification des sciences.** 9e édit. 1909.

— **L'Individu contre l'État.** 8e édit. 1908.

HERCKENRATH (C.-R.-C.). **Problèmes d'Esthétique et de Morale.** 1897.

JAELL (Mme) **L'Intelligence et le rythme dans les mouvements artistiques.**

JAMES (W.). **La Théorie de l'émotion,** préface de G. Dumas. 3e édit. 1910.

JANET (Paul), de l'Institut. * **La Philosophie de Lamennais.**

JANKELEVITCH (Dr). * **Nature et Société.** *Essai d'une application du point de vue finaliste aux phénomènes sociaux.* 1906.

JOUSSAIN (A.). **Le Fondement psychologique de la morale.** 1909.

LACHELIER (J.), de l'Institut. **Du fondement de l'induction.** 6e édit. 1911.

— * **Études sur le syllogisme,** suivies de l'observation de Platner et d'une note sur le « Philèbe ». 1907.

LAISANT (C.). **L'Éducation fondée sur la science.** Préface de A. Naquet. 3e éd. 1911.

LAMPÉRIÈRE (Mme A.). * **Le Rôle social de la femme,** son éducation. 1898.

LANDRY (A.), docteur ès lettres. **La Responsabilité pénale.** 1902.

LANGE, professeur à l'Université de Copenhague. * **Les Émotions,** étude psycho-physiologique. traduit par G. Dumas. 4e édit. 1911.

LAPIE (P.). recteur de l'Académie de Toulouse. **La Justice par l'État.** 1899.

LAUGEL (Auguste). **L'Optique et les Arts.**

LE BON (Dr Gustave). * **Lois psychologiques de l'évolution des peuples.** 10e édit. 1911.

— * **Psychologie des foules.** 17e édit. revue. 1912.

LE DANTEC (F.), chargé du cours de biologie générale à la Sorbonne. **Le Déterminisme biologique et la Personnalité consciente.** 4e édit. 1912.

— * **L'Individualité et l'Erreur individualiste.** 3e édit. 1911.

— * **Lamarckiens et Darwiniens,** *discussion de quelques théories sur la formation des espèces.* 4e édit. 1912.

LEFEVRE (G.), professeur à l'Univ. de Lille. **Obligation morale et idéalisme.** 1895.

LIARD, de l'Inst., vice-recteur de l'Acad. de Paris. * **Les Logiciens anglais contemp.** 5e éd.

— **Des Définitions géométriques et des définitions empiriques.** 3e édit.

LICHTENBERGER (Henri), professeur-adjoint à la Sorbonne. * **La Philosophie de Nietzsche,** 13e édit. 1912.

— * **Friedrich Nietzsche. Aphorismes et fragments choisis.** 5e édit. 1911.

LODGE (Sir Olivier). * **La Vie et la Matière.** Trad. J. Maxwell. 2e édit. 1909.

LUBBOCK (Sir John). * **Le Bonheur de vivre.** 2 volumes. 11e édit. 1909.

— * **L'Emploi de la vie.** 8e éd. 1911.

LYON (Georges), recteur de l'Académie de Lille. * **La Philosophie de Hobbes.**

MARGUERY (E.). **L'Œuvre d'art et l'évolution.** 2e édit. 1905.

MAUXION (M.), prof. à l'Univ. de Poitiers. * **L'Éducation par l'instruction.** *Herbart.*

— * **Essai sur les éléments et l'évolution de la moralité.** 1904.

MILHAUD (G.), professeur à la Sorbonne. * **Le Rationnel.** 1898.

— * **Essai sur les conditions et les limites de la Certitude logique.** 3e édit. 1912.

MOSSO, prof. à l'Univ. de Turin. * **La Peur.** Étude psycho-physiologique (avec figures). 4e édit. revue. 1908.

— * **La Fatigue intellectuelle et physique.** Trad. Langlois. 6e édit. 1908.

MURISIER (E.). * **Les Maladies du sentiment religieux.** 3e édit. 1909.

NAVILLE (A.), prof. à l'Univ. de Genève. **Nouvelle Classification des sciences.** 2e édit. 1901.

NORDAU (Max). **Paradoxes psychologiques.** Trad. Dietrich. 7e édit. 1911.

— **Paradoxes sociologiques.** Trad. Dietrich. 6e édit. 1910.

— * **Psycho-physiologie du Génie et du Talent.** Trad. Dietrich. 5e édit. 1911

NOVICOW (J.). **L'Avenir de la Race blanche.** 2e édit. 1903.

OSSIP-LOURIÉ, docteur ès lettres, professeur à l'Université nouvelle de Bruxelles. **Pensées de Tolstoï.** 3e édit. 1910.

— * **Nouvelles Pensées de Tolstoï.** 1903.

— * **La Philosophie de Tolstoï.** 3e édit. 1908.

— * **La Philosophie sociale dans le théâtre d'Ibsen.** 2e édit. 1910.

— **Le Bonheur et l'Intelligence.** 1904.

— **Croyance religieuse et croyance intellectuelle.** 1908.

PALANTE (G.), agrégé de philosophie. **Précis de sociologie.** 5e édit. 1912.

— * **La Sensibilité individualiste.** 1909.

PARODI (D.), professeur au lycée Michelet. **Le Problème moral et la pensée contemporaine.** 1909.

PAULHAN (Fr.), correspondant de l'Institut. **Les Phénomènes affectifs et les lois de leur apparition.** 3e éd. 1912.

— * **Psychologie de l'invention.** 2e édit. 1911.

— * **Analystes et esprits synthétiques.** 1903.

— * **La Fonction de la mémoire et le souvenir affectif.** 1904.

— **La Morale de l'ironie.** 1909.

PHILIPPE (J.). * **L'Image mentale,** avec fig. 1903.

PHILIPPE (Dr J.) et PAUL-BONCOUR (Dr G.). **Les Anomalies mentales chez les écoliers.** (*Ouvrage couronné par l'Institut.*) 2e éd. 1907.

PILLON (F.), lauréat de l'Institut. * **La Philosophie de Ch. Secrétan.** 1898.

PIOGER (Dr Julien). **Le Monde physique,** essai de conception expérimentale. 1893.

PROAL (Louis), conseiller à la Cour d'appel de Paris. **L'Éducation et le suicide des enfants.** Étude psychologique et sociologique. 1907.

QUEYRAT, prof. de l'Univ. * **L'Imagination et ses variétés chez l'enfant.** 4e édition. 1908.

— * **L'Abstraction,** son rôle dans l'éducation intellectuelle. 2e édit. revue. 1907.

— * **Les Caractères et l'éducation morale.** 4e éd. 1911.

— * **La Logique chez l'enfant et sa culture.** 4e édition, revue. 1911.

— * **Les Jeux des enfants.** 3e édit. 1911.

(*Les cinq volumes ci-dessus ont été récompensés par l'Institut.*)

RAGEOT (G.), agrégé de philosophie. **Les Savants et la philosophie.** 1907.

REGNAUD (P.), professeur à l'Université de Lyon. **Logique évolutionniste.** 1897.

— **Comment naissent les mythes.** 1897.

RENARD (Georges), prof. au Collège de France. **Le Régime socialiste.** 6e éd. 1907.

RÉVILLE (A.). **Histoire du Dogme de la Divinité de Jésus-Christ.** 4e édit. 1907.

REY (A.), chargé de cours à l'Université de Dijon. * **L'Energétique et le Mécanisme.** 1907.

RIBOT (Th.), de l'Institut, professeur honoraire au Collège de France, directeur de la *Revue philosophique.* **La Philosophie de Schopenhauer.** 12e édition.

— * **Les Maladies de la mémoire.** 22e édit. 1911.

— * **Les Maladies de la volonté.** 27e édit. 1912.

— * **Les Maladies de la personnalité.** 15e édit. 1911.

— * **La Psychologie de l'attention.** 11e édit. 1910.

— **Problèmes de psychologie affective.** 1909.

RICHARD (G.), professeur à l'Univ. de Bordeaux. * **Socialisme et Science sociale.** 3e édit.

RICHET (Ch.), prof. à l'Univ. de Paris. **Essai de psychologie générale.** 9e édit. 1912.

ROBERTY (E. de). **L'Agnosticisme.** *Essai sur quelques théories pessimistes de la connaissance.* 3e édit. 1893.

— **La Recherche de l'Unité.** 1893.

— **Le Psychisme social.** 1896.

— **Les Fondements de l'Éthique.** 1898.

— **Constitution de l'Éthique.** 1901.

— **Frédéric Nietzsche.** 3e édit. 1903.

ROEHRICH (E.). * **L'attention spontanée et volontaire.** *Son fonctionnement, ses lois, son emploi dans la vie pratique.* (*Récompensé par l'Institut.*) 1907.

ROGUES DE FURSAC (J.). **Un Mouvement mystique contemporain.** *Le réveil religieux au Pays de Galles* (1904-1905). 1907.

ROISEL. **De la Substance.**

— **L'Idée spiritualiste.** 2e édit. 1901.

ROUSSEL-DESPIERRES. **L'Idéal esthétique.** *Philosophie de la Beauté.* 1904.

RZEWUSKI (S.). **L'Optimisme de Schopenhauer.** 1908.

SCHOPENHAUER. * **Le Fondement de la morale.** Trad. par A. Burdeau. 10e édit.

— * **Le Libre Arbitre.** Trad. par M. Salomon Reinach, de l'Institut. 11e édit. 1909.

— **Pensées et Fragments,** avec intr. par M. J. Bourdeau. 25e édit. 1911.

— * **Écrivains et Style.** Traduct. Dietrich. 2e édit. 1908. (*Parerga et Paralipomena*).

— * **Sur la Religion.** Traduct. Dietrich. 2e édit. 1908. id.

— * **Philosophie et Philosophes.** Trad. Dietrich, 1907. id.

— * **Ethique, droit et politique.** Traduct. Dietrich. 1908. id.

— **Métaphysique et esthétique.** Traduct. Dietrich. 1909. id.

SOLLIER (Dr P.). **Les Phénomènes d'autoscopie,** avec fig. 1903.

— * **Essai critique et théorique sur l'Association en psychologie.** 1907.

SOURIAU (P.), professeur à l'Université de Nancy. * **La Rêverie esthétique.** 1906.

STUART MILL. * **Auguste Comte et la Philosophie positive.** 8e édit. 1907.

— * **L'Utilitarisme.** 7e édit. 1911.

— **Correspondance inédite avec Gust. d'Eichthal** (1828-1842) — (1864-1871).

SULLY PRUDHOMME, de l'Académie française. * **Psychologie du libre arbitre** suivie de *Définitions fondamentales des idées les plus générales et des idées les plus abstraites.* 2e éd.

— et Ch. RICHET. **Le Problème des causes finales.** 4e édit. 1907.

SWIFT. **L'Éternel Conflit.** 1907.

TANON (L.). * **L'Évolution du Droit et la Conscience sociale.** 3e édit. revue, 1911.

TARDE, de l'Institut. **La Criminalité comparée.** 7e édit. 1910.

— * **Les Transformations du Droit.** 7e édit. 1912.

— * **Les Lois sociales.** 6e édit. 1910.

TAUSSAT (J.). **Le Monisme et l'Animisme.** 1908.

THAMIN (R.), recteur de l'Acad. de Bordeaux. * **Éducation et Positivisme.** 3e édit. 1910.

THOMAS (P. Félix), docteur ès lettres. * **La Suggestion,** son rôle dans l'éducation. 4e édit. 1907

— * **Morale et Éducation,** 3e édit. 1911.

WUNDT. **Hypnotisme et Suggestion.** Étude critique. Trad. Keller. 5e édit. 1910.

ZELLER. **Christian Baur et l'École de Tubingue.** Trad. Ritter.

ZIEGLER. **La Question sociale est une Question morale.** Trad. Palante. 4e édit. 1911.

BIBLIOTHÈQUE

DE PHILOSOPHIE CONTEMPORAINE

VOLUMES IN-8, BROCHÉS

à 3 fr. 75, 5 fr., 7 fr. 50, 10 fr., 12 fr. 50 et 15 fr.

Ouvrages parus en 1910, 1911 et 1912 :

BASCH (V.), chargé de cours à la Sorbonne. *La Poétique de Schiller. *Essai d'esthétique littéraire.* 2e édition revue. 1911 .... 7 fr. 50

BERR (H.), directeur de la *Revue de synthèse historique.* La Synthèse en histoire. *Essai critique et théorique.* 1911 .... 5 fr.

BERTHELOT (R.), membre de l'Académie de Belgique. Un Romantisme utilitaire. *Étude sur le mouvement pragmatiste. Le pragmatisme chez Nietzsche et chez Poincaré.* 1911 .... 7 fr. 50

BROCHARD (V.), de l'Institut. Études de philosophie ancienne et de philosophie moderne. Recueillies et précédées d'une introduction, par V. Delbos, de l'Institut, professeur à la Sorbonne. 1912 .... 10 fr.

BRUGEILLES (R.), juge suppléant au tribunal civil de Bordeaux. Le droit et la sociologie. 1910 .... 3 fr. 75

BRUNSCHVICG (L.), docteur ès lettres, professeur au lycée Henri-IV. Les Étapes de la philosophie mathématique. 1912 .... 10 fr.

CELLERIER (L.) * Esquisse d'une science pédagogique. *Les faits et les lois de l'éducation.* (*Récompensé par l'Institut.*) 1910 .... 7 fr. 50

CROCE (B.). * La Philosophie de la pratique. *Économie et esthétique.* Traduit par H. Buriot et le Dr Jankélévitch. 1911 .... 7 fr. 50

DARBON (A.), docteur ès lettres. L'Explication mécanique et le nominalisme. 1910. 3 fr. 75

DAVID (Alexandra), professeur à l'Université nouvelle de Bruxelles. * Le Modernisme bouddhiste et le bouddhisme du bouddha. 1911 .... 5 fr.

DROMARD (G.). * Essai sur la sincérité. 1910 .... 5 fr.

DUBOIS (J.), docteur en philosophie. Le Problème pédagogique. *Essai sur la position du problème et la recherche de ses solutions.* 1910 .... 7 fr. 50

DUGAS (L.), docteur ès lettres. * L'Éducation du caractère. 1912 .... 5 fr.

DUPRÉ (Dr E.) et NATHAN (Dr M.). Le langage musical. *Étude médico-psychologique.* Préface de Ch. Malherbe, bibliothécaire de l'Opéra. 1911 .... 3 fr. 75

DUPRÉEL (E.), prof. à l'Université de Bruxelles. Le rapport social. *Essai sur l'objet et la méthode de la Sociologie.* 1912 .... 5 fr.

DURKHEIM (E.), professeur à la Sorbonne. L'Année sociologique. Tome XI (1906-1909). 1910 .... 15 fr.

— Les formes élémentaires de la vie religieuse. *Le système totémique en Australie*, avec 1 carte. (Travaux de l'*Année Sociologique.*) 1912 .... 10 fr.

EUCKEN (R.), professeur à l'Université d'Iéna. *Les grands Courants de la pensée contemporaine. Trad. H. Buriot et G.-H. Luquet. Avant-propos de E. Boutroux, de l'Institut. 2e édit. 1912 .... 10 fr.

FINOT (J.). Préjugé et problème des sexes. 3e édit. 1912 .... 5 fr.

FOUILLÉE (A.), de l'Institut. * La Démocratie politique et sociale en France. 2e édition. 1910 .... 3 fr. 75

— * La Pensée et les nouvelles écoles anti-intellectualistes. 2e édit. 1911 .... 7 fr. 50

GOURD (J.-J.). Philosophie de la Religion. Préface de E. Boutroux, de l'Institut. 1910 .... 5 fr.

HAMELIN (O.), chargé de Cours à la Sorbonne. * Le Système de Descartes, publié par L. Robin, chargé de Cours à l'Université de Caen. Préface de E. Durkheim, professeur à la Sorbonne. 1910 .... 7 fr. 50

HOFFDING (H.), prof. à l'Univ. de Copenhague. La Pensée humaine. *Ses formes, ses problèmes.* Trad. par J. de Coussange. Avant-propos de E. Boutroux, de l'Institut. 1911. 7 fr. 50

JEUDON (L.), professeur au collège de Vannes. La Morale de l'honneur. 1911 .... 5 fr.

LE DANTEC (F.), chargé du cours de biologie générale à la Sorbonne. Contre la Métaphysique. *Questions de méthode.* 1912 .... 3 fr. 50

LODGE (Sir O.). La survivance humaine. *Étude de facultés non encore reconnues.* Trad. du Dr H. Bourbon. Préface de J. Maxwell. 1912 .... 5 fr.

MARCERON (A.), prof. au Collège de Libourne. La morale par l'État. 1912 .... 5 fr.

MÉNARD (A.), docteur ès lettres. Analyse et critique des principes de la psychologie de W. James. 1910 .... 7 fr. 50

MENDOUSSE (P.), docteur ès lettres, professeur au lycée de Digne. * L'Ame de l'adolescent. 2e édit. 1911 .... 5 fr.

MORTON PRINCE, professeur de pathologie du système nerveux à l'École de médecine de « Tufts collège. ». La Dissociation d'une personnalité. *Étude biographique de psychologie pathologique.* Traduit par R. Ray et J. Ray. 1911 .... 10 fr.

NOVICOW (J.). La Morale et l'intérêt dans les rapports individuels et internationaux 1912 .... 5 fr.

OSSIP-LOURIÉ, prof. à l'Université nouvelle de Bruxelles. Le langage et la verbomanie. *Essai de psychologie morbide.* 1912 .... 5 fr.

Philosophie allemande au XIXe siècle (La), par MM. Ch. Andler, V. Basch, J. Benrubi, C. Bouglé, V. Delbos, G. Dwelshauvers, B. Groethuysen, H. Norero. 1912 .... 5 fr.

PILLON (F.), lauréat de l'Institut. L'Année philosophique. 22e année, 1911 .... 5 fr.

VOLUMES IN-8

Suite des ouvrages parus en 1910, 1911 et 1912.

RAUH (F.), professeur-adjoint à la Sorbonne. * **Études de morale**, recueillies et publiées par H. DAUDIN, M. DAVID, G. DAVY, H. FRANCK, R. HERTZ, G. HUBERT, J. LAPORTE, R. LE SENNE, H. WALLON. 1911 .... 10 fr.
RÉMOND (A.), professeur à l'Université de Toulouse et VOIVENEL (P.). **Le Génie littéraire**. 1912 .... 5 fr.
RIGNANO (E.). **Essai de synthèse scientifique**. 1912 .... 5 fr.
ROEHRICH (E.). * **Philosophie de l'éducation**. *Essai de pédagogie générale*. (*Récompensé par l'Institut*). 1910 .... 5 fr.
ROUSSEL-DESPIERRES (Fr.). **La hiérarchie des principes et des problèmes sociaux**. 1912 .... 5 fr.
SEGOND (J.), agrégé de philosophie, docteur ès lettres. * **La Prière**. *Essai de psychologie religieuse* (*Couronné par l'Académie française*). 1910 .... 7 fr. 50
SIMMEL (G.), professeur à l'Université de Berlin. **Mélanges de philosophie relativiste**. *Contribution à la culture philosophique*. Trad. par Mlle GUILLAIN. 1912 .... 5 fr.
TASSY (E.). **Le Travail d'idéation**. *Hypothèses sur les réactions centrales dans les phénomènes mentaux*. 1911 .... 5 fr.
TERRAILLON (E.), docteur ès lettres, professeur au lycée de Carcassonne. **L'honneur**. *Sentiment et principe moral*. 1912 .... 5 fr.
URTIN (H.), avocat, docteur ès lettres. **L'Action criminelle**. *Étude de philosophie pratique*. 1911 .... 5 fr.
WILBOIS (J.). **Devoir et durée**. *Essai de morale sociale*. 1912 .... 7 fr. 50

Précédemment publiés :

ADAM, recteur de l'Académie de Nancy. * **La Philosophie en France** (première moitié du XIXe siècle) .... 7 fr. 50
ARREAT. * **Psychologie du Peintre** .... 5 fr.
AUBRY (Dr P.). **La Contagion du Meurtre**. 3e édit. 1896 .... 5 fr.
BAIN (Alex.). **La Logique inductive et déductive**. Trad. Compayré. 5e édit. 2 vol .... 20 fr.
BALDWIN (Mark), professeur à l'Université de Princeton (États-Unis). **Le Développement mental chez l'Enfant et dans la Race**. Trad. Nourry. 1897 .... 7 fr. 50
BARDOUX (J.). * **Essai d'une Psychologie de l'Angleterre contemporaine**. *Les crises belliqueuses*. (*Couronné par l'Académie française*.) 1906 .... 7 fr. 50
— **Essai d'une Psychologie de l'Angleterre contemporaine**. *Les crises politiques. Protectionnisme et Radicalisme*. 1907 .... 5 fr.
BARTHÉLEMY-SAINT-HILAIRE, de l'Institut. **La Philosophie dans ses Rapports avec les Sciences et la Religion** .... 5 fr.
BARZELOTTI, prof. à l'Univ. de Rome. * **La Philosophie de H. Taine**. 1900 .... 7 fr. 50
BAYET (A.). **L'Idée de Bien**. Essai sur le principe de l'art moral rationnel. 1908 .. 3 fr. 75
BAZAILLAS (A.), docteur ès lettres, prof. au lycée Condorcet. * **La Vie personnelle**. 1905. 5 fr.
— **Musique et Inconscience**. *Introduction à la psychologie de l'inconscient*. 1907 .... 5 fr.
BELOT (G.), insp. de l'Académie de Paris. **Études de Morale positive**. (*Récompensé par l'Institut*.) 1907 .... 7 fr. 50
BERGSON (H.), de l'Institut. * **Matière et Mémoire**. *Essai sur la relation du corps à l'esprit*. 8e édit. 1912 .... 5 fr.
— **Essai sur les données immédiates de la conscience**. 10e édit. 1912 .... 3 fr. 75
— * **L'Évolution créatrice**. 12e édit. 1913 .... 7 fr. 50
BERTHELOT (R.), membre de l'Académie de Belgique. * **Évolutionnisme et Platonisme**. 1908 .... 5 fr.
BERTRAND, prof. à l'Université de Lyon. * **L'Enseignement intégral**. 1898 .... 5 fr.
— **Les Études dans la démocratie**. 1900 .... 5 fr.
BINET (A.). * **Les Révélations de l'écriture**, avec 67 grav .... 5 fr.
BLOCH (L.), docteur ès lettres, agrégé de philos. * **La Philosophie de Newton**. 1908. 10 fr.
BOEX-BOREL (J.-H. ROSNY aîné). **Le Pluralisme**. 1909 .... 5 fr.
BOIRAC (Émile), recteur de l'Académie de Dijon. * **L'Idée du Phénomène** .... 5 fr.
— * **La Psychologie inconnue**. *Introduction et contribution à l'étude expérimentale des sciences psychiques*. 2e édit. revue. 1912 (*Récompensé par l'Institut*.) .... 5 fr.
BOUGLÉ, chargé de cours à la Sorbonne. * **Les Idées égalitaires**. 2e édit. 1908 ... 3 fr. 75
— **Essais sur le Régime des Castes**. (*Travaux de l'*Année sociologique *publiés sous la direction de M. Émile Durkheim*.) 1908 .... 5 fr.
BOURDEAU (L.). **Le Problème de la mort**. 4e édit. 1904 .... 5 fr.
— **Le Problème de la vie**. 1901 .... 7 fr. 50
BOURDON, prof. à l'Univ. de Rennes. * **L'Expression des émotions** .... 7 fr. 50
BOUTROUX (E.), de l'Institut. **Études d'histoire de la philosophie**. 3e édit. 1908. 7 fr. 50
BRAUNSCHVIG, docteur ès lettres. **Le Sentiment du beau et le sentiment poétique**. 1904 .... 3 fr. 75
BRAY (L.). **Du Beau**. 1902 .... 5 fr.
BROCHARD (V.), de l'Institut. **De l'Erreur**. 2e édit. 1897 .... 5 fr.
BRUNSCHVICG (L.), docteur ès lettres, professeur au lycée Henri-IV. **La Modalité du jugement** .... 5 fr.
— * **Spinoza**. 2e édit. 1906 .... 3 fr. 75
CARRAU (Ludovic), prof. à la Sorbonne. **Philosophie religieuse en Angleterre** .... 5 fr.
CHABOT (Ch.), prof. à l'Univ. de Lyon. * **Nature et Moralité**. 1897 .... 5 fr.
CHIDE (A.), agrégé de philosophie. * **Le Mobilisme moderne**. 1908 .... 5 fr.
CLAY (R.). * **L'Alternative**, *Contribution à la Psychologie*. 2e édit .... 10 fr.
COLLINS (Howard). * **La Philosophie de Herbert Spencer**. 5e édit. 1911 .... 10 fr.
COSENTINI (F.). **La Sociologie génétique**. *Pensée et vie sociale préhist*. 1905 ... 3 fr. 75
COSTE (Ad.). **Les Principes d'une sociologie objective** .... 3 fr. 75
— **L'Expérience des peuples et les prévisions qu'elle autorise**. 1900 .... 10 fr.
COUTURAT (L.), docteur ès lettres. **Les Principes des Mathématiques**. 1906 .... 5 fr.

VOLUMES IN-8

CRÉPIEUX-JAMIN. **L'Écriture et le Caractère.** 5e édit. 1909.................... 7 fr. 50

CRESSON, docteur ès lettres, prof. au lycée St-Louis. **La Morale de la raison théorique.** 1903.. 5 fr.

CYON (E. DE). **Dieu et Science.** *Essai de psychologie des sciences.* 2e édition revue et augmentée. 1912.. 7 fr. 50

DAURIAC (L.). * **Essai sur l'esprit musical.** 1904.................................... 5 fr.

DELACROIX (H.), maître de conf. à la Sorbonne. * **Études d'Histoire et de Psychologie du Mysticisme.** Les grands mystiques chrétiens. 1908.......................... 10 fr.

DE LA GRASSERIE (R.), lauréat de l'Institut. **Psychologie des religions.** 1899....... 5 fr.

DELBOS (V.), membre de l'Institut, professeur adjoint à la Sorbonne. **La Philosophie pratique de Kant.** 1905. (Ouvrage couronné par l'Académie française.)................ 12 fr. 50

DELVAILLE (J.). agr. de philosophie. * **La Vie sociale et l'éducation.** 1907. (Récompensé par l'Institut.)... 3 fr. 75

DELVOLVE (J.). professeur-adjoint à l'Univ. de Montpellier. * **Religion, critique et philosophie positive chez Pierre Bayle.** 1906.. 7 fr. 50

DRAGHICESCO (D.), prof. à l'Université de Bucarest. **L'Individu dans le déterminisme social**... 7 fr. 50

— * **Le Problème de la conscience.** 1907.. 3 fr. 75

DUGAS (L.), docteur ès lettres. * **Le Problème de l'Éducation.** *Essai de solution par la critique des doctrines pédagogiques.* 2e édition revue. 1911...................... 5 fr.

DUMAS (G.), professeur adjoint à la Sorbonne. **Psychologie de deux messies positivistes.** *Saint-Simon et Auguste Comte.* 1905... 5 fr.

DUPRAT (G.-L.), docteur ès lettres. **L'Instabilité mentale.** 1899....................... 5 fr.

DUPROIX (P.), doyen de la Faculté des lettres de Genève. **Kant et Fichte et le problème de l'éducation.** 2e édit. (Cour. par l'Acad. franç.).................................. 5 fr.

DURAND (de GROS). **Aperçus de Taxinomie générale.** 1898................................. 5 fr.

— **Nouvelles Recherches sur l'esthétique et la morale.** 1899............................ 5 fr.

— **Variétés philosophiques.** 2e édit. revue et augmentée. 1900............................. 5 fr.

DURKHEIM (E.).prof. à la Sorbonne. * **De la division du travail social.** 3e édit. 1911. 7 fr. 50

— **Le Suicide,** *étude sociologique.* 2e édit. 1912.. 7 fr. 50

— * **L'Année sociologique** : 11 volumes parus.

1re Année (1896-1897). — DURKHEIM : La prohibition de l'inceste et ses origines. — G. SIMMEL : Comment les formes sociales se maintiennent. — *Analyses* des travaux de sociologie publiés du 1er juillet 1896 au 30 juin 1897.............................. 10 fr.

2e Année (1897-1898). — DURKHEIM : De la définition des phénomènes religieux. — HUBERT et MAUSS : La nature et la fonction du sacrifice. — *Analyses*.......................... 10 fr.

3e Année (1898-1899). — RATZEL : Le sol, la société, l'État. — RICHARD : Les crises sociales et la criminalité. — STEINMETZ : Classif. des types sociaux.. — *Analyses.* 10 fr.

4e Année (1899-1900). — BOUGLÉ : Remarques sur le régime des castes. — DURKHEIM : Deux lois de l'évolution pénale. — CHARMONT : Notes sur les causes d'extinction de la propriété corporative. — *Analyses*.. 10 fr.

5e Année (1900-1901). — F. SIMIAND : Remarques sur les variations du prix du charbon au XIXe siècle. — DURKHEIM : Sur le Totémisme. — *Analyses*........................ 10 fr.

6e Année (1901-1902). — DURKHEIM et MAUSS : De quelques formes primitives de classification. Contribution à l'étude des représentations collectives. — BOUGLÉ : Les théories récentes sur la division du travail. — *Analyses*................................ 12 fr. 50

7e Année (1902-1903). — HUBERT et MAUSS : Théorie générale de la magie. — *Analyses.* 12 fr. 50

8e Année (1903-1904). — H. BOURGIN : La boucherie à Paris au XIXe siècle. — E. DURKHEIM : L'organisation matrimoniale australienne. — *Analyses*.............................. 12 fr. 50

9e Année (1904-1905). — H. MEILLET : Comment les noms changent de sens. — MAUSS et BEUCHAT : Les variations saisonnières des sociétés eskimos. — *Analyses*.... 12 fr. 50

10e année (1905-1906). — P. HUVELIN : Magie et droit individuel. — R. HERTZ : Contribution à une étude sur la représentation collective de la mort. — C. BOUGLÉ : Note sur le droit et la caste en Inde. — *Analyses*.. 12 fr. 50

TOME XI. — (1906-1909). *Analyses des travaux sociologiques publiés de 1906 à 1909.* 15 fr.

DWELSHAUVERS, prof. à l'Université de Bruxelles. * **La Synthèse mentale.** 1908... 5 fr.

EBBINGHAUS (H.), prof. à l'Université de Halle. **Précis de psychologie.** 2 édit. française revue sur la 3e édition allemande par le Dr G. REVAULT D'ALLONNES. avec 16 figures. 1912.. 5 fr.

EGGER (V.), professeur à la Sorbonne. **La Parole intérieure.** 2e édit. 1904............ 5 fr.

ENRIQUES (F.). * **Les Problèmes de la Science et la Logique.** Trad. J. Dubois. 1908.. 3 fr. 75

ESPINAS (A.), de l'Institut. * **La Philosophie sociale du XVIIIe siècle et la Révolution française.** 1898.. 7 fr. 50

EVELLIN (F.), de l'Institut. **La Raison pure et les antinomies.** Essai critique sur la philosophie kantienne. (*Couronné par l'Institut.*) 1907...................................... 5 fr.

FERRERO (G.). **Les Lois psychologiques du symbolisme.** 1895........................... 5 fr.

FERRI (Enrico). **La Sociologie criminelle.** Traduction L. Terrier. 1905................. 10 fr.

FERRI (Louis). **La Psychologie de l'association,** depuis Hobbes....................... 7 fr. 50

FINOT (J.). **Le Préjugé des races.** 3e édit. 1908. (Récompensé par l'Institut.)..... 7 fr. 50

— **La Philosophie de la longévité.** 12e édit. refondue. 1908................................ 5 fr.

FONSEGRIVE, prof. au lycée Buffon. * **Essai sur le libre arbitre.** 2e édit. 1895..... 10 fr.

FOUCAULT, professeur à l'Univ. de Montpellier. **La Psychophysique.** 1901....... 7 fr. 50

— * **Le Rêve.** 1906.. 5 fr.

FOUILLÉE (Alf.), de l'Institut. * **La Liberté et le Déterminisme.** 5e édit............ 7 fr. 50

— **Critique des systèmes de morale contemporains.** 6e édit. 1912..................... 7 fr. 50

— * **La Morale, l'Art, la Religion,** D'APRÈS GUYAU. 7e édit. augmentée.......... 3 fr. 75

— **L'Avenir de la Métaphysique fondée sur l'expérience.** 2e édit...................... 5 fr.

— * **L'Évolutionnisme des idées-forces.** 4e édit.. 7 fr. 50

VOLUMES IN-8

FOUILLÉE (A.), de l'Institut. * **La Psychologie des idées-forces.** 2 vol. 3ᵉ édit.... 15 fr.
— * **Tempérament et caractère.** 4ᵉ édit. 1901... 7 fr. 50
— **Le Mouvement positiviste et la conception sociologique du monde.** 2ᵉ édit.... 7 fr. 50
— **Le Mouvement idéaliste et la réaction contre la science positive.** 2ᵉ édit..... 7 fr. 50
— * **Psychologie du peuple français.** 4ᵉ édit... 7 fr. 50
— * **La France au point de vue moral.** 5ᵉ édit... 7 fr. 50
— * **Esquisse psychologique des peuples européens.** 4ᵉ édit... 10 fr.
— * **Nietzsche et l'immoralisme.** 2ᵉ édit... 5 fr.
— * **Le Moralisme de Kant et l'amoralisme contemporain.** 1907... 7 fr. 50
— * **Les Éléments sociologiques de la morale.** 1905... 7 fr. 50
— * **Morale des idées-forces.** 2ᵉ édit. 1908... 7 fr. 50
— **Le Socialisme et la sociologie réformiste.** 2ᵉ édit. 1909... 7 fr. 50
FOURNIÈRE (E.), prof. au Conserv. des Arts et Métiers. * **Les Théories socialistes au XIXᵉ siècle.** 1904... 7 fr. 50
FULLIQUET. **Essai sur l'Obligation morale.** 1898... 7 fr. 50
GAROFALO, prof. à l'Univ. de Naples. **La Criminologie.** 5ᵉ édit. refondue... 7 fr. 50
— **La Superstition socialiste.** 1895... 5 fr.
GÉRARD-VARET, recteur de l'Univ. de Rennes. **L'Ignorance et l'Irréflexion.** 1899. 5 fr.
GLEY (Dʳ E.), professeur au Collège de France. **Études de psychologie physiologique et pathologique**, avec fig. 1903... 5 fr.
GORY (G.). **L'Immanence de la raison dans la connaissance sensible**... 5 fr.
GRASSET (J.), prof. à l'Univ. de Montpellier. **Demi-fous et demi-responsables.** 2ᵉ éd. 5 fr.
— **Introduction physiologique à l'Étude de la Philosophie.** *Conférences sur la physiologie du système nerveux de l'homme.* 2ᵉ édition. 1910. Avec figures. 1908... 5 fr.
GREEF (de), prof. à l'Univ. nouvelle de Bruxelles. **Le Transformisme social**... 7 fr. 50
— **La Sociologie économique.** 1904... 3 fr. 75
GROOS (K.), professeur à l'Université de Bâle. * **Les Jeux des animaux.** 1902.... 7 fr. 50
GURNEY, MYERS et PODMORE. **Les Hallucinations télépathiques.** 4ᵉ édit... 7 fr. 50
GUYAU (M.). * **La Morale anglaise contemporaine.** 6ᵉ éd. 1911. (*Cour. par l'Institut.*) 7 fr. 50
— **Les Problèmes de l'esthétique contemporaine.** 7ᵉ édit. 1911... 5 fr.
— **Esquisse d'une morale sans obligation ni sanction.** 9ᵉ édit... 5 fr.
— **L'Irréligion de l'Avenir**, étude de sociologie. 16ᵉ édit. 1912... 7 fr. 50
— * **L'Art au point de vue sociologique.** 9ᵉ édit. 1912... 7 fr. 50
— * **Éducation et Hérédité**, étude sociologique. 11ᵉ édit. 1911... 5 fr.
HALÉVY (Élie), doct. ès lettres. **Formation du radicalisme philosoph.**, 3 v. chacun. 7 fr. 50
HANNEQUIN, prof. à l'Univ. de Lyon. **L'hypothèse des atomes.** 2ᵉ édit. 1899... 7 fr. 50
— * **Études d'Histoire des Sciences et d'Histoire de la Philosophie**, préface de R. Thamin, introduction de M. Grosjean. 2 vol. 1908. (*Couronné par l'Institut.*)... 15 fr.
HARTENBERG (Dʳ Paul). **Les Timides et la Timidité.** 3ᵉ édit. 1910... 5 fr.
— * **Physionomie et Caractère.** *Essai de physiognomonie scientifique.* 2ᵉ édit. 1911... 5 fr.
HÉBERT (Marcel). **L'Évolution de la foi catholique.** 1905... 5 fr.
— * **Le Divin.** *Expériences et hypothèses, étude psychologique.* 1907... 5 fr.
HÉMON (C.), agrégé de philosophie. * **La Philosophie de Sully Prudhomme.** Préface de Sully Prudhomme. 1907... 7 fr. 50
HERBERT SPENCER. * **Les premiers Principes.** Traduct. Cazelles. 11ᵉ édit. 1907.. 10 fr.
— * **Principes de biologie.** Traduct. Cazelles. 6ᵉ édit. 1910. 2 vol... 20 fr.
— * **Principes de psychologie.** Trad. par MM. Ribot et Espinas. 2 vol. Nouv. édit. 20 fr.
— * **Principes de sociologie.** 5 vol. : Tome I. *Données de la sociologie.* 10 fr. — Tome II. *Inductions de la sociologie. Relations domestiques.* 7 fr. 50. — Tome III. *Institutions cérémonielles et politiques.* 15 fr. — Tome IV. *Institutions ecclésiastiques.* 3 fr. 75. — Tome V. *Institutions professionnelles.* 7 fr. 50.
— **Essais sur le progrès.** Trad. A. Burdeau. 5ᵉ édit... 7 fr. 50
— **Essais de politique.** Trad. A. Burdeau. 5ᵉ édit... 7 fr. 50
— **Essais scientifiques.** Trad. A. Burdeau. 3ᵉ édit... 7 fr. 50
— * **De l'Éducation physique, intellectuelle et morale.** 14ᵉ édit. 1912... 5 fr.
— **Justice.** Trad. Castelot... 7 fr. 50
— **Le Rôle moral de la bienfaisance.** Trad. Castelot et Martin St-Léon... 7 fr. 50
— **La Morale des différents peuples.** Trad. Castelot et Martin St-Léon... 7 fr. 50
— **Problèmes de morale et de sociologie.** Trad. H. de Varigny... 7 fr. 50
— * **Une Autobiographie.** Trad. et adaptation par H. de Varigny... 10 fr.
HERMANT (F.) et VAN DE WAELE (A.). * **Les principales Théories de la logique contemporaine.** (*Récompensé par l'Institut.*) 1909... 5 fr.
HIRTH (G.). * **Physiologie de l'Art.** Trad. et introd. par L. Arréat... 5 fr.
HOFFDING, prof. à l'Univ. de Copenhague. **Esquisse d'une psychologie fondée sur l'expérience.** Trad. L. Poitevin. Préf. de Pierre Janet. 4ᵉ édit. 1909... 7 fr. 50
— * **Histoire de la Philosophie moderne.** Préf. de V. Delbos. 2ᵉ éd. 1908. 2 vol. chac. 10 fr.
— **Philosophes contemporains.** Trad. Tremesaygues. 2ᵉ édit. revue. 1908... 3 fr. 75
— * **Philosophie de la Religion.** 1908. Trad. Schlegel... 7 fr. 50
HUBERT (H.) et MAUSS (M.), directeurs adjoints à l'École pratique des Hautes-Études. **Mélanges d'histoire des religions.** (*Travaux de l'*Année sociologique *publiés sous la direction de M. Émile Durkheim.*) 1909... 5 fr.
IOTEYKO et STEFANOWSKA (Dʳˢ). * **Psycho-Physiologie de la Douleur.** 1908. (*Couronné par l'Institut.*)... 5 fr.
ISAMBERT (G.). **Les Idées socialistes en France (1815-1848).** 1905... 7 fr. 50
IZOULET, prof. au Collège de France. **La Cité moderne.** 7ᵉ édition. 1908... 10 fr.
JACOBY (Dʳ P.). **Études sur la sélection chez l'homme.** 2ᵉ édition. 1904... 10 fr.
JANET (Paul), de l'Institut. * **Œuvres philosophiques de Leibniz.** 2ᵉ édit. 2 vol.... 20 fr.
JANET (Pierre), prof. au Collège de France. * **L'Automatisme psychologique.** 6ᵉ éd. 7 fr. 50

VOLUMES IN-8

JASTROW (J.), prof. à l'Univ. de Wisconsin. **La Subconscience**, trad. E. Philippi, préface de P. Janet. 1908 .... 7 fr 50
JAURÈS (J.), docteur ès lettres. **De la Réalité du monde sensible.** 2ᵉ édit. 1902... 7 fr. 50
KARPPE (S.), docteur ès lettres. **Essais de critique d'histoire et de philosophie**.. 3 fr. 75
KEIM (A.), docteur ès lettres. * **Helvétius**, *sa vie, son œuvre.* 1907 .... 10 fr.
LACOMBE (P.). **Psychologie des individus et des sociétés chez Taine.** 1906...... 7 fr. 50
LALANDE (A.), professeur-adjoint à la Sorbonne. * **La Dissolution opposée à l'évolution**, dans les sciences physiques et morales. 1899 .... 7 fr. 50
LALO (Ch.), docteur ès lettres. * **Esthétique musicale scientifique.** 1908.......... 5 fr.
— * **L'Esthétique expérimentale contemporaine.** 1908 .... 3 fr. 75
— **Les Sentiments esthétiques.** 1909 .... 5 fr.
LANDRY (A.), docteur ès lettres. * **Principes de morale rationnelle.** 1906 .... 5 fr.
LANESSAN (J.-L. de). * **La Morale des religions.** 1905 .... 10 fr.
— * **La Morale naturelle.** 1908 .... 7 fr. 50
LAPIE (P.), recteur à l'Univ. de Toulouse. **Logique de la volonté.** 1902.......... 7 fr. 50
LAUVRIÈRE, docteur ès lettres, prof. au lycée Louis-le-Grand. **Edgar Poë.** *Sa vie et son œuvre.* 1904 .... 10 fr.
LAVELEYE (de). * **De la Propriété et de ses formes primitives.** 5ᵉ édit .... 10 fr.
LEBLOND (M.-A.). * **L'Idéal du XIXᵉ siècle.** 1909 .... 5 fr.
LE BON (Dʳ Gustave). * **Psychologie du socialisme.** 7ᵉ éd. revue. 1912.......... 7 fr. 50
LECHALAS (G.). * **Études esthétiques.** 1902 .... 5 fr.
— **Étude sur l'espace et le temps.** 2ᵉ édit. revue et augmentée. 1909 .... 5 fr.
LECHARTIER (G.). **David Hume, moraliste et sociologue.** 1900 .... 5 fr.
LECLÈRE (A.), prof. à l'Univ. de Berne. **Essai critique sur le droit d'affirmer**....... 5 fr.
LE DANTEC, chargé du cours de biologie générale à la Sorbonne. * **L'Unité dans l'être vivant.** 1902 .... 7 fr. 50
— * **Les Limites du connaissable**, *la vie et les phénomènes naturels.* 3ᵉ édit. 1908. 3 fr. 75
LÉON (Xavier). * **La Philosophie de Fichte.** Préf. de E. BOUTROUX, de l'Institut. 1902. (*Cour. par l'Institut*) .... 10 fr.
LEROY (E. Bernard). **Le Langage.** *Sa fonction normale et pathologique.* 1905....... 5 fr.
LÉVY (A.), professeur à l'Univ. de Nancy. **La Philosophie de Feuerbach.** 1904 ..... 10 fr.
LÉVY-BRUHL (L.), professeur à la Sorbonne, * **La Philosophie de Jacobi.** 1894.... 5 fr.
— * **Lettres de J.-S. Mill à Auguste Comte**, avec *les réponses de Comte et une introduction.* 1899 .... 10 fr.
— * **La Philosophie d'Auguste Comte.** 2ᵉ édit. 1905 .... 7 fr. 50
— * **La Morale et la Science des mœurs.** 4ᵉ édit, 1910 .... 5 fr.
— **Les Fonctions mentales dans les sociétés inférieures** (*Travaux de l'*Année sociologique *publiés sous la direction de M. Émile Durkheim*). 1909 .... 7 fr. 50
LIARD, de l'Institut, vice-recteur de l'Acad. de Paris. * **Descartes.** 3ᵉ éd. 1911 ...... 5 fr.
— * **La Science positive et la Métaphysique.** 5ᵉ édit .... 7 fr. 50
LICHTENBERGER (H.), professeur adjoint à la Sorbonne. * **Richard Wagner, poète et penseur.** 5ᵉ édit. revue. 1911. (*Couronné par l'Académie française*) .... 10 fr.
— **Henri Heine penseur.** 1905 .... 3 fr. 75
LOMBROSO (César). * **L'Homme criminel.** 2ᵉ éd., 2 vol. et atlas. 1895 .... 36 fr.
— **Le Crime.** *Causes et remèdes.* 2ᵉ édit .... 10 fr.
— **L'Homme de génie**, avec planches. 4ᵉ édit. 1909 .... 10 fr.
— et FERRERO. **La Femme criminelle et la prostituée** .... 15 fr.
— et LASCHI. **Le Crime politique et les Révolutions.** 2 vol .... 15 fr.
LUBAC (E.), agr. de philos. * **Psychologie rationnelle.** Préf. de H. BERGSON. 1904.. 3 fr. 75
LUQUET (G.-H.), agrégé de philosophie * **Idées générales de psychologie.** 1906.... 5 fr.
LYON (G.), recteur de l'Acad. de Lille. * **L'Idéalisme en Angleterre au XVIIIᵉ siècle.** 7 fr. 50
— * **Enseignement et religion.** Études philosophiques .... 3 fr. 75
MALAPERT (P.), docteur ès lettres, prof. au lycée Louis-le-Grand. * **Les Éléments du caractère et leurs lois de combinaison.** 2ᵉ édit. 1906 .... 5 fr.
MARION (H.), prof. à la Sorbonne. * **De la Solidarité morale.** 6ᵉ édit. 1907.......... 5 fr.
MARTIN (Fr.). * **La Perception extérieure et la Science positive.** 1894 .... 5 fr.
MATAGRIN (Amédée). **La Psychologie sociale de Gabriel Tarde.** 1909.......... 5 fr.
MAXWELL (J.). **Les Phénomènes psychiques.** Préf. du Pʳ Ch. RICHET. 4ᵉ édit. 1909. 5 fr.
MEYERSON (E.). **Identité et Réalité.** 2ᵉ édit. revue et augmentée. 1912.......... 10 fr.
MULLER (Max), prof. à l'Univ. d'Oxford. * **Nouvelles études de mythologie.** 1898. 12 fr. 50
MYERS. **La Personnalité humaine.** Trad. Jankélévitch. 3ᵉ édit. 1910.......... 7 fr. 50
NAVILLE (ERNEST). * **La Logique de l'hypothèse.** 2ᵉ édit .... 5 fr.
— * **La Définition de la philosophie.** 1894 .... 5 fr.
— **Le Libre Arbitre.** 2ᵉ édit. 1898 .... 5 fr.
— **Les Philosophies négatives.** 1899 .... 5 fr.
— **Les Systèmes de philosophie ou les philosophies affirmatives.** 1909.......... 7 fr. 50
NAYRAC (J.-P.). * **Physiologie et Psychologie de l'attention.** Préface de Th. Ribot. (*Récompensé par l'Institut.*) 1906 .... 3 fr. 75
NORDAU (Max). * **Dégénérescence**, 7ᵉ éd. 1909. 2 vol. Tome I. 7 fr. 50. Tome II.. 10 fr.
— **Les Mensonges conventionnels de notre civilisation.** 11ᵉ édit. 1912.......... 5 fr.
— * **Vus du dehors.** *Essais de critique sur quelques auteurs français contemp.* 1903. 5 fr.
— **Le Sens de l'histoire.** Trad. JANKELEVITCH. 1909 .... 7 fr. 50

VOLUMES IN-8

NOVICOW (J.). Les Luttes entre Sociétés humaines. 3e édit. 1904 .... 10 fr.
— * Les Gaspillages des sociétés modernes. 2e édit. 1899 .... 5 fr.
— * La Justice et l'expansion de la vie. *Essai sur le bonheur des sociétés.* 1905 ... 7 fr. 50
— La critique du Darwinisme social. 1909 .... 7 fr. 50
OLDENBERG, prof. à l'Univ. de Kiel. * Le Bouddha. Trad. par P. Foucher, chargé de cours à la Sorbonne. Préf. de Sylvain Lévi, prof. au Collège de France. 2e édit. 1903 .. 7 fr 50
— * La Religion du Véda. Traduit par V. Henry, professeur à la Sorbonne. 1903 ... 10 fr.
OSSIP-LOURIÉ, prof. à l'Univ. nouv. de Bruxelles. La Philosophie russe contemporaine. 2e édit. 1905 .... 5 fr.
— * La Psychologie des romanciers russes au XIXe siècle. 1905 .... 7 fr. 50
OUVRÉ (H.). * Les Formes littéraires de la pensée grecque (*Cour. par l'Acad. franç.*). 10 fr.
PALANTE (G.), agrégé de philosophie. Combat pour l'individu. 1904 .... 3 fr. 75
PAULHAN, correspondant de l'Institut. * Les Caractères. 3e édit. revue. 1909 .... 5 fr.
— Les Mensonges du caractère. 1905 .... 5 fr.
— Le Mensonge de l'Art. 1907 .... 5 fr.
PAYOT (J.), recteur de l'Académie d'Aix. La Croyance. 3e édit. 1911 .... 5 fr.
— * L'Éducation de la volonté. 37e édit. 1912 .... 5 fr.
PERÈS (Jean), professeur au lycée de Caen. * L'Art et le Réel. 1898 .... 3 fr. 75
PÉREZ (Bernard). Les Trois premières années de l'enfant. 7e édit. 1911 .... 5 fr.
— L'Enfant de trois à sept ans. 4e édit. 1907 .... 5 fr.
— L'Éducation morale dès le berceau. 4e édit. 1901 .... 5 fr.
— * L'Éducation intellectuelle dès le berceau. 2e édit. 1901 .... 5 fr.
PIAT (C.), prof. à l'Inst. cathol. La Personne humaine. 1898. (*Cour. par l'Institut.*) .. 7 fr. 50
— * Destinée de l'homme. 2e édit. revue. 1912 .... 5 fr.
— La Morale du bonheur. 1909 .... 5 fr.
PICAVET (E.), chargé de cours à la Sorbonne. * Les Idéologues (*Cour. par l'Ac. franç.*). 10 fr
PIDERIT. La Mimique et la Physiognomonie. Trad. de l'allem. par M. Girot .... 5 fr.
PILLON (F.), lauréat de l'Institut. * L'Année philosophique (*Couronné par l'Institut.*) 1890 à 1911. 22 vol. Chacun (1893 et 1894 épuisés) .... 5 fr.
PIOGER (Dr J.). La Vie et la pensée. 1893 .... 5 fr.
— La Vie sociale, la morale et le progrès. 1894 .... 5 fr.
PRAT (L.), doct. ès lettres. Le Caractère empirique et la personne. 1906 .... 7 fr. 50
PREYER, prof. à l'Université de Berlin. Éléments de physiologie .... 5 fr.
PROAL, conseiller à la Cour de Paris. * La Criminalité politique. 2e éd. 1908 .... 5 fr.
— * Le Crime et la Peine. 4e édit. (*Couronné par l'Institut.*). 1911 .... 10 fr.
— Le Crime et le Suicide passionnels. 1900. (*Cour. par l'Acad. franç.*) .... 10 fr.
RAGEOT (G.). * Le Succès. *Auteurs et Public.* 1906 .... 3 fr. 75
RAUH (F.), prof. adjoint à la Sorbonne. * De la Méthode dans la psychologie des sentiments. (*Couronné par l'Institut.*) 1899 .... 5 fr.
— * L'Expérience morale. 2e édition revue. 1909 (*Récompensé par l'Institut.*) .... 3 fr. 75
RÉCEJAC, docteur ès lettres. Les Fondements de la Connaissance mystique 1897 .... 5 fr.
RENARD (G.), prof. au Collège de France. * La Méthode scient. de l'histoire littéraire. 10 fr.
RENOUVIER (Ch.), de l'Institut. * Les Dilemmes de la métaphysique pure. 1901 .... 5 fr.
— * Histoire et solution des problèmes métaphysiques. 1901 .... 7 fr. 50
— Le Personnalisme, avec une étude sur la *perception externe et la force.* 1903 ... 10 fr.
— * Critique de la doctrine de Kant. 1906 .... 7 fr. 50
— * Science de la Morale. Nouv. édit. 2 vol. 1908 .... 15 fr.
REVAULT D'ALLONNES (G.), docteur ès lettres, agrégé de philosophie. Psychologie d'une religion. *Guillaume Monod (1800-1896).* 1908 .... 5 fr.
— * Les Inclinations. Leur rôle dans la psychologie des sentiments. 1908 .... 3 fr. 75
REY (A.), chargé de cours à l'Université de Dijon. * La Théorie de la physique chez les physiciens contemporains. 1907 .... 7 fr. 50
RIBERY, doct. ès lettres. Essai de classification naturelle des caractères. 1903. 3 fr. 75
RIBOT (Th.), de l'Institut. * L'Hérédité psychologique. 9e édit. 1910 .... 7 fr. 50
— * La Psychologie anglaise contemporaine. 3e édit. 1907 .... 7 fr. 50
— * La Psychologie allemande contemporaine. 7e édit. 1909 .... 7 fr. 50
— La Psychologie des sentiments. 8e édit. 1911 .... 7 fr. 50
— L'Évolution des idées générales. 3e édit. 1909 .... 5 fr.
— * Essai sur l'Imagination créatrice. 3e édit. 1908 .... 5 fr.
— * La logique des sentiments. 4e édit. 1912 .... 3 fr. 75
— * Essai sur les passions. 3e édit. 1910 .... 3 fr. 75
RICARDOU (A.), docteur ès lettres. * De l'Idéal. (*Couronné par l'Institut.*) .... 5 fr.
RICHARD (G.), professeur de sociologie à l'Univ. de Bordeaux. * L'idée d'évolution dans la nature et dans l'histoire. 1903. (*Couronné par l'Institut.*) .... 7 fr. 50
RIEMANN (H.), prof. à l'Univ. de Leipzig. * Les Éléments de l'Esthétique musicale. 1906. 5 fr.
RIGNANO (E.). La Transmissibilité des caractères acquis. 1908 .... 5 fr.
RIVAUD (A.), professeur à l'Université de Poitiers. Les Notions d'essence et d'existence dans la philosophie de Spinoza. 1906 .... 3 fr. 75
ROBERTY (E. de). L'Ancienne et la Nouvelle Philosophie .... 7 fr. 50
— * La Philosophie du siècle (*positivisme, criticisme évolutionnisme.*) .... 5 fr.
— * Nouveau Programme de sociologie. 1904 .... 5 fr.
— * Sociologie de l'Action. 1908 .... 7 fr. 50

VOLUMES IN-8

RODRIGUES (G.), docteur ès lettres, agrégé de philosophie. **Le Problème de l'action.** 3 fr. 75
ROMANES. * **L'Évolution mentale chez l'homme** 7 fr. 50
ROUSSEL-DESPIERRES (Fr.). * *Hors du scepticisme.* **Liberté et beauté.** 1907... 7 fr. 50
RUSSELL * **La Philosophie de Leibniz.** Trad. J. Ray. Préf. de M. LÉVY-BRUHL. 1908. 3 fr. 75
RUYSSEN (Th.), prof. à l'Univ. de Bordeaux. * **L'Évolution psychologique du jugement.** 5 fr.
SABATIER (A.), prof. à l'Univ. de Montpellier. **Philosophie de l'effort.** 2e édit. 1908. 7 fr. 50
SAIGEY (E.). * **Les Sciences au XVIIIe siècle.** La Physique de Voltaire 5 fr.
SAINT-PAUL (Dr G.). * **Le Langage intérieur et les paraphasies.** 1904 5 fr.
SANZ Y ESCARTIN. **L'Individu et la Réforme sociale.** Trad. Dietrich 7 fr. 50
SCHILLER (F.), professeur à Corpus Christi college (Université d'Oxford). * **Études sur l'humanisme.** Trad. Dr S. Jankélévitch. 1909 10 fr.
SCHINZ (A.), professeur à l'Université de Bryn Mawr (Pensylvanie). **Anti-pragmatisme.** *Examen des droits respectifs de l'aristocratie intellectuelle et de la démocratie sociale.* 5 fr.
SCHOPENHAUER. **Aphorismes sur la sagesse dans la vie.** Trad. Cantacuzène. 9e éd. 5 fr.
— * **Le Monde comme volonté et comme représentation.** 6e édit. 3 vol., chac.... 7 fr. 50
SÉAILLES (G.), professeur à la Sorbonne. **Essai sur le génie dans l'art.** 4e édit. 1911. 5 fr.
— * **La Philosophie de Ch. Renouvier.** *Introduction au néo-criticisme.* 1905...... 7 fr. 50
SIGHELE (Scipio). **La Foule criminelle.** 2e édit. 1901 5 fr.
SOLLIER (Dr P.). **Le Problème de la mémoire.** 1900 3 fr. 75
— **Psychologie de l'idiot et de l'imbécile,** avec 12 pl. hors texte. 2e édit. 1902...... 5 fr
— **Le Mécanisme des émotions.** 1905 5 fr.
— **Le Doute.** *Étude de psychologie affective.* 1909 7 fr. 50
SOURIAU (Paul), professeur à l'Univ. de Nancy. **L'Esthétique du mouvement** 5 fr.
— * **La Beauté rationnelle.** 1904 10 fr.
— **La Suggestion dans l'art.** 2e édit. 1909 5 fr.
STAPFER (P.), prof. hon. à l'Univ. de Bordeaux. * **Questions esthétiques et religieuses.** 1906 3 fr. 75
STEIN (L.), prof. à l'Univ. de Berne. * **La Question sociale au point de vue philosophique** 1900 10 fr.
STUART MILL. * **Mes Mémoires.** Histoire de ma vie et de mes idées. 5e éd. 5 fr.
— * **Système de Logique déductive et inductive,** 6e édit. 1909. 2 vol. 20 fr.
— * **Essais sur la Religion.** 4e édit. 1901 5 fr.
— **Lettres inédites à Aug. Comte et réponses d'Aug. Comte.** 1899 10 fr.
SULLY (James). **Le Pessimisme.** Trad. Bertrand. 2e édit. 7 fr. 50
— * **Essai sur le rire.** Trad. Léon Terrier. 1904 7 fr. 50
SULLY PRUDHOMME, de l'Acad. franç. **La vraie Religion selon Pascal.** 1905.. 7 fr. 50
— **Le Lien social** publié par C. HÉMON 3 fr. 75
TARDE (G.), de l'Institut. * **La Logique sociale.** 3e édit. 1904 7 fr. 50
— * **Les Lois de l'imitation.** 6e édit. 1911 7 fr. 50
— * **L'Opinion et la Foule.** 3e édit. 1910 5 fr.
TARDIEU (E.) * **L'Ennui.** *Étude psychologique.* 1903 5 fr.
THOMAS (P.-F.), docteur ès lettres. * **Pierre Leroux, sa philosophie.** 1904 5 fr.
— * **L'Éducation des sentiments.** (*Couronné par l'Institut.*) 5e édit. 1910 5 fr.
TISSERAND (P.), docteur ès lettres, professeur au lycée Charlemagne. * **L'Anthropologie de Maine de Biran.** 1909 10 fr.
UDINE (Jean D'). **L'Art et le geste.** 1909 5 fr.
VACHEROT (Et.), de l'Institut. * **Essais de philosophie critique** 7 fr. 50
— **La Religion** 7 fr. 50
WAYNBAUM (Dr I.). **La Physionomie humaine.** 1907 5 fr.
WEBER (L.). * **Vers le Positivisme absolu par l'idéalisme.** 1903 7 fr. 50

BIBLIOTHÈQUE DE PHILOSOPHIE CONTEMPORAINE

TRAVAUX DE L'ANNÉE SOCIOLOGIQUE

Publiés sous la direction de M. Émile DURKHEIM

ANNÉE SOCIOLOGIQUE, **11** volumes parus, voir détails page 8.
BOUGLÉ (C.), chargé de cours à la Sorbonne. **Essais sur le régime des Castes.** 1 vol. in-8. 1908 5 fr.
HUBERT (H.) et MAUSS (M.), directeurs adjoints à l'Ecole des Hautes-Etudes. **Mélanges d'histoire des religions.** 1 vol. in-8. 1909 5 fr.
LEVY-BRUHL (L.), professeur à la Sorbonne. **Les Fonctions mentales dans les sociétés inférieures.** 1 vol. in-8. 1910 7 fr. 50
DURKHEIM (E.), prof. à la Sorbonne. **Les formes élémentaires de la vie religieuse.** *Le système totémique en Australie.* Avec 1 carte. 1912 10 fr.

COLLECTION HISTORIQUE DES GRANDS PHILOSOPHES

PHILOSOPHIE ANCIENNE

ARISTOTE. **La Poétique d'Aristote**, par A. HATZFELD et M. DUFOUR. in-8, 1900. 6 fr.
— **Physique, II**, trad. et commentaire, par O. HAMELIN, chargé de cours à la Sorbonne. 1 vol. in-8................. 3 fr.
— **Aristote et l'idéalisme platonicien** par CH. WERNER, docteur ès lettres. 1910. 1 vol. in-8..................... 7 fr. 50
— **La Morale d'Aristote**, par Mme JULES FAVRE, née VELTEN, 1 vol. in-18. 3 fr. 50
— **Éthique à Nicomaque. Livre II.** Trad. de P. D'HÉROUVILLE et H. VERNE. Introd. et notes de P. D'HÉROUVILLE, in-8. 1 fr. 80
— **La métaphysique.** Livre I. Trad. et commentaires par G. COLLE. 1912. 1 vol. gr. in-8....................... 5 fr.
ÉPICURE. * **La Morale d'Épicure**, par M. GUYAU. 1 vol. in-8, 5e édit .. .. 7 fr. 50
MARC-AURÈLE. **Les Pensées de Marc-Aurèle.** Trad. A.-P. LEMERCIER, doyen de l'Univ. de Caen. 1909. 1 vol. in-16. 3 fr. 50
PLATON. **La Théorie platonicienne des Sciences**, par ÉLIE HALÉVY. In-8. 1895. 5 fr.
— **Œuvres**, traduction VICTOR COUSIN revue par J. BARTHÉLEMY-SAINT-HILAIRE : *Socrate et Platon* ou *le Platonisme — Eutyphron — Apologie de Socrate — Criton — Phédon*. 1 v. in-8. 1896. 7 fr. 50
— **La définition de l'être et la nature des idées dans le Sophiste de Platon**, par A. DIÈS, 1 vol. in-8. 1909........ 4 fr.
SOCRATE. * **Philosophie de Socrate**, par A. FOUILLÉE, de l'Institut. 2 vol. in-8. 16 fr.
— **Le Procès de Socrate**, par G. SOREL. 1 vol. in-8.................. 3 fr. 50
— **La morale de Socrate**, par Mme JULES FAVRE, née VELTEN, 1 vol. in-18. 3 fr. 50
STRATON DE LAMPSAQUE. * **La Physique de Straton de Lampsaque**, par G. RODIER, prof. à la Sorbonne. 1 vol. in-8.... 3 fr.

BÉNARD. **La Philosophie ancienne**, ses systèmes. 1 vol. in-8............. 9 fr.
DIÈS (A.), docteur ès lettres. **Le Cycle mystique.** *La divinité. Origine et fin des existences individuelles dans la philosophie antésocratique*, 1909. 1 vol. in-8.. 4 fr.

FABRE (Joseph). **La Pensée antique.** *De Moïse à Marc-Aurèle*. 3e édit..... 5 fr.
— * **La Pensée chrétienne.** *Des Évangiles à l'Imitation de J.-C.* 1 vol. in-8..... 9 fr.
GOMPERZ. **Les Penseurs de la Grèce.** Trad. REYMOND. (*Trad. cour. par l'Académie française.*)
I. * *La philosophie antésocratique*. 1 vol. gr. in-8, 2e édit............... 10 fr.
II. * *Athènes, Socrate et les Socratiques, Platon*. 1 vol. gr. in-8, 2e édit.... 12 fr.
III. * *L'ancienne académie. Aristote et ses successeurs : Théophraste et Straton de Lampsaque*. 1910. 1 vol. gr. in-8. 10 fr.
GUYOT (H.), docteur ès lettres. **L'Infinité divine** *depuis Philon le Juif jusqu'à Plotin*. In-8. 1906............... 5 fr.
LAFONTAINE (A.). **Le Plaisir,** *d'après Platon et Aristote*. 1 vol. in-8..... 6 fr.
MILHAUD (G.), prof. à la Sorbonne. * **Les philosophes géomètres de la Grèce.** In-8, 1900 (*Couronné par l'Institut.*) 6 fr.
— **Études sur la pensée scientifique chez les Grecs et chez les modernes.** 1906. 1 vol. in-16.................. 3 fr.
— **Nouvelles études sur l'histoire de la pensée scientifique.** 1911. 1 vol. in-8 (*Couronné par l'Académie française*).. 5 fr.
OUVRÉ (H.). **Les Formes littéraires de la pensée grecque.** 1 vol. in-8. (*Cour. par l'Ac. franç.*)......................... 10 fr.
RIVAUD (A.), professeur à l'Université de Poitiers. **Le Problème du devenir et la notion de la matière,** *des origines jusqu'à Théophraste*. (*Couronné par l'Académie française.*) In-8. 1906. 10 fr.
ROBIN (L.), professeur à l'Université de Caen. **La Théorie platonicienne des idées et des nombres d'après Aristote.** Étude historique et critique. In-8. 12 fr. 50
— **La théorie platonicienne de l'Amour.** 1 vol. in-8.................... 3 fr. 75
(Ces deux volumes ont été couronnés par l'Institut et par l'Association pour l'encouragement des Études grecques.)
TANNERY (Paul). **Pour la Science hellène.** 1 vol. in-8.................... 7 fr. 50

PHILOSOPHIES MÉDIÉVALE ET MODERNE

* DESCARTES, par L. LIARD, de l'Institut, 2e édit. 1 vol. in-8............... 5 fr.
— **Essai sur l'Esthétique de Descartes,** par E. KRANTZ, prof. à l'Univ. de Nancy. 1 vol. in-8......................... 6 fr.
— **Descartes, directeur spirituel**, par V. de SWARTE. In-16 avec planches. (*Cour. par l'Institut.*)....................... 4 fr. 50
— **Le système de Descartes**, par O. HAMELIN. Publié par *L. Robin*. Préface de *E. Durkheim*. 1911. 1 vol. in-8.. 7 fr. 50
ERASME. **Stultitiæ laus des Erasmi Rot. declamatio.** Publié et annoté par J.-B. Kan, avec fig. de Holbein. 1 vol. in-8. 6 fr. 75
GASSENDI. **La Philosophie de Gassendi,** par P.-F. THOMAS. 1 vol. in-8...... 6 fr.
LEIBNIZ. * **Œuvres philosophiques,** pub. par P. JANET. 2 vol. in-8......... 20 fr.
— * **La logique de Leibniz,** par L. COUTURAT. 1 vol. in-8.................. 12 fr.
— **Opusc. et fragm. inédits de Leibniz,** par L. COUTURAT. 1 vol. in-8......... 25 fr.
— * **Leibniz et l'organisation religieuse de la Terre,** *d'après des documents inédits*, par JEAN BARUZI. 1 vol. in-8 (*Couronné par l'Académie française.*)...... 10 fr.
— **La Philosophie de Leibniz,** par B. RUSSELL, trad. par M. Ray, préface de M. Lévy-Bruhl. 1 vol. in-8. (*Cour. par l'Acad. franç.*)................ 3 fr. 75
— **Discours de la métaphysique,** introduction et notes par H. LESTIENNE. 1 vol. in-8.......................... 2 fr.
— **Leibniz historien.** *Essai sur l'activité et la méthode historique de Leibniz*, par L. DAVILLÉ, docteur ès lettres. 1 vol. in-8 1909........................ 12 fr.
MALEBRANCHE. * **La Philosophie de Malebranche,** par OLLÉ-LAPRUNE, de l'Institut. 2 vol. in-8................... 16 fr.
PASCAL. **Le Septicisme de Pascal,** par DROZ, professeur à l'Université de Besançon. 1 vol. in-8......................... 6 fr.
ROSCELIN. **Roscelin philosophe et théologien,** d'après la légende et d'après l'histoire, sa place dans l'histoire générale et comparée des philosophies médiévales, par F. PICAVET, chargé de cours à la Sorbonne. 1911. 1 vol. gr. in-8............. 4 fr.

ROUSSEAU (J.-J.), par J. FABRE. 1912. 1 vol. in-16.................... 2 fr.
—* **Du Contrat social**, avec les versions primitives; Introduction par Edmond Dreyfus-Brisac. Grand in-8.............. 12 fr.

SAINT-THOMAS-D'AQUIN. **Thesaurus philosophiæ thomisticæ** seu selecti textus philosophici ex sancti Thomæ aquinatis operibus deprompti et secundum ordinem in scholis hodie usurpatum dispositi, par G. BULLIAT, docteur en théologie et en droit canon. 1 vol. gr. in-8...... 6 fr. 50
— **L'Idée de l'État dans Saint Thomas d'Aquin**, par J. ZEILLER. 1 v. in-8. 3 fr. 50

SPINOZA. **Benedicti de Spinosa opera**, quotquot reperta sunt. Edition J. VAN VLOTEN et J.-P.-N. LAND. 3 vol. in-18, cartonnés .... 18 fr.
— **Ethica ordine geometrico demonstrata**, édition J. Van Vloten et J.-P.-N. Land. 1 vol. gr. in-8............... 4 fr. 30
— **Sa Philosophie**, par L. BRUNSCHVICG. maître de conférences à la Sorbonne. 2e édit. 1 vol. in-8............. 3 fr. 75

VOLTAIRE. **Les Sciences au XVIIIe siècle.** Voltaire physicien, par EM. SAIGEY. 1 vol. in-8............................ 5 fr.

DAMIRON. **Mémoires pour servir à l'Histoire de la Philosophie au XVIIIe siècle.** 3 vol. in-18...................... 15 fr.

DELVAILLE (J.), docteur ès lettres. **Essai sur l'histoire de l'idée de progrès jusqu'à la fin du XVIIIe siècle.** 1911. 1 vol. in-8. 12 fr.

FABRE (JOSEPH). * **L'Imitation de Jésus-Christ.** Trad. nouvelle avec préface. 1 vol. in-8. 1907.................. 7 fr.
— * **La Pensée moderne.** *De Luther à Leibniz.* 1 vol. in-8. 1908............ 8 fr.
— **Les Pères de la Révolution.** *De Bayle à Condorcet.* 1 vol. in-8. 1909...... 10 fr.

FIGARD (L.), docteur ès lettres. **Un Médecin philosophe au XVIe siècle.** *La psychologie de Jean Fernel.* 1 vol. in-8. 1903.......................... 7 fr. 50

PICAVET, chargé de cours à la Sorbonne. **Esquisse d'une histoire générale et comparée des philosophies médiévales.** In-8. 2e éd. 1907...... 7 fr. 50

WULF (M. DE). **Histoire de la philosophie médiévale.** 2e éd. 1 vol. in-8..... 10 fr.
— **Introduction à la Philosophie néo-scolastique.** 1904. 1 vol. gr. in-8..... 5 fr.

PHILOSOPHIE ANGLAISE

BERKELEY. **Œuvres choisies.** *Nouvelle théorie de la vision. Dialogues d'Hylas et de Philonoüs.* Trad. par MM. Beaulavon et Parodi. 1 vol. in-8.............. 5 fr.
— **Le Journal philosophique de Berkeley.** (*Commonplace Book*). Etude et traduction par R. GOURG, docteur ès lettres. 1 vol. gr. in-8.......................... 4 fr.

GODWIN. **William Godwin (1756-1836).** Sa vie, ses œuvres principales. *La « Justice politique »*, par R. GOURG, docteur ès lettres. 1 vol. in-8....................... 6 fr.

HOBBES. **La Philosophie de Hobbes**, par G. LYON, recteur de l'Académie de Lille. 1 vol. in-16..................... 2 fr. 50

HUME (David). **Œuvres philosophiques choisies.** Trad. par M. DAVID, agr. de philos. Préface de L. LÉVY-BRUHL, prof. à la Sorbonne. I. *Essai sur l'entendement humain. Dialogues sur la religion naturelle.* 1912. 1 vol. in-8........ 5 fr.
— II. *Traité de la nature humaine. De l'entendement.* 1 vol. in-8. 1912........ 6 fr.

LOCKE. * **La Philosophie générale de John Locke**, par H. OLLION, docteur ès lettres. 1909. 1 vol. in-8.............. 7 fr. 50

NEWTON. **La Philosophie de Newton**, par L. BLOCH 1908. 1 vol. in-8....... 10 fr.

DUGALD-STEWART. * **Philosophie de l'esprit humain.** 3 vol. in-12...... 9 fr.

LYON (G.), recteur de l'Académie de Lille. * **L'Idéalisme en Angleterre au XVIIIe siècle.** 1 vol. in-8................ 7 fr. 50

PHILOSOPHIE ALLEMANDE

BÉGUELIN. **Nicolas de Béguelin (1714-1789).** Fragment de l'histoire des idées philosophiques en Allemagne dans la seconde moitié du XVIIIe siècle, par P. DUMONT. 1 vol. gr. in-8..................... 4 fr.

FEUERBACH. **Sa Philosophie**, par A. LÉVY, prof. à l'Univ. de Nancy. 1 vol. in-8. 10 fr.

HEGEL. * **Logique.** 2 vol. in-8...... 14 fr.
— * **Philosophie de la Nature.** 3 v. in-8. 25 fr.
— * **Philosophie de l'Esprit.** 2 vol. in-8.............................. 18 fr.
— * **Philosophie de la Religion.** 2 vol. 20 fr.
— **La Poétique.** 2 vol. in-8.......... 12 fr.
— **Esthétique.** 2 vol. in-8.......... 16 fr.
— **Antécédents de l'Hégélianisme dans la philosophie française**, par E. BEAUSSIRE. 1 vol. in-18................. 2 fr. 50
— **Introduction à la Philosophie de Hegel**, par VÉRA. 1 vol. in-8.......... 6 fr. 50
— * **La Logique de Hegel**, par Eug. NOEL. 1 vol. in-8....................... 3 fr.
— **Sa Vie et ses Œuvres**, par P. ROQUES. prof. agrégé au lycée de Chartres. 1912. 1 vol. in-8......................... 6 fr.

HERBART. * **Principales Œuvres pédagogiques.** Trad. Pinloche. In-8.... 7 fr. 50
— **La Métaphysique de Herbart et la critique de Kant**, par M. MAUXION, prof. à l'Univ. de Poitiers. 1 vol. in-8. 7 fr. 50
— **L'Éducation par l'Instruction** *et Herbart*, par *le même*. 2e éd. 1 v. in-16. 1906. 2 fr. 50

JACOBI. **Sa Philosophie**, par L. LÉVY-BRUHL. 1 vol. in-8. .... 5 fr.

KANT. **Critique de la Raison pratique**, trad., introd. et notes, par M. Picavet, 3e édit. 1 vol. in-8................ 6 fr.
— * **Critique de la Raison pure**, traduction par MM. Pacaud et Tremesaygues. 2e éd., in-8.............................. 12 fr.
— * **Mélanges de Logique**, traduction Tissot, 1 vol. in-8 .... 6 fr.
— * **Essai sur l'Esthétique de Kant**, par V. BASCH. 1 vol. in-8........... 10 fr.
— **Sa Morale**, par A. CRESSON. 2e édit. 1 vol. in-16.............................. 2 fr. 50
— **Sa Philosophie pratique**, par V. DELBOS, membre de l'Institut. 1 vol. in-8. 12 fr. 50
— **L'Idée ou Critique du Kantisme.** par C. PIAT. 2e édit. 1 vol. in-8....... 6 fr.

KANT et FICHTE **et le Problème de l'Éducation**, par Paul DUPROIX, 1 vol. in-8. 1896.............................. 5 fr.

KNUTZEN. * **Martin Knutzen.** *La Critique de l'Harmonie préétablie*, par VAN BIÉMA, docteur ès lettres. 1908. 1 vol. in-8. 3 fr.

SCHELLING. **Bruno, ou du Principe divin.** 1 vol. in-8........................ 3 fr. 50

SCHILLER. **Sa Poétique**, par V. BASCH, chargé de cours à la Sorbonne. 2e édit. revue. 1911. 1 vol. in-8.......... 7 fr. 50

SCHLEIERMACHER. **Sa philosophie religieuse**, par E. CRAMAUSSEL, doct. ès lettres, agrégé de phil. 1 vol. in-8. 1909... 5 fr.

SCHOPENHAUER (A.). **Le Monde comme Volonté et comme Représentation.** Trad. par A. Burdeau, 5e édit. 3 volumes in-8. Chaque volume .... 7 fr. 50

— **Essai sur le Libre Arbitre.** Trad. et introd. par Salomon Reinach, 11e édition. 1 vol. in-16 .... 2 fr. 50

— **Le Fondement de la Morale.** Trad. par A. Burdeau. 10e édit. 1 vol. in-16. 2 fr. 50

— **Pensées et Fragments.** *Vie et Correspondance. — Les Douleurs du Monde. — L'Amour. — La Mort. — L'Art et la Morale.* Traduit par J. Bourdeau, 23e édition. 1 vol. in-16 .... 2 fr. 50

Parerga et Paralipomena.

— **Aphorismes sur la Sagesse dans la Vie.** Traduit par M. Cantacuzène. 9e édit. 1 vol. in-8 .... 5 fr.

— **Ecrivains et Style.** Trad., introd. et notes par A. Dietrich. 1 vol. in-16, 2e éd. 2 fr. 50

— **Sur la Religion.** Trad., introd. et notes de A. Dietrich. 1 vol. in-16, 2e édit. 2 fr. 50

— **Philosophie et Philosophes.** Trad., introd. et notes par A. Dietrich. 1 v. in-16. 2 fr. 50

— **Ethique, Droit et Politique.** Trad., introd. et notes par A. Dietrich. 1 v. in-16. 2 fr. 50

— **Métaphysique et Esthétique.** Trad., introd. et notes par A. Dietrich. 1 v. in-16. 2 fr. 50

SCHOPENHAUER. (Suite des *Parerga et Paralipomena.*)

— **Philosophie et science de la nature.** Trad., introd. et notes par A. DIETRICH. 1 v. in-16 .... 2 fr. 50

— **Fragments sur l'Histoire de la Philosophie.** Trad. introd. et notes, par A. DIETRICH. 1 vol. in-16 .... 2 fr. 50

— **Essai sur les apparitions et opuscules divers.** Trad., introd. et notes, par A. DIETRICH. 1 vol. in-16 .... 2 fr. 50

— **La Philosophie de Schopenhauer**, par Th. RIBOT, 12e éd. 1 vol. in-16. 2 fr. 50

— **L'Optimisme de Schopenhauer.** *Étude sur Schopenhauer*, par S. RZEWUSKI. 1 vol. in-16 .... 2 fr. 50

STRAUSS (David-Frédéric). **Sa vie et son œuvre**, par A. LÉVY, prof. à l'Université de Nancy. 1 vol. in-8. 1910 ...... 5 fr.

DELACROIX (H.), maître de conférences à la Sorbonne. **Essai sur le Mysticisme spéculatif en Allemagne au XIVe siècle.** 1 vol. in-8. 1900 .... 5 fr.

Philosophie allemande au XIXe siècle (La), par MM. CH. ANDLER, V. BASCH, J. BENRUBI, C. BOUGLÉ, V. DELBOS, G. DWELSHAUWERS, B. GROETHUYSEN, H. NORERO. 1912. 1 vol. in-8 .... 5 fr.

VAN BIEMA (E.), docteur ès lettres, agrégé de philosophie. * **L'Espace et le Temps chez Leibniz et chez Kant.** 1908. 1 vol. in-8. 6 fr.

LES GRANDS PHILOSOPHES

Publiés sous la direction de M. C. PIAT

Agrégé de philosophie, docteur ès lettres, professeur à l'Institut catholique de Paris.

Liste des volumes par ordre d'apparition.

* **Kant**, par M. RUYSSEN, prof. à l'Univ. de Bordeaux. 2e éd. in-8. (*Cour. par l'Instit.*) 7 fr. 50
* **Socrate**, par C. PIAT. 1 vol. in-8 .... 5 fr.
* **Avicenne**, par le baron CARRA DE VAUX. 1 vol. in-8 .... 5 fr.
* **Saint Augustin**, par Jules MARTIN. 2e édition. 1 vol. in-8 .... 7 fr. 50
* **Malebranche**, par Henri JOLY, de l'Institut. 1 vol. in-8 .... 5 fr.
* **Pascal**, par A. HATZFELD. 1 vol. in-8 .... 5 fr.
* **Saint Anselme**, par le Cte DOMET DE VORGES. 1 vol. in-8 .... 5 fr.

Spinoza, par P.-L. COUCHOUD. 1 vol. in-8. (*Couronné par l'Académie française.*) ..... 5 fr.
Aristote, par C. PIAT. 1 vol. in-8 .... 5 fr.
Gazali, par le baron CARRA DE VAUX. 1 vol. in-8. (*Couronné par l'Académie française.*) 5 fr.
* **Maine de Biran**, par Marius COUAILHAC. 1 vol. in-8. (*Récompensé par l'Institut.*) 7 fr. 50
* **Platon**, par C. PIAT. 1 vol. in-8 .... 7 fr. 50
Montaigne, par F. STROWSKI, professeur à l'Université de Bordeaux. 1 vol. in-8 ...... 6 fr.
Philon, par Jules MARTIN. 1 vol. in-8 .... 5 fr.
Rosmini, par J. PALHORIÈS, docteur ès lettres. 1 vol. in-8 .... 7 fr. 50
* **Saint Thomas d'Aquin**, par A. D. SERTILLANGES, 2e édit. 2 vol. in-8 (*Cour. par l'Instit.*). 12 fr.
* **Epicure**, par E. JOYAU, professeur à l'Université de Clermont-Ferrand. 1 vol. in-8. 5 fr.
Chrysippe, par E. BRÉHIER, prof. à l'Univ. de Bordeaux. in-8. (*Récomp. par l'Institut.*). 5 fr.
* **Schopenhauer**, par TH. RUYSSEN. 1 vol. in-8 .... 7 fr. 50
Maïmonide, par L.-G. LÉVY, doct. ès lettres, rabbin de l'union libérale israélite. 1 vol. in-8. 5 fr.
Schelling, par E. BRÉHIER. 1 vol. in-8 .... 6 fr.

LES MAITRES DE LA MUSIQUE

Études d'Histoire et d'Esthétique, publiées sous la direction de **M. JEAN CHANTAVOINE**

Chaque volume in-8 écu de 250 pages environ .... 3 fr. 50

Collection honorée d'une souscription du Ministère des Beaux-Arts.

Viennent de paraître :

J.-J. Rousseau, par JULIEN TIERSOT.
L'Art grégorien, par AMÉDÉE GASTOUÉ (*2e éd.*).
Lully, par LIONEL DE LA LAURENCIE.
* **Haendel**, par ROMAIN ROLLAND (*3e édit.*).
Liszt, par JEAN CHANTAVOINE (*2e édit.*).

Précédemment parus :

* **Gluck**, par JULIEN TIERSOT.
Wagner, par HENRI LICHTENBERGER (*4e édit.*).
Trouvères et Troubadours, par PIERRE AUBRY (*2e édit.*).
* **Haydn**, par MICHEL BRENET (*2e édit.*).
* **Rameau**, par LOUIS LALOY (*2e édit.*).
* **Moussorgsky**, p. M.-D. CALVOCORESSI (*2e éd.*)
* **J.-S. Bach**, par ANDRÉ PIRRO (*3e édit.*).
* **César Franck**, par VINCENT D'INDY (*6e édit.*).
* **Palestrina**, par MICHEL BRENET (*3e édit.*).
* **Beethoven**, par JEAN CHANTAVOINE (*6e édit.*).
* **Mendelssohn**, par C. BELLAIGUE (*3e édit.*).
* **Smetana**, par WILLIAM RITTER.
* **Gounod**, par C. BELLAIGUE (*2e édit.*).

BIBLIOTHÈQUE GÉNÉRALE
DES
SCIENCES SOCIALES

Secrét. de la Rédaction : DICK MAY, Secrét. général de l'École des Hautes-Études Sociales.

Chaque volume in-8 de 300 pages environ, cartonné à l'anglaise.......... 6 fr.

LISTE PAR ORDRE D'APPARITION

1. **L'Individualisation de la peine.** *Étude de Criminalité sociale*, par R. SALEILLES, professeur à la Faculté de droit de l'Université de Paris. Préface de G. TARDE. 2e édit. mise au point par G. MORIN, docteur en droit.
2. **L'Idéalisme social**, par Eug. FOURNIÈRE, prof. au Conservatoire des Arts et Métiers. 2e éd.
3. * **Ouvriers du temps passé** (XVe et XVIe siècles), par H. HAUSER, professeur à l'Université de Dijon. 3e édit.
4. * **Les Transformations du pouvoir**, par G. TARDE, de l'Institut. 2e édit.
5. * **Morale sociale**, par MM. G. BELOT, MARCEL BERNÈS, BRUNSCHVICG, F. BUISSON, DARLU, DAURIAC, DELBET, CH. GIDE. M. KOVALEVSKY, MALAPERT, le R. P. MAUMUS, DE ROBERTY, G. SOREL, le Pasteur WAGNER. Préf. d'E. Boutroux, de l'Institut. 2e éd.
6. * **Les Enquêtes**, pratique et théorie, par P. DU MAROUSSEM. (*Couronné par l'Institut.*)
7. * **Questions de Morale**, par MM. BELOT, BERNÈS, F. BUISSON, A. CROISET, DARLU; DELBOS, FOURNIÈRE, MALAPERT, MOCH, PARODI, G. SOREL. 2e édit.
8. **Le Développement du catholicisme social** depuis l'encyclique *Rerum novarum*, par Max TURMANN, professeur à la Faculté de droit de l'Université de Fribourg. 2e édit.
9. **Le Socialisme sans doctrine.** *La Question ouvrière et la Question agraire en Australie et en Nouvelle-Zélande*, par Albert MÉTIN, député, agrégé de l'Université. 2e édit.
10. * **Assistance sociale.** *Pauvres et Mendiants*, par Paul STRAUSS, sénateur.
11. * **L'Éducation morale dans l'Université**, par MM. LÉVY-BRUHL, DARLU, M. BERNÈS, KORTZ, CLAIRIN, ROCAFORT, BIOCHE, Ph. GIDEL, MALAPERT, BELOT.
12. * **La Méthode historique appliquée aux sciences sociales**, par Charles SEIGNOBOS, professeur à la Sorbonne. 2e édit.
13. * **L'Hygiène sociale**, par E. DUCLAUX, de l'Institut, directeur de l'Institut Pasteur.
14. **Le Contrat de travail.** *Le rôle des syndicats professionnels*, par P. BUREAU, professeur à la Faculté libre de droit de Paris.
15. * **Essai d'une philosophie de la solidarité**, par MM. DARLU, RAUH, F. BUISSON, GIDE, X. LÉON, LA FONTAINE, LÉON BOURGEOIS, E. BOUTROUX. 2e édit.
16. * **L'Exode rural et le retour aux champs**, par E. VANDERVELDE. 2e édit.
17. * **L'Éducation de la démocratie**, par MM. E. LAVISSE, A. CROISET, Ch. SEIGNOBOS, P. MALAPERT, G. LANSON, J. HADAMARD. 2e édit.
18. * **La Lutte pour l'existence et l'évolution des sociétés**, par J.-L. de LANESSAN, député.
19. * **La Concurrence sociale et les devoirs sociaux**, par le MÊME.
20. * **L'Individualisme anarchiste. Max Stirner**, par V. BASCH, professeur à la Sorbonne.
21. * **La Démocratie devant la science**, par C. BOUGLÉ, chargé de cours à la Sorbonne. 2e édit. revue. (*Récompensé par l'Institut.*)
22. * **Les Applications sociales de la solidarité**, par MM. P. BUDIN, Ch. GIDE, H. MONOD, PAULET, ROBIN, SIEGFRIED, BROUARDEL. Préface de M. Léon Bourgeois, sénateur.
23. **La Paix et l'Enseignement pacifiste**, par MM. Fr. PASSY, Ch. RICHET, d'ESTOURNELLES DE CONSTANT, E. BOURGEOIS, A. WEISS, H. LA FONTAINE, G. LYON.
24. * **Études sur la philosophie morale au XIXe siècle**, par MM. BELOT, DARLU, M. BERNÈS, A. LANDRY, GIDE, ROBERTY, ALLIER, H. LICHTENBERGER, L. BRUNSCHVICG.
25. * **Enseignement et Démocratie**, par MM. APPELL, J. BOITEL, A. CROISET, A. DEVINAT, Ch.-V. LANGLOIS, G. LANSON, A. MILLERAND, Ch. SEIGNOBOS.
26. * **Religions et Sociétés**, par MM. Th. REINACH, A. PUECH, R. ALLIER, A. LEROY-BEAULIEU, le baron CARRA DE VAUX, H. DREYFUS.
27. * **Essais socialistes.** *La religion, l'art, l'alcool*, par E. VANDERVELDE.
28. * **Le Surpeuplement et les habitations à bon marché**, par H. TUROT, conseiller municipal de Paris, et H. BELLAMY.
29. * **L'Individu, l'Association et l'État**, par E. FOURNIÈRE.
30. * **Les Trusts et les Syndicats de producteurs**, par J. CHASTIN, professeur au lycée Voltaire. (*Récompensé par l'Institut.*)

31. * **Le Droit de grève**, par MM. Ch. Gide, H. Barthélemy, P. Bureau, A. Keufer, C. Perreau, Ch. Picquenard, A.-E. Sayous, F. Fagnot, E. Vandervelde.

32. * **Morales et Religions**, par R. Allier, G. Belot, le Baron Carra de Vaux, F. Challaye, A. Croiset, L. Dorizon, E. Ehrhardt, E. de Faye, Ad. Lods, W. Monod, A. Puech.

33. **La Nation armée**, par MM. le Général Bazaine-Hayter, C. Bouglé, E. Bourgeois, le Cne Bourguet, E. Boutroux, A. Croiset, G. Demeny, G. Lanson, L. Pineau, le Cne Potez, F. Rauh.

34. * **La Criminalité dans l'adolescence.** *Causes et remèdes d'un mal social actuel*, par G.-L. Duprat, docteur ès lettres. (*Couronné par l'Institut.*)

35. * **Médecine et pédagogie**, par MM. le Dr Albert Mathieu, le Dr Gillet, le Dr H. Méry, le Dr Granjux, P. Malapert, le Dr Lucien Butte, le Dr Pierre Régnier, le Dr L. Dufestel, le Dr Louis Guinon, le Dr Nobécourt, L. Bougier. Préface de M. le Dr E. Mosny, de l'Académie de Médecine.

36. * **La Lutte contre le crime**, par J.-L. de Lanessan, député.

37. **La Belgique et le Congo**, *Le passé, le présent, l'avenir*, par E. Vandervelde.

38. * **La Dépopulation de la France.** *Ses conséquences. Ses causes. Mesures à prendre pour la combattre*, par le Dr J. Bertillon, chef des travaux statistiques de la Ville de Paris. (*Couronné par l'Institut.*)

39. * **L'Enseignement du français**, par H. Bourgin, A. Croiset, P. Crouzet, M. Lacabe-Plasteig, G. Lanson, Ch. Maquet, J. Prettre, G. Rudler, A. Weil.

40. **La Séparation de l'Église et de l'État.** *Origines. Étapes. Bilan*, par J. de Narfon. 1912.

41. **Neutralité et monopole de l'enseignement**, suivi de *l'État actuel de l'enseignement du latin*, par MM. V. Basch, E. Blum, A. Croiset, G. Lanson, D. Parodi, Th. Reinach et par MM. F. Lévy-Wogue et R. Pichon. 1912.

42. **La lutte scolaire en France au dix-neuvième siècle**, par MM. F. Buisson, L. Cahen, A. Dessoye, E. Fournière, C. Latreille, R. Lebey, Roger Lévy, Ch. Seignobos, Ch. Schmidt, J. Tchernoff, E. Toutey. Introduction de J. Letaconnoux. 1912.

43. **Jean-Jacques Rousseau**, par MM. F. Baldensperger, G. Beaulavon, J. Benrubi, C. Bouglé, A. Cahen, V. Delbos, G. Dwelshauvers, G. Gastinel, D. Mornet, D. Parodi, F. Vial. Préface de G. Lanson, professeur à la Sorbonne. 1912.

BIBLIOTHÈQUE

DE PHILOLOGIE ET DE LITTÉRATURE MODERNES

Liste des volumes par ordre d'apparition :

SCHILLER (**Études sur**), par MM. Schmidt, Fauconnet, Andler, Xavier Léon, Spenlé, Baldensperger, Dresch, Tibal, Ehrhard, Mme Talayrach d'Eckardt, H. Lichtenberger, A. Lévy. 1 vol. in-8. 1906 .... 4 fr.

CHAUCER (G.). * **Les contes de Canterbury.** Traduction française avec une introduction et des notes. 1 vol. grand in-8. 1908 .... 12 fr.

MEYER (André). **Étude critique sur les relations d'Érasme et de Luther.** Préface de M. Ch. Andler. 1 vol. in-8. 1909 .... 4 fr.

FRANÇOIS PONCET (A.). **Les affinités électives de Gœthe.** Préface de M. H. Lichtenberger. 1 vol. in-8. 1910 .... 5 fr.

BIANQUIS (G.), docteur ès lettres, agrégé d'allemand. **Caroline de Günderode (1780-1806)**, avec des lettres inédites. 1910. 1 vol. in-8 .... 10 fr.

LOISEAU (H.), professeur-adjoint à l'Univ. de Toulouse. **L'Évolution morale de Gœthe.** *Les années de libre formation, 1749-1794.* 1 vol. gr. in-8 (*Cour. par l'Acad. franç.*). 15 fr.

DELATTRE (F.), docteur ès lettres, prof. au lycée Charlemagne **Robert Herrick.** *Contribution à l'étude de la poésie lyrique en Angleterre au XVIIe siècle.* 1912. 1 vol. gr. in-8. 12 fr.

SUCHER (P.). ancien élève de l'Ecole normale sup., agrégé de l'Univ. **Les Sources du merveilleux chez E. T. A. Hoffmann.** 1912. 1 vol. in-8 .... 5 fr.

VULLIOD (A.), docteur ès lettres, agrégé de l'Université. **Pierre Rosegger.** *L'homme et l'œuvre.* 1912. 1 vol. gr. in-8 .... 12 fr.

BOETTCHER Mme (F.), docteur de l'Université de Paris. **La femme dans le théâtre d'Ibsen.** 1912. 1 vol. in-8 .... 4 fr.

BIBLIOTHÈQUE D'HISTOIRE CONTEMPORAINE

Volumes in-16 brochés à **3 fr. 50**. — Volumes in-8 brochés de divers prix.

Volumes parus en 1910, 1911 et 1912 :

ALBIN (P.). **Les grands Traités politiques.** *Recueil des principaux textes diplomatiques depuis 1815 jusqu'à nos jours.* Avec des commentaires et des notes. Préface de M. HERBETTE. 2e édition, revue et mise au courant. 1912. 1 vol. in-8.................. 10 fr.

— **Le « Coup » d'Agadir.** *La querelle franco-allemande.* Origines et développement de la crise de 1911. 1 vol. in-16. 1912.................. 3 fr. 50

AUGIER (Ch.), inspecteur principal des douanes à Nice, et MARVAUD (A.), docteur en droit. **La Politique douanière de la France dans ses rapports avec celle des autres états.** Préface de L.-L. KLOTZ, ministre des finances. 1911. 1 vol. in-8.................. 7 fr.

BUSSON (H.), FÈVRE (J.) et HAUSER (H.). ***Notre empire colonial.** 1 vol. in-8 avec 108 grav. et cartes dans le texte.................. 5 fr.

CARLYLE (Th.). **Histoire de la Révolution française.** *La Bastille. La Constitution. La Guillotine.* Trad. de l'anglais. Nouvelle édition précédée d'un avertissement, par A. AULARD, prof. à la Sorbonne. 1912. 3 vol. in-16.................. 10 fr. 50

CONARD (P.), docteur ès lettres. **Napoléon et la Catalogne (1808-1814).** Tome I. *La captivité de Barcelone. (Février 1808-Janvier 1810.)* 1910. 1 vol. in-8 avec 1 carte hors texte. (Prix Peyrat, 1910).................. 10 fr.

DRIAULT (E.), agrégé d'histoire. ***Austerlitz. La fin du Saint-Empire (1804-1806)** (*Napoléon et l'Europe*, II). 1912. 1 vol. in-8.................. 7 fr.

GUYOT (R.), docteur ès lettres, prof. au lycée Charlemagne. *** Le Directoire et la paix de l'Europe** *des traités de Bâle à la deuxième coalition (1795-1799).* 1911. 1 vol. in-8. 15 fr.

HUBERT (L.), sénateur. ***L'Effort allemand.** *L'Allemagne et la France au point de vue économique.* 1911. 1 vol. in-16.................. 3 fr. 50

LEBEGUE (E.), doct. ès lettres, prof. au lycée Lakanal. ***Thouret (1746-1794).** *La vie et l'œuvre d'un constituant.* 1910. 1 vol. in-8.................. 7 fr.

LÉGER (L.), de l'Institut, prof. au Collège de France. **La Renaissance tchèque au dix-neuvième siècle.** 1911. 1 vol. in-16.................. 3 fr. 50

MARCHAND (R.), correspondant du *Figaro* à Saint-Pétersbourg. **Les grands problèmes de la politique intérieure russe.** *La question agraire. La question finlandaise. La défense nationale. La situation politique.* 1912. 1 vol. in-16.................. 3 fr. 50

MARVAUD (A.). **La Question sociale en Espagne.** 1910. 1 vol. in-8.................. 7 fr.

— ***Le Portugal et ses colonies.** *Etude politique et économique.* 1912. 1 vol. in-8.. 5 fr.

MAURY (F.). **Nos hommes d'état et l'œuvre de réforme.** *Gambetta. Alexandre Ribot, Raymond Poincaré, Aristide Briand, Paul Deschanel, Joseph Caillaux. Les retraites ouvrières et paysannes. Le syndicalisme. L'éducation nationale.* 1912. 1 vol. in-16. 3 fr. 50

MOYSSET (H.). **L'Esprit public en Allemagne vingt ans après Bismarck.** 1911. 1 vol. in-8. *(Cour. par l'Acad. franç.)*.................. 5 fr.

PAUL LOUIS. **Le Syndicalisme contre l'État.** 1910. 1 vol. in-16.................. 3 fr. 50

PERNOT (M.). **La Politique de Pie X (1906-1910).** *Modernistes. Affaires de France. Catholiques d'Allemagne et d'Italie. Réformes romaines. La correspondance de Rome et de la France.* Préface de M. E. BOUTROUX, de l'Institut. 1910. 1 vol. in-16.................. 3 fr. 50

PIERRE-MARCEL (R.). **Essai politique sur Alexis de Tocqueville,** avec un grand nombre de documents inédits. 1910. 1 vol. in-8. *(Cour. par l'Acad. franç.)*.................. 7 fr.

Questions actuelles de politique étrangère en Asie. *L'Asie ottomane. Les compétitions dans l'Asie centrale et les réactions indigènes. La transformation de la Chine. La politique et les aspirations du Japon. La France et la situation politique en Extrême-Orient,* par MM. le baron DE COURCEL, P. DESCHANEL, P. DOUMER, E. ETIENNE, le général LEBON, VICTOR BÉRARD, R. DE CAIX, M. REVON, JEAN RODES, Dr ROUIRE, 1910. 1 vol. in-16, avec 4 cartes hors texte.................. 3 fr. 50

Questions actuelles de politique étrangère en Europe. *La politique anglaise. La politique allemande. La question d'Autriche-Hongrie. La question de Macédoine et des Balkans. La question russe,* par MM. F. CHARMES, A. LEROY-BEAULIEU, R. MILLET, A. RIBOT, A. VANDAL, R. DE CAIX, R. HENRY, G. LOUIS-JARAY, R. PINON, A. TARDIEU. Nouvelle édition refondue et mise à jour. 1911. 1 vol. in-16 avec 5 cartes hors texte..... 3 fr. 50

Questions actuelles de politique étrangère dans l'Amérique du Nord. *Le Canada et l'impérialisme britannique. Le canal de Panama. Le Mexique et son développement économique. Les États-Unis et la crise des partis. La doctrine de Monroë et le panaméricanisme,* par A. SIEGFRIED, P. DE ROUSIERS, DE PÉRIGNY, F. ROZ, A. TARDIEU. 1911. 1 vol. in-16, avec 5 cartes hors texte.................. 3 fr. 50

RUVILLE (A. de), professeur à l'Université de Halle. ***La restauration de l'empire allemand.** *Le rôle de la Bavière.* Traduit de l'allemand par P. ALBIN, avec une introduction sur *les papiers de Cerçay et le secret des correspondances diplomatiques,* par J. REINACH, député. 1911. 1 vol. in-8.................. 7 fr.

***La Vie politique dans les Deux Mondes.** Publiée sous la direction de A. VIALLATE, et M. CAUDEL professeur à l'Ecole libre des Sciences politiques, avec la collaboration de professeurs et d'anciens élèves de l'Ecole. 5e *année (1910-1911).* 1 fort vol. in-8. 10 fr.

WEILL (G.), prof. à l'Univ. de Caen. **La France sous la monarchie constitutionnelle (1814-1848).** Nouvelle édition revue et corrigée. 1912. 1 vol. in-16.................. 3 fr. 50

WELSCHINGER (H.), de l'Institut. **Bismarck (1815-1898).** 2e édition. 1 vol. in-8 avec portrait. 1912.................. 5 fr.

Précédemment publiés :

EUROPE

DEBIDOUR (A.), professeur à la Sorbonne. *** Histoire diplomatique de l'Europe, de 1815 à 1878.** 2 vol. in-8. *(Ouvrage couronné par l'Institut.)*.................. 18 fr.

DRIAULT (E.), agrégé d'histoire. * **Vue générale de l'histoire de la civilisation.** I. *Les origines.* II. *Les temps modernes.* 3ᵉ édition, revue, 1910. 2 vol. in-16 avec 218 gravures et 34 cartes. (*Récompensés par l'Institut.*) .... 7 fr.

DOELLINGER (I. DE). **La Papauté, ses origines au moyen âge, son influence jusqu'en 1870.** Traduit par A. Giraud-Teulon. 1904. 1 vol. in-8 .... 7 fr.

LEMONON (E.). **L'Europe et la politique britannique (1882-1911).** (2ᵉ édition, revue et corrigée avec un appendice sur *La crise constitutionnelle anglaise, 1909-1911*). Préface de M. Paul Deschanel, de l'Acad. fr. 1912. 1 vol. in-8. (*Récompensé par l'Institut*). 10 fr.

SYBEL (H. DE). * **Histoire de l'Europe pendant la Révolution française,** traduit de l'allemand par Mˡˡᵉ Dosquet. Ouvrage complet en 6 vol. in-8 .... 42 fr.

TARDIEU (A.), secrétaire honoraire d'ambassade. **La Conférence d'Algésiras.** *Histoire diplomatique de la crise marocaine* (15 janvier-7 avril 1906). 3ᵉ édit., revue et augmentée d'un appendice sur *Le Maroc après la Conférence (1906-1909).* 1 vol. in-8. 1909 .... 10 fr.

— * **Questions diplomatiques de l'année 1904.** 1 vol. in-16. (*Ouvrage couronné par l'Académie française.*) 1905 .... 3 fr. 50

FRANCE

Révolution et Empire.

AULARD (A.), professeur à la Sorbonne. * **Le Culte de la Raison et le Culte de l'Être suprême,** étude historique (1793-1794). 3ᵉ édit. 1 vol. in-16 .... 3 fr. 50

— * **Études et leçons sur la Révolution française.** 6 vol. in-16. Chacun .... 3 fr. 50

BOITEAU (P.). **État de la France en 1789.** 2ᵉ édition. 1 vol. in-8 .... 10 fr.

BORNAREL (E.), doct. ès lettres. * **Cambon et la Révolution française.** In-8. 1906. 7 fr.

CAHEN (L.), docteur ès lettres, professeur au lycée Condorcet. * **Condorcet et la Révolution française.** 1 vol. in-8. (*Récompensé par l'Institut.*) .... 10 fr.

CARNOT (H.), sénateur. * **La Révolution française,** résumé historique. 1 vol. in-16. 3 fr. 50

DEBIDOUR (A.), professeur à la Sorbonne. * **Histoire des rapports de l'Église et de l'État en France (1789-1870).** 1 fort vol. in-8. (*Couronné par l'Institut.*) 1898 .... 12 fr.

DRIAULT (E.), agrégé d'histoire. **La Politique orientale de Napoléon.** SÉBASTIANI et GARDANE (1806-1808). 1 vol. in-8. (*Récompensé par l'Institut.*). 1902 .... 7 fr.

— * **Napoléon en Italie (1800-1812).** 1 vol. in-8. 1906 .... 10 fr.

— **La Politique extérieure du 1ᵉʳ Consul (1800-1803).** (*Napoléon et l'Europe,* I.). 1 vol. in-8. 1909. (*Cour. par l'Acad. franç.*) .... 7 fr.

DUMOULIN (Maurice). * **Figures du temps passé.** 1 vol. in-16. 1906 .... 3 fr. 50

GOMEL (G.). **Les Causes financières de la Révolution française.** *Les ministères de Turgot et de Necker.* 1 vol. in-8 .... 8 fr.

— **Les Causes financières de la Révolution française.** *Les derniers Contrôleurs généraux.* 1 vol. in-8 .... 8 fr.

— **Histoire financière de l'Assemblée Constituante (1789-1791).** 2 vol. in-8. 16 fr. — Tome I : (1789). 8 fr. Tome II : (1790-1791) .... 8 fr.

— **Histoire financière de la Législative et de la Convention.** 2 vol. in-8. 15 fr. — Tome I : (1792-1793). 7 fr. 50. Tome II : (1793-1795) .... 7 fr. 50

HARTMANN (Lieut.-Colonel). **Les officiers de l'armée royale et la Révolution.** 1 vol. in-8. 1909. (*Récompensé par l'Institut.*) .... 10 fr.

MATHIEZ (A.), prof. à l'Univ. de Besançon. * **La Théophilanthropie et le culte décadaire (1796-1801).** 1 vol. in-8. 1903 .... 12 fr.

— * **Contributions à l'histoire religieuse de la Révolution française.** In-16. 1906.. 3 fr. 50

MARCELLIN PELLET, ancien député. **Variétés révolutionnaires.** 3 vol. in-16, précédés d'une préface de A. Ranc. Chaque vol. séparément .... 3 fr. 50

MOLLIEN (Cte). **Mémoires d'un ministre du trésor public (1780-1815),** publiés par M. Ch. Gomel. 3 vol. in-8 .... 15 fr.

SILVESTRE, professeur à l'Ecole des Sciences politiques. **De Waterloo à Sainte-Hélène** (20 juin-16 octobre 1815). 1 vol. in-16 .... 3 fr. 50

SPULLER (Eug.). **Hommes et choses de la Révolution.** 1 vol. in-18 .... 3 fr. 50

STOURM (R.), de l'Institut. **Les Finances de l'ancien régime et de la Révolution.** 2 vol. in-8 .... 16 fr.

— **Les Finances du Consulat.** 1 vol. in-8 .... 7 fr. 50

THENARD (L.) et GUYOT (R.). * **Le Conventionnel Goujon (1766-1793).** 1 vol. in-8. (*Récompensé par l'Institut.*) 1908 .... 5 fr.

VALLAUX (C.). * **Les Campagnes des armées françaises (1793-1815).** In-16... 3 fr. 50

Époque contemporaine.

BLANC (Louis). * **Histoire de Dix ans (1830-1840).** 5 vol. in-8 .... 25 fr.

CHALLAYE (F.). **Le Congo Français.** *La question internationale du Congo.* In-8. 1909. 5 fr.

DEBIDOUR, professeur à la Sorbonne. * **Histoire des rapports de l'Église et de l'État en France (1789-1870).** 2ᵉ édit. 1 fort vol. in-8. (*Couronné par l'Institut.*) .... 12 fr.

— * **L'Église catholique et l'État en France sous la troisième République (1870-1906).** — I. (1870-1889), 1 vol. in-8. 1906. 7 fr. — II. (1889-1906). 1 vol. in-8. 1909 .... 10 fr.

DELORD (Taxile). * **Histoire du second Empire (1848-1870).** 6 vol. in-8 .... 42 fr.

FEVRE (J.), professeur à l'Ecole normale de Melun, et H. HAUSER, professeur à l'Université de Dijon. * **Régions et pays de France.** 1 vol. in-8, avec 147 gravures et cartes dans le texte. 1909. (*Récompensé par l'Institut.*) .... 7 fr.

GAFFAREL (P.), professeur à l'Université d'Aix-Marseille. * **La politique coloniale en France (1789-1830).** 1 vol. in-8. 1907 .... 7 fr.

— * **Les Colonies françaises.** 1 vol. in-8. 6ᵉ édition revue et augmentée .... 5 fr.

GAISMAN (A.). * **L'Œuvre de la France au Tonkin.** Préface de J.-L. de Lanessan. 1 vol. in-16 avec 4 cartes en couleurs, 1906 .... 3 fr. 50

HUBERT (L.), sénateur. * **L'Eveil d'un monde.** *L'œuvre de la France en Afrique Occidentale.* 1 vol. in-16. 1909 .... 3 fr. 50

LANESSAN (J.-L. de), député, ancien ministre. * **L'Indo-Chine française. Étude économique, politique et administrative.** 1 vol. in-8, avec 5 cartes en couleurs hors texte...... 15 fr.
— * **L'État et les Églises en France.** *Histoire de leurs rapports, des origines jusqu'à la Séparation.* 1 vol. in-16. 1906. .... 3 fr. 50
— * **Les Missions et leur protectorat.** 1 vol. in-16. 1907........................ 3 fr. 50
LAPIE (P.), recteur de l'Académie de Toulouse. **Les Civilisations tunisiennes** (Musulmans, Israélites, Européens). In-16. 1898. (*Couronné par l'Académie française.*)....... 3 fr. 50
LEBLOND (Marius-Ary). **La Société française sous la troisième République.** In-8. 5 fr.
NOEL (O.). **Histoire du commerce extérieur de la France depuis la Révolution.** 1 vol. in-8.. 6 fr.
PIOLET (J.-B.). **La France hors de France, notre émigration, sa nécessité, ses conditions.** 1 vol. in-8. 1900. (*Couronné par l'Institut.*)........................... 10 fr.
SCHEFER (Ch.), professeur à l'École des sciences politiques. **La France moderne et le problème colonial (1815-1830).** 1 vol. in-8.. 7 fr.
SPULLER (E.), ancien ministre de l'Instruction publique. * **Figures disparues,** portraits contemporains littéraires et politiques. 3 vol. in-16. Chacun........................ 3 fr. 50
TARDIEU (A.), secrétaire honoraire d'ambassade. * **La France et les Alliances.** *La lutte pour l'équilibre.* 3e édition, 1910. 1 vol. in-16. (*Récompensé par l'Institut.*)... 3 fr. 50
TCHERNOFF (J.). **Associations et Sociétés secrètes sous la deuxième République (1848-1851).** 1 vol. in-8. 1905.. 7 fr.
VIGNON (L.), professeur à l'École coloniale. **La France dans l'Afrique du nord.** 2e édition. 1 vol. in-8. (*Récompensé par l'Institut.*)... 7 fr.
— **L'Expansion de la France.** 1 vol. in-18. 3 fr. 50. — LE MÊME. Édition in-8........ 7 fr.
WAHL, inspecteur général de l'Instruction publique, et A. BERNARD, professeur à la Sorbonne. * **L'Algérie.** 1 vol. in-8. 5e édit. 1908. (*Ouvrage couronné par l'Institut.*). 5 fr.
WEILL (G.), prof. à l'Univ. de Caen. **Histoire du Parti républicain en France de 1814 à 1870.** 1 vol. in-8. 1900. (*Récompensé par l'Institut.*)................................ 10 fr.
— * **Histoire du mouvement social en France (1852-1910).** 2e édition. 1 vol. in-8.... 10 fr.
— **L'École saint-simonienne,** son histoire, son influence jusqu'à nos jours. In 16. 1896. 3 fr. 50
— **Histoire du catholicisme libéral en France** (1828-1908). 1 vol. in-16......... 3 fr. 50
ZEVORT (E.), recteur de l'Académie de Caen. **Histoire de la troisième République :**
Tome I. * *La Présidence de M. Thiers.* 1 vol. in-8. 3e édit............................ 7 fr.
Tome II. * *La Présidence du Maréchal.* .... (*Épuisé.*)
Tome III. * *La Présidence de Jules Grévy.* 1 vol. in-8. 2e édit......................... 7 fr.
Tome IV. *La Présidence de Sadi Carnot.* 1 vol. in-8... 7 fr.

ANGLETERRE

COURCELLE (M.). — * **Disraëli.** 1 vol. in-16.. 2 fr. 50
MANTOUX (P.), docteur ès lettres, prof. au Collège Chaptal. **A travers l'Angleterre contemporaine.** *La guerre sud-africaine et l'opinion. L'organisation du parti ouvrier. L'évolution du Gouvernement et de l'État.* Préface de M. G. Monod, de l'Institut. 1 vol. in-16. 1909... 3 fr. 50
VIALLATE (A.). — **Chamberlain.** Préface de E. BOUTMY. 1 vol. in-16......... .. 2 fr. 50

ALLEMAGNE

ANDLER (Ch.), prof. à la Sorbonne. * **Les Origines du socialisme d'État en Allemagne.** 2e édition, revue. 1911. 1 vol. in-8 .... 7 fr.
GUILLAND (A.), professeur d'histoire à l'École polytechnique suisse. * **L'Allemagne nouvelle et ses historiens.** *Niebuhr. Ranke. Mommsen Sybel. Treitschke.* In-8. 1899. 5 fr.
MATTER (P.), doct. en droit, substitut du procureur général de Paris. * **La Prusse et la Révolution de 1848.** 1 vol. in-16. 1903... 3 fr. 50
— * **Bismarck et son temps.** (*Couronné par l'Institut.*)
I. * *La préparation* (1815-1863). 1 vol. in-8. 1905....................................... 10 fr.
II. * *L'action* (1863-1870). 1 vol. in-8. 1906... 10 fr.
III. * *Triomphe, splendeur et déclin* (1870-1898). 1 vol. in-8. 1908................ 10 fr.
MILHAUD (E.), professeur à l'Université de Genève. * **La Démocratie socialiste allemande.** 1 vol. in-8. 1903.. 10 fr.
SCHMIDT (Ch.), docteur ès lettres. **Le Grand-Duché de Berg (1806-1813).** 1905. 1 vol. in-8. 10 fr.
VERON (Eug.). * **Histoire de la Prusse,** depuis la mort de Frédéric II. In-16. 6e édit. 3 fr. 50

AUTRICHE-HONGRIE, POLOGNE

BOURLIER (J.). * **Les Tchèques et la Bohême contemporaine.** 1 vol. in-16........ 3 fr. 50
HANDELSMAN (M.). **Napoléon et la Pologne (1806-1807).** 1 vol. in-8................. 5 fr.
JARAY (G.-Louis), auditeur au Conseil d'État. **La Question sociale et le socialisme en Hongrie.** 1 vol. in-8, avec 5 cartes hors texte. 1909. (*Récompensé par l'Institut.*)..... 7 fr.
MAILATH (Cte J. de). **La Hongrie rurale, sociale et politique.** Préface de M. René Henry. 1 vol. in-8. 1909.. 5 fr.
RECOULY (R.). * **Le Pays magyar.** 1903. 1 vol. in-16..................................... 3 fr. 50

ITALIE, ESPAGNE

BOLTON KING (M. A.). * **Histoire de l'unité italienne.** Histoire politique de l'Italie, de 1814 à 1871. Introd. de M. Yves Guyot. 2 vol. in-8.. 15 fr.
COMBES DE LESTRADE (Vte). **La Sicile sous la maison de Savoie.** 1 vol. in-18. 3 fr. 50
GAFFAREL (P.), professeur à l'Université d'Aix-Marseille. * **Bonaparte et les Républiques italiennes** (1796-1799). 1895. 1 vol. in-8 .... 5 fr.
LÉONARDON (H.). — * **Prim.** 1 vol. in-16... 2 fr. 50
REYNALD (H.). * **Histoire de l'Espagne,** depuis la mort de Charles III. 1 vol. in-16. 3 fr. 50

ROUMANIE, SUÈDE, SUISSE

DAENDLIKER. * **Histoire du peuple suisse.** Trad. de l'allem. par Mme Jules Favre et précédé d'une Introduction de Jules Favre. 1 vol. in-8 .... 5 fr.
DAMÉ (Fr.). * **Histoire de la Roumanie contemporaine,** depuis l'avènement des princes indigènes jusqu'à nos jours. 1 vol. in-8. 1900 .... 7 fr.
SCHEFER (C.). * **Bernadotte-roi (1810-1818-1844).** 1 vol. in-8. 1899 .... 5 fr.

GRÈCE, TURQUIE, ÉGYPTE

BÉRARD (V.), docteur ès lettres. **La Turquie et l'Hellénisme contemporain.** (*Ouvrage cour. par l'Acad. française.*). 1 vol. in-16. 6e édit. 1911 .... 3 fr. 50
DRIAULT (E.), agrégé d'histoire. * **La Question d'Orient,** *depuis ses origines jusqu'à nos jours,* préface de G. Monod, de l'Institut. 1 vol. in-8. 5e édit. 1912 (*Récomp. par l'Institut.*). 7 fr.
METIN (Albert), député, professeur à l'École coloniale. * **La Transformation de l'Égypte.** 1 vol. in-16. 1903 (Cour. par la Soc. de géogr. commerciale.) .... 3 fr. 50
RODOCANACHI (E.). * **Bonaparte et les îles Ioniennes.** 1 vol. in-8 .... 5 fr.

INDE, CHINE, JAPON

ALLIER (R.). **Le Protestantisme au Japon (1859-1907).** 1 vol. in-16. 1908 .... 3 fr. 50
CORDIER (H.), de l'Institut, professeur à l'École des langues orientales. * **Histoire des relations de la Chine avec les puissances occidentales (1860-1902),** avec cartes. 3 vol. in-8, chacun séparément .... 10 fr.
— * **L'Expédition de Chine de 1857-58.** Histoire diplomatique 1905. 1 vol. in-8 .... 7 fr.
— * **L'Expédition de Chine de 1860.** Histoire diplomatique 1906. 1 vol. in-8 .... 7 fr.
COURANT (M.), maître de conférences à l'Université de Lyon. **En Chine.** *Mœurs et Institutions. Hommes et Faits.* 1 vol. in-16 .... 3 fr. 50
— **Okoubo,** ministre japonais. 1 vol. in-16 avec un portrait .... 2 fr. 50
DRIAULT (E.), agrégé d'histoire. * **La Question d'Extrême-Orient.** 1 vol. in-8. 1907. 7 fr.
PIRIOU (E.), agrégé de l'Université. * **L'Inde contemporaine et le mouvement national.** 1905. 1 vol. in-16 .... 3 fr. 50
RODES (Jean). **La Chine nouvelle.** 1 vol. in-16. 1909 .... 3 fr. 50

AMÉRIQUE

DEBERLE (Alf.). * **Histoire de l'Amérique du Sud.** 1 vol. in-16. 3e éd .... 3 fr. 50
STEVENS. **Les Sources de la Constitution des États-Unis.** 1 vol. in-8 .... 7 fr. 50
VIALLATE (A.), **L'Industrie américaine.** 1 vol. in-8. 1908 .... 10 fr.

QUESTIONS POLITIQUES ET SOCIALES

BARNI (Jules). * **Histoire des Idées morales et politiques en France au XVIIIe siècle.** 2 vol. in-16. Chaque volume .... 3 fr. 50
— * **Les Moralistes français au XVIIIe siècle.** 1 vol. in-16 .... 3 fr. 50
LOUIS BLANC. **Discours politiques (1848-1881).** 1 vol. in-8 .... 7 fr. 50
BONET-MAURY. **La Liberté de conscience en France (1598-1905).** 1 vol. in-8, 2e édit. 5 fr.
D'EICHTHAL (Eug.), de l'Institut. **Souveraineté du Peuple et Gouvernement.** 1 vol. in-16, 1895 .... 3 fr. 50
DRIAULT (E.), agrégé d'histoire. * **Problèmes politiques et sociaux.** In-8. 2e éd. 1906. 7 fr.
— * **Le Monde actuel.** *Tableau politique et économique.* 1 vol. in-8. 1909 .... 7 fr.
— et MONOD (G.). **Histoire politique et sociale (1815-1911).** (*Évolution du monde moderne.*) 2e édition. 1 vol. in-16, avec gravures et cartes .... 5 fr.
GUYOT (Yves). **Sophismes socialistes et faits économiques.** 1 vol. in-16. 1908 ... 3 fr. 50
LICHTENBERGER (A.). * **Le Socialisme utopique,** *étude sur quelques précurseurs du Socialisme.* 1 vol. in-16, 1898 .... 3 fr. 50
— * **Le Socialisme et la Révolution française.** 1 vol. in-8. 1898 .... 5 fr.
MATTER (P.). **La Dissolution des Assemblées parlementaires.** 1 vol. in-8. 1898 .... 5 fr.
PAUL LOUIS. **L'Ouvrier devant l'État.** La législation ouvrière dans les deux mondes. In-8. 1904 .... 7 fr.
— **Histoire du Mouvement syndical en France (1789-1910).** 2e éd. 1 vol. in-16. 1911. 3 fr. 50
REINACH (Joseph), député. **Pages républicaines.** 1 vol. in-16 .... 3 fr. 50
— * **La France et l'Italie devant l'Histoire.** 1 vol. in-8 .... 5 fr.
Le Socialisme à l'étranger. *Angleterre, Allemagne, Autriche, Italie, Espagne, Hongrie, Russie, Japon, États-Unis,* par MM. J. Bardoux, G. Gidel, Kinzo-Goraï, G. Isambert, G. Louis-Jaray, A. Marvaud, Da Motta de San Miguel, P. Quentin-Bauchart, M. Revon, A. Tardieu. Préface de A. Leroy-Beaulieu, de l'Institut, directeur de l'École des Sciences politiques, conclusion de J. Bourdeau. 1 vol. in-16. 1909 .... 3 fr. 50
SPULLER (E.). * **L'Éducation de la Démocratie.** 1 vol. in-16. 1892 .... 3 fr. 50
— **L'Evolution politique et sociale de l'Église.** 1 vol. in-12. 1893 .... 3 fr. 50
* **La Vie politique dans les Deux Mondes.** Publiée sous la direction de A. VIALLATE et M. CAUDEL, professeurs à l'École des Sciences politiques, avec la collaboration de professeurs et d'anciens élèves de l'École des Sciences politiques.
1re année, 1906-1907, à *5e année, 1910-1911,* chacune 1 fort vol. in-8 .... 10 fr.

PUBLICATIONS HISTORIQUES ILLUSTRÉES

* **DE SAINT-LOUIS A TRIPOLI, PAR LE LAC TCHAD,** par le lieutenant-colonel Monteil. 1 beau vol. in-8 colombier, précédé d'une préface de M. de Vogüé, de l'Académie française, illustrations de Riou. 1895. (*Ouvrage couronné par l'Académie française: Prix Monthyon*), broché, 20 fr. — Relié amateur .... 28 fr.
* **HISTOIRE ILLUSTRÉE DU SECOND EMPIRE,** par Taxile Delord. 6 vol. in-8, avec 500 gravures. Chaque vol. broché .... 8 fr.

RECUEIL DES INSTRUCTIONS

DONNÉES AUX AMBASSADEURS ET MINISTRES DE FRANCE

Depuis les Traités de Westphalie jusqu'à la Révolution française.

Publié sous les auspices de la Commission des archives diplomatiques au Ministère des Affaires étrangères.

Beaux vol. in-8 raisin, imprimés sur papier de Hollande, avec Introduction et notes.

I. — **AUTRICHE**, par M. Albert SOREL, de l'Académie française. 1 vol. .... *Épuisé.*
II. — **SUÈDE**, par M. A. GEFFROY, de l'Institut. 1 vol. .... 20 fr.
III. — **PORTUGAL**, par le Vicomte de CAIX DE SAINT-AYMOUR. 1 vol. .... 20 fr.
IV et V. — **POLOGNE**, par M. Louis FARGES, chef de bureau aux Archives du Ministère des affaires étrangères. 2 vol. .... 30 fr.
VI. — **ROME** (1648-1687) (tome I), par G. HANOTAUX, de l'Académie française. 1 vol. 20 fr.
VII. — **BAVIÈRE, PALATINAT ET DEUX-PONTS**, par M. André LEBON. 1 vol. .... 25 fr.
VIII et IX. — **RUSSIE**, par M. Alfred RAMBAUD, de l'Institut. 2 vol. Le 1er volume. 20 fr. Le second volume .... 25 fr.
X. — **NAPLES ET PARME**, par M. Joseph REINACH, député. 1 vol. .... 20 fr.
XI. — **ESPAGNE** (1649-1750) (tome I), par MM. MOREL-FATIO, professeur au Collège de France, et LÉONARDON. 1 vol. .... 20 fr.
XII et XII *bis*. — **ESPAGNE** (1750-1789) (tomes II et III), par les mêmes. 2 vol. .... 40 fr.
XIII. — **DANEMARK**, par A. GEFFROY, de l'Institut. 1 vol. .... 14 fr.
XIV et XV. — **SAVOIE-SARDAIGNE-MANTOUE**, par HORRIC de BEAUCAIRE, ministre plénipotentiaire. 2 vol. .... 40 fr.
XVI. — **PRUSSE**, par M. A. WADDINGTON, professeur à l'Université de Lyon. 1 vol. (*Couronné par l'Institut.*) .... 28 fr.
XVII. — **ROME** (1688-1723) (tome II), par G. HANOTAUX, de l'Académie française, avec une introduction et des notes par J. HANOTEAU. 1 vol. 1911 .... 25 fr.
XVIII. — **DIÈTE GERMANIQUE**, par B. AUERBACH, professeur à l'Université de Nancy. 1 vol. 1911 .... 20 fr.
XIX. — **FLORENCE, MODÈNE, GÊNES**, par ED. DRIAULT. 1 vol. 1912 .... 20 fr.

INVENTAIRE ANALYTIQUE

DES ARCHIVES DU MINISTÈRE DES AFFAIRES ÉTRANGÈRES

Publié sous les auspices de la Commission des Archives diplomatiques.

Correspondance politique de MM. de CASTILLON et de MARILLAC, ambassadeurs de France en Angleterre (1527-1542), par M. Jean KAULEK, avec la collaboration de MM. Louis Farges et Germain Lefèvre-Pontalis. 1 vol. in-8 raisin .... 15 fr.

Papiers de BARTHÉLEMY, ambassadeur de France en Suisse, de 1792 à 1797, 6 volumes in-8 raisin. I. Année 1792. 15 fr. — II. Janvier-août 1793. 15 fr. — III. Septembre 1793 à mars 1794. 8 fr. — IV. Avril 1794 à février 1795. 20 fr. — V. Septembre 1794 à septembre 1796, par M. Jean KAULEK, 20 fr. — Tome VI et dernier, Novembre 1794 à Février 1796, par M. Alexandre TAUSSERAT-RADEL .... 12 fr

Correspondance politique d'ODET DE SELVE, ambassadeur de France en Angleterre (1546-1549), par G. LEFÈVRE-PONTALIS. 1 vol. in-8 raisin .... 15 fr.

Correspondance politique de GUILLAUME PELLICIER, ambassadeur de France à Venise (1540-1542), par M. Alexandre TAUSSERAT-RADEL. 1 fort vol. in-8 raisin .... 40 fr.

Correspondance des Deys d'Alger avec la Cour de France (1759-1833), recueillie par Eug. PLANTET. 2 vol. in-8 raisin .... 30 fr.

Correspondance des Beys de Tunis et des Consuls de France avec la Cour (1577-1830), recueillie par Eugène PLANTET. 3 vol. in-8. Tome I (1577-1700). *Épuisé.* — Tome II (1700-1770). 20 fr. — Tome III (1770-1830) .... 20 fr.

Les Introducteurs des Ambassadeurs (1589-1900). 1 vol. in-4, avec figures dans le texte et planches hors texte .... 20 fr.

Histoire de la représentation diplomatique de la France auprès des cantons suisses, de leurs alliés et de leurs confédérés, publiée sous les auspices des archives fédérales suisses par E. ROTT. Tome I (1430-1559), 1 vol. gr. in-8. 12 fr. — Tome II (1559-1610), 1 vol. gr. in-8, 15 fr. — Tome III (1610-1626). *L'affaire de la Valteline* (1re partie) (1620-1626). 1 vol. gr. in-8, 20 fr. — Tome IV (1626-1635) (1re partie). *L'affaire de la Valteline* (2e partie) (1626-1633). 1 vol. gr. in-8, 15 fr. — Tome IV (2e partie). *L'affaire de la Valteline* (3e partie) (1633-1635). 1 vol. gr. in-8 .... 8 fr.

HISTOIRE DIPLOMATIQUE

Voir *Bibliothèque d'histoire contemporaine*, p. 18 à 21 du présent Catalogue.

BIBLIOTHÈQUE DE LA FACULTÉ DES LETTRES
DE L'UNIVERSITÉ DE PARIS

HISTOIRE ET LITTÉRATURE ANCIENNES

* **De l'Authenticité des Épigrammes de Simonide**, par M. le Professeur H. HAUVETTE. 1 vol. in-8 .... 5 fr.

De la Flexion dans Lucrèce, par M. le Professeur CARTAULT. 1 vol. in-8.......... 4 fr.

* **La Main-d'Œuvre industrielle dans l'ancienne Grèce**, par M. le Professeur P. GUIRAUD, de l'Institut. 1 vol. in-8.................... 7 fr.

* **Recherches sur le Discours aux Grecs de Tatien**, suivies d'une *traduction française du discours*, avec notes, par A. PUECH, professeur adjoint à la Sorbonne. 1 vol. in-8... 6 fr.

* **Les « Métamorphoses » d'Ovide et leurs modèles grecs**, par A. LAFAYE, professeur adjoint à la Sorbonne. 1 vol. in-8.................... 8 fr. 50

* **Mélanges d'histoire ancienne**, par MM. le professeur G. BLOCH, J. CARCOPINO et L. GERNET. 1 vol. in-8.................... 12 fr. 50

Le Dystique élégiaque chez Tibulle, Sulpicia, Lygdamus, par M. le professeur A. CARTAULT. 1 vol. in-8.................... 11 fr.

HISTOIRE ET LITTÉRATURE DU MOYEN AGE

* **Premiers Mélanges d'Histoire du Moyen Age**, par MM. le Professeur A. LUCHAIRE, de l'Institut, DUPONT-FERRIER et POUPARDIN. 1 vol. in-8.................... 3 fr. 50

Deuxièmes Mélanges d'Histoire du Moyen Age, par MM. le Professeur LUCHAIRE, HALPHEN et HUCKEL. 1 vol. in-8.................... 6 fr.

Troisièmes Mélanges d'Histoire du Moyen Age, par MM. le Prof. LUCHAIRE, BEYSSIER, HALPHEN et CORDEY. 1 vol. in-8.................... 8 fr. 50

Quatrièmes Mélanges d'Histoire du Moyen Age, par MM. JACQUEMIN, FARAL, BEYSSIER. 1 vol. in-8.................... 7 fr. 50

Cinquièmes Mélanges d'Histoire du Moyen Age, publiés sous la dir. de M. le Professeur A. LUCHAIRE, par MM. AUBERT, CARRU, DULONG, GUÉBIN, HUCKEL, LOIRETTE, LYON, MAX FAZY, et Mlle MACHKEWITCH. 1 vol. in-8.................... 5 fr.

* **Essai de Restitution des plus anciens Mémoriaux de la Chambre des Comptes de Paris**, par MM. J. PETIT, GAVRILOVITCH, MAURY et TÉODORU, préface de M. le Professeur CH.-V. LANGLOIS. 1 vol. in-8.................... 9 fr.

Constantin V, empereur des Romains (740-775). *Étude d'histoire byzantine*, par A. LOMBARD, licencié ès lettres. Préf. de M. le Professeur CH. DIEHL. 1 vol. in-8.......... 6 fr.

Étude sur quelques Manuscrits de Rome et de Paris, par M. le Professeur A. LUCHAIRE. 1 vol. in-8.................... 6 fr.

Les Archives de la Cour des Comptes, Aides et Finances de Montpellier, par L. MARTIN-CHABOT, archiviste-paléographe. 1 vol. in-8.................... 8 fr.

Le Latin de Saint-Avit, évêque de Vienne (450?-526?), par M. le Professeur H. GOELZER avec la collaboration de A. MEY. 1 vol. in-8.................... 25 fr.

HISTOIRE ET LITTÉRATURE MODERNES ET CONTEMPORAINES

* **Le treize Vendémiaire an IV**, par HENRY ZIVY, agrégé d'histoire. 1 vol. in-8 ..... 4 fr.

* **Mélanges d'Histoire littéraire**, par MM. FREMINET, DUPIN et DES COGNETS. Préface de M. le Professeur LANSON. 1 vol. in-8.................... 6 fr. 50

Le mouvement de 1314 et les chartes provinciales de 1315, par A. ARTONNE, archiviste-paléographe. 1 vol. gr. in-8.................... 7 fr. 50

PHILOLOGIE ET LINGUISTIQUE

Le Dialecte alaman de Colmar (Haute-Alsace) en 1870, grammaire et lexique, par M. le Professeur VICTOR HENRY. 1 vol. in-8.................... 8 fr.

* **Études linguistiques sur la Basse-Auvergne, phonétique historique du patois de Vinzelles (Puy-de-Dôme)**, par ALBERT DAUZAT. Préface de M. le Professeur A. THOMAS. 1 vol. in-8.................... 6 fr.

* **Antinomies linguistiques**, par M. le Professeur VICTOR HENRY. 1 vol. in-8........ 2 fr.

Mélanges d'Étymologie française, par M. le Professeur A. THOMAS. 1 vol. in-8..... 7 fr.

* **A propos du Corpus Tibullianum.** *Un siècle de philologie latine classique*, par M. le Professeur A. CARTAULT. 1 vol. in-8.................... 18 fr.

Studies on Lydgate's syntax in the temple of glas, par A. COURMONT, 1 vol. in-8. 5 fr.

L'Isochronisme dans le vers français, par P. VERRIER, chargé de Cours à la Sorbonne, 1 vol. gr. in-8.................... 2 fr. (*Vient de paraître.*

PHILOSOPHIE

L'Imagination et les Mathématiques selon Descartes, par P. BOUTROUX, prof. à l'Université de Nancy. 1 vol. in-8.................... 2 fr.

GÉOGRAPHIE

La Rivière Vincent-Pinzon. *Étude sur la cartographie de la Guyane*, par M. le Professeur VIDAL DE LA BLACHE, de l'Institut. 1 vol. in-8.................... 6 fr.

PUBLICATIONS PÉRIODIQUES

REVUE PHILOSOPHIQUE

DE LA FRANCE ET DE L'ÉTRANGER

Dirigée par **TH. RIBOT**, membre de l'Institut, professeur honoraire au Collège de France.

(37e année, 1912). — Paraît tous les mois.

Abonnement (du 1er janvier), Un an : Paris, **30** fr. — Départements et étranger, **33** fr.
La livraison, **3** fr.

REVUE DU MOIS

Directeur : **Émile BOREL**, professeur à la Sorbonne.
Secrétaire de la rédaction A. BIANCONI, agrégé de l'Université.

(7e année, 1912). — Paraît tous les mois.

Abonnement du 1er de chaque mois

Un an : Paris, **20** fr. — Départements, **22** fr. — Étranger, **25** fr.
Six mois : — **10** fr. — — **11** fr. — — **12** fr. **50**.
La livraison, **2** fr. **25**.

JOURNAL DE PSYCHOLOGIE NORMALE ET PATHOLOGIQUE

dirigé par les docteurs

Pierre JANET, Professeur au Collège de France, et **Georges DUMAS**, Professeur adjoint à la Sorbonne.

(9e année, 1912). — Paraît tous les deux mois.

Abonnement (du 1er janvier), Un an : France et Étranger, **14** fr. — La livr. **2** fr. **60**
Le prix d'abonnement est de 12 fr. pour les abonnés de la Revue Philosophique.

REVUE HISTORIQUE

Dirigée par **MM. G. MONOD**, de l'Institut, et **Ch. BÉMONT**.

(36e année, 1911.) — Paraît tous les deux mois.

Abonnement (du 1er janvier), Un an : Paris, **30** fr. — Départ. et étranger, **33** fr.
La livraison, **6** fr.

REVUE DES ÉTUDES NAPOLÉONIENNES

Publiée sous la direction de M. **Ed. DRIAULT**.

(1re année, 1912). — Paraît tous les deux mois.

Abonnement (du 1er janvier), Un an : France, **20** fr. — Étranger, **22** fr.
La livraison, **4** fr.

REVUE DES SCIENCES POLITIQUES

Suite des Annales des Sciences politiques.

(27e année, 1912). — Paraît tous les deux mois.

Rédacteur en chef : **M. ESCOFFIER**, professeur à l'École des sciences politiques.

Abonnement (du 1er janvier), Un an : Paris, **18** fr.; Départ. et Étranger, **19** fr.
La livraison, **3** fr. **50**.

JOURNAL DES ÉCONOMISTES

Revue mensuelle de la science économique et de la statistique.

(71e année, 1912). — Paraît tous les mois.

Rédacteur en chef : **YVES GUYOT**, ancien ministre, vice-président de la Société d'économie politique.

ABONNEMENT DU 1er DE CHAQUE TRIMESTRE :

Un an : France, **36** fr. — Étranger, **38** fr.
Six mois : — **19** fr. — — **20** fr.
La livraison, **3** fr. **50**

ATHENA

Revue publiée par l'École des Hautes-Études sociales.

(2e année 1912). — Paraît tous les mois (Août et Septembre exceptés).

ABONNEMENT (du 1er décembre), Un an : France et Alsace-Lorraine, **15** fr.
Étranger, **20** fr. — La livraison, **2** fr.

BULLETIN DE LA STATISTIQUE GÉNÉRALE DE LA FRANCE

(1re année, 1911-1912). — Paraît tous les trois mois.

ABONNEMENT (du 1er octobre), Un an : France et Étranger, **14** fr.
La livraison, **4** fr.

REVUE ANTHROPOLOGIQUE

Suite de la REVUE DE L'ÉCOLE D'ANTHROPOLOGIE DE PARIS.

Recueil mensuel publié par les professeurs (22e année, 1912).

ABONNEMENT (du 1er janvier), Un an : France et Étranger, **10** fr. — La livraison, **1** fr.

SCIENTIA

Revue internationale de synthèse scientifique.

(6e année, 1912). 6 livraisons par an, de 150 à 200 pages chacune; publie un supplément contenant la traduction française des articles publiés en langues étrangères.

ABONNEMENT (du 1er janvier), Un an : France et Étranger, **30** francs.

REVUE ÉCONOMIQUE INTERNATIONALE

(9e année, 1912). — Paraît tous les mois.

ABONNEMENT (du 1er janvier), Un an : France et Belgique, **50** fr. Autres pays, **56** fr.

BULLETIN DE LA SOCIÉTÉ LIBRE POUR L'ÉTUDE PSYCHOLOGIQUE DE L'ENFANT

10 numéros par an. — ABONNEMENT (du 1er octobre) : **3** fr.

BIBLIOTHÈQUE SCIENTIFIQUE
INTERNATIONALE

VOLUMES IN-8, CARTONNÉS A L'ANGLAISE; OUVRAGES A 6, 9 ET 12 FRANCS.

Les titres marqués * sont acceptés par le Ministère de l'Instruction publique pour les Bibliothèques des Lycées et des Collèges.

Derniers volumes parus (1910-1912) :

PEARSON (K.), prof. au collège de l'Univ. de Londres. ***La Grammaire de la Science*** (*La physique*). 1 vol. in-8. Trad. de l'anglais, par LUCIEN MARCH............... 9 fr.

CYON (E. de). **L'Oreille.** *Organe d'orientation dans le temps et dans l'espace.* 1 vol. in-8 avec 45 grav. dans le texte, 3 planches hors texte et 1 portrait de Flourens....... 6 fr.

ANDRADE (J.), professeur à la Faculté des sciences de Besançon. **Le Mouvement.** *Mesures de l'étendue et mesures du temps.* 1 vol. in-8, avec 46 fig. dans le texte.. 6 fr.

CUENOT (L.), professeur à la Faculté des sciences de Nancy. ***La Genèse des espèces animales.*** 1 vol. in-8 avec 123 grav. dans le texte (*Cour. par l'Acad. des Sciences*). 12 fr.

ROUBINOVITCH (Dr J.), médecin en chef de l'hospice de Bicêtre. ***Aliénés et anormaux.*** 1 vol. in-8 avec 63 gravures. (*Cour. par l'Acad. de médecine.*)................. 6 fr.

LE DANTEC (F.), chargé de cours à la Sorbonne. **La Stabilité de la vie.** *Étude énergétique de l'évolution des espèces.* 1 vol. in-8.. 6 fr.

PRÉCÉDEMMENT PUBLIÉS :

ANGOT (A.), directeur du Bureau météorologique. ***Les Aurores polaires.*** 1 vol. in-8, avec figures.. 6 fr.

ARLOING, prof. à l'École de médecine de Lyon. ***Les Virus.*** 1 vol. in-8........... 6 fr.

BAGEHOT. ***Lois scientifiques du développement des nations.*** 1 vol. in-8. 7e éd... 6 fr.

BAIN. ***L'Esprit et le Corps.*** 1 vol. in-8. 7e édition................................ 6 fr.

— ***La Science de l'éducation.*** 1 vol. in-8. 11e édition.............................. 6 fr.

BALFOUR STEWART. ***La Conservation de l'énergie,*** avec fig. 1 vol. in-8. 6e édit.. 6 fr.

BERNSTEIN. ***Les Sens.*** 1 vol. in-8, avec 91 figures. 5e édition...................... 6 fr.

BERTHELOT, de l'Institut. ***La Synthèse chimique.*** 1 vol. in-8. 8e édition......... 6 fr.

— ***La Révolution chimique, Lavoisier.*** 1 vol. in-8. 2e éd............................ 6 fr.

BINET. ***Les Altérations de la personnalité.*** 1 vol. in-8. 2e édition................ 6 fr.

BINET et FÉRÉ. ***Le Magnétisme animal.*** 1 vol. in-8. 5e édition....................... 6 fr.

BOURDEAU (L.). **Histoire de l'habillement et de la parure.** 1 vol. in-8............. 6 fr.

BRUNACHE (P.). ***Le Centre de l'Afrique. Autour du Tchad.*** In-8, avec figures. 6 fr.

CANDOLLE (de). ***L'Origine des plantes cultivées.*** 1 vol. in-8. 4e édition.......... 6 fr.

CARTAILHAC (E.). **La France préhistorique,** d'après les sépultures et les monuments. 1 vol. in-8, avec 162 figures. 2e édition.. 6 fr.

CHARLTON BASTIAN. ***Le Cerveau, organe de la pensée chez l'homme et chez les animaux.*** 2 vol. in-8, avec figures. 2e édition.................................. 12 fr.

— **L'Évolution de la vie.** 1 vol. in-8, avec fig. et pl.................................. 6 fr.

COLAJANNI (N.). ***Latins et Anglo-Saxons.*** 1 vol. in-8................................. 9 fr.

CONSTANTIN (Capne). **Le Rôle sociologique de la guerre et le sentiment national.** Suivi de la traduction de *La Guerre, moyen de sélection collective*, par le Dr STEINMETZ. In-8. 6 fr.

COOKE et BERKELEY. ***Les Champignons.*** 1 vol. in-8, avec figures. 4e édition... 6 fr.

COSTANTIN (J.), de l'Institut. ***Les Végétaux et les Milieux cosmiques*** (adaptation, évolution). 1 vol. in-8, avec 171 gravures.. 6 fr.

— ***La Nature tropicale.*** 1 vol. in-8, avec gravures...................................... 6 fr.

— ***Le Transformisme appliqué à l'agriculture.*** 1 vol. in-8, avec 105 gravures.. 6 fr.

DAUBRÉE, de l'Institut. **Les Régions invisibles du globe et des espaces célestes.** 1 vol. in-8, avec 85 fig. dans le texte. 2e édition.. 6 fr.

DEMENY (G.). ***Les bases scientifiques de l'éducation physique.*** In-8, avec 200 gr. 5e éd. 6 fr.

— **Mécanisme et éducation des mouvements.** 1 vol. in-8, avec 565 gravures. 2e édit. 9 fr.

DEMOOR, MASSART et VANDERVELDE. ***L'Évolution régressive en biologie et en sociologie.*** 1 vol. in-8, avec gravures.. 6 fr.

DRAPER. **Les Conflits de la science et de la religion.** 1 vol. in-8. 12e édition....... 6 fr.

DUMONT (L.). ***Théorie scientifique de la sensibilité.*** 1 vol. in-8. 4e édition....... 6 fr.

GELLÉ (E.-M.). * L'Audition et ses organes. 1 vol. in-8, avec gravures.............. 6 fr.

GRASSET (J.), prof. à la Faculté de médecine de Montpellier. — Les Maladies de l'orientation et de l'équilibre. 1 vol. in-8, avec gravures.............................. 6 fr.

GROSSE (E.). * Les débuts de l'art. 1 vol. in-8, avec gravures........................ 6 fr.

GUIGNET et GARNIER. * La Céramique ancienne et moderne. In-8, avec grav. 6 fr.

HERBERT SPENCER. * Les Bases de la morale évolutionniste. 1 vol. in-8. 6e édit... 6 fr.

— * La Science sociale. 1 vol. in-8. 14e édition.. 6 fr.

HUXLEY. * L'Écrevisse, introduction à la Zoologie. 1 vol. in-8, avec figures. 2e édit. 6 fr.

JACCARD, professeur à l'Académie de Neuchâtel (Suisse). * Le Pétrole, le Bitume et l'Asphalte au point de vue géologique. 1 vol. in-8, avec figures.......................... 6 fr.

JAVAL (E.), de l'Académie de médecine. * Physiologie de la lecture et de l'écriture. 1 vol. in-8, avec 96 gravures. 2e édition.. 6 fr.

LAGRANGE (F.). * Physiologie des exercices du corps. 1 vol. in-8. 11e édition... 6 fr.

LALOY (L.). * Parasitisme et mutualisme dans la nature. Préface du Prof. A. GIARD, de l'Institut. 1 vol. in-8, avec 82 gravures.. 6 fr.

LANESSAN (DE). * Principes de colonisation. 1 vol. in-8.................................. 6 fr.

LE DANTEC, chargé de cours à la Sorbonne. * Théorie nouvelle de la vie. 4e édit. 1 vol. in-8, avec figures.. 6 fr.

— L'Évolution individuelle et l'hérédité. 1 vol. in-8.. 6 fr.

— Les Lois naturelles. 1 vol. in-8, avec gravures.. 6 fr.

LOEB, professeur à l'Université Berkeley. * La dynamique des phénomènes de la vie. Traduit par MM. DAUDIN et SCHAEFFER, préface de M. le prof. A. GIARD, de l'Institut. 1 vol. in-8 avec fig.. 9 fr.

LUBBOCK (SIR JOHN). * Les Sens et l'instinct chez les animaux, principalement chez les insectes. 1 vol. in-8, avec 150 figures.. 6 fr.

MALMEJAC (F.). L'Eau dans l'alimentation. 1 vol. in-8, avec fig.......................... 6 fr.

MAUDSLEY. * Le Crime et la Folie. 1 vol. in-8. 7e édition.................................... 6 fr.

MEUNIER (Stan.), professeur au Muséum. * La Géologie comparée. In-8, avec grav. 2e édit. 6 fr.

— * La Géologie générale. 1 vol. in-8, avec gravures. 2e édit.................................. 6 fr.

— * La Géologie expérimentale. 1 vol. in-8, avec gravures. 2e édit.......................... 6 fr.

MEYER (de). * Les Organes de la parole et leur emploi pour la formation des sons du langage. 1 vol. in-8, avec 51 gravures.. 6 fr.

MORTILLET (G. DE). * Formation de la Nation française. 2e édit. 1 vol. in-8, avec 150 gravures et 18 cartes.. 6 fr.

NIEWENGLOWSKI (H.). * La Photographie et la photochimie. 1 vol. in-8, avec gravures et une planche hors texte.. 6 fr.

NORMAN LOCKYER. * L'Évolution inorganique. 1 vol. in-8 avec gravures....... 6 fr.

PERRIER (Edm.), de l'Institut. La Philosophie zoologique avant Darwin. 1 vol. in-8. 3e édition.. 6 fr.

PETTIGREW. * La Locomotion chez les animaux, marche, natation et vol. 1 vol. in-8 avec figures. 2e édition.. 6 fr.

QUATREFAGES (DE), de l'Institut. * L'Espèce humaine. 1 vol. in-8. 15e édit........ 6 fr.

— * Darwin et ses précurseurs français. 1 vol. in-8. 2e édit. refondue............... 6 fr.

— * Les Émules de Darwin. 2 vol. in-8, avec préfaces de MM. Ed. PERRIER et HAMY. 12 fr.

RICHET (Ch.), professeur à la Faculté de médecine de Paris. La Chaleur animale. 1 vol. in-8, avec figures.. 6 fr.

ROCHÉ (G.). * La Culture des Mers (piscifacture, pisciculture, ostréiculture). 1 vol. in-8, avec 81 gravures.. 6 fr.

SCHMIDT (O.). * Les Mammifères dans leurs rapports avec leurs ancêtres géologiques. 1 vol. in-8, avec 51 figures.. 6 fr.

SCHUTZENBERGER, de l'Institut. * Les Fermentations. 1 vol. in-8. 6e édition.... 6 fr.

SECCHI (le Père). * Les Étoiles. 2 vol. in-8, avec fig. et pl. 3e édition............ 12 fr.

STALLO. * La Matière et la Physique moderne. 1 vol. in-8. 3e édition............ 6 fr.

STARCKE. * La Famille primitive. 1 vol. in-8.. 6 fr.

THURSTON (R.). * Histoire de la machine à vapeur. 2 vol. in-8, avec 140 figures et 16 planches hors texte. 3e édition.. 12 fr.

TOPINARD. L'Homme dans la Nature. 1 vol. in-8, avec figures............................ 6 fr.

VAN BENEDEN. * Les Commensaux et les Parasites dans le règne animal. 1 vol. in-8, avec figures. 4e édition.. 6 fr.

VRIES (Hugo de). Espèces et Variétés, trad. de l'allemand par L. BLARINGHEM, chargé d'un cours à la Sorbonne, avec préface. 1 vol. in-8.................................. 12 fr.

WURTZ, de l'Institut. * La Théorie atomique. 1 vol. in-8, 10e édition................ 6 fr.

NOUVELLE
COLLECTION SCIENTIFIQUE

Directeur : ÉMILE BOREL

Sous-directeur de l'École normale supérieure, Professeur à la Sorbonne.

VOLUMES IN-16 A 3 FR. 50

Volumes publiés en 1910, 1911 et 1912 :

GENTIL (L.), professeur-adjoint à la Sorbonne. **Le Maroc physique.** 1 vol. in-16 avec cartes.......... 3 fr. 50

TANNERY (J.), de l'Institut. **Science et philosophie**, avec une notice par E. Borel. 1 vol. in-16.......... 3 fr. 50

RABAUD (E.), maître de conférences à la Sorbonne. * **Le Transformisme et l'expérience.** 1 vol. in-16, avec gravures.......... 3 fr. 50

BUAT (E.), chef d'escadron au 25e régiment d'artillerie de campagne. **L'Artillerie de campagne.** *Son histoire, son évolution, son état actuel.* 1 vol. in-16 avec 75 grav. 3 fr. 50

MEUNIER (Stanislas), professeur de géologie au Muséum d'histoire naturelle. **L'Évolution des Théories géologiques.** 1 vol. in-16, avec gravures.......... 3 fr. 50

NIEDERLE (Lubor), professeur à l'Université de Prague. **La Race slave.** *Statistique, démographie, anthropologie.* Traduit du tchèque et précédé d'une préface, par L. Leger, de l'Institut. 1 vol. in-16.......... 3 fr. 50

PAINLEVÉ (Paul), de l'Institut, et BOREL (Emile). **L'Aviation.** 5e édition; revue et augmentée. 1 vol. in-16, avec gravures.......... 3 fr. 50

DUCLAUX (Jacques), préparateur à l'Institut Pasteur. **La Chimie de la Matière vivante.** 2e édition. 1 vol. in-16.......... 3 fr. 50

MAURAIN (Ch.), professeur à la Faculté des sciences de Caen. **Les États physiques de la Matière.** 2e éd. 1 vol. in-16, avec gravures.......... 3 fr. 50

Précédemment parus.

BONNIER (Dr P.), laryngologiste de la clinique médicale de l'Hôtel-Dieu. **La Voix.** *Sa culture physiologique. Théorie nouvelle de la phonation.* 3e édition. 1 vol. in-16, avec gravures.......... 3 fr. 50

* **De la Méthode dans les Sciences :** (*1re série*).

1. *Avant-propos*, par M. P.-F. Thomas, docteur ès lettres, professeur de philosophie au lycée Hoche. — 2. *De la Science*, par M. Émile Picard, de l'Institut. — 3. *Mathématiques pures*, par M. J. Tannery, de l'Institut. — 4. *Mathématiques appliquées*, par M. Painlevé, de l'Institut. — 5. *Physique générale*, par M. Bouasse, professeur à la Faculté des Sciences de Toulouse. — 6. *Chimie*, par M. Job, professeur au Conservatoire des Arts et Métiers. — 7. *Morphologie générale*, par M. A. Giard, de l'Institut. — 8. *Physiologie*, par M. Le Dantec, chargé de cours à la Sorbonne. — 9. *Sciences médicales*, par M. Pierre Delbet, professeur à la Faculté de médecine de Paris. — 10. *Psychologie*, par M. Th. Ribot, de l'Institut. — 11. *Sciences sociales*, par M. Durkheim, professeur à la Sorbonne. — 12. *Morale*, par M. Lévy-Bruhl, professeur à la Sorbonne. — 13. *Histoire*, par M. G. Monod, de l'Institut. 2e édition. 1 vol. in-16.......... 3 fr. 50

* **De la Méthode dans les sciences :** (*2e série*).

Avant-propos, par Emile Borel. — *Astronomie, jusqu'au milieu du XVIIIe siècle*, par B. Baillaud, de l'Institut, directeur de l'Observatoire de Paris. — *Chimie physique*, par Jean Perrin, professeur à la Sorbonne. — *Géologie*, par Léon Bertrand, professeur-adjoint à la Sorbonne. — *Paléobotanique*, par R. Zeiller, de l'Institut, professeur à l'École des Mines. — *Botanique*, par Louis Blaringhem, chargé de cours à la Sorbonne. — *Archéologie*, par Salomon Reinach, de l'Institut. — *Histoire littéraire*, par Gustave Lanson, professeur à la Sorbonne. — *Statistique*, par Lucien March, directeur de la statistique générale de la France. — *Linguistique*, par A. Meillet, professeur au Collège de France. 2e édition. 1 vol. in-16.......... 3 fr. 50

THOMAS (P.-F.), professeur au lycée Hoche. **L'Éducation dans la Famille.** *Les péchés des parents.* 3e édition. 1 vol. in-16. (*Couronné par l'Institut.*).......... 3 fr. 50

LE DANTEC (F.), chargé du cours de biologie générale à la Sorbonne. **Éléments de Philosophie biologique.** 1 vol. in-16. 3e édition.......... 3 fr. 50

— **La Crise du Transformisme.** 2e édition. 1 vol. in-16.......... 3 fr. 50

OSTWALD (W), professeur à l'Université de Leipzig. **L'Évolution de l'Électrochimie.** Traduit de l'allemand par E. Philippi, licencié ès sciences. 1 vol. in-16.... ... 3 fr. 50

— **L'Énergie**, traduit de l'allemand par E. Philippi, 3e édition. 1 vol. in-16....... 3 fr. 50

Bibliothèque Utile

AGRICULTURE — TECHNOLOGIE INDUSTRIELLE ET COMMERCIALE
HYGIÈNE ET MÉDECINE USUELLE — PHYSIQUE ET CHIMIE
SCIENCES NATURELLES — ÉCONOMIE POLITIQUE ET SOCIALE
PHILOSOPHIE ET DROIT — HISTOIRE — GÉOGRAPHIE ET COSMOGRAPHIE

Élégants volumes in-32, de 192 pages ; chaque volume broché, **60** *cent.*

Derniers volumes parus :

HENNEGUY (F.). **Histoire de l'Italie,** *depuis 1815 jusqu'au cinquantenaire de l'Unité italienne* (1911).

REGNARD (A.). **Histoire de l'Angleterre,** *depuis 1815 jusqu'à l'avènement de Georges V* (1910).

COLLAS ET DRIAULT. **Histoire de l'Empire ottoman** *jusqu'à la Révolution de 1909.*

YVES GUYOT. **Les Préjugés économiques.**

EISENMENGER (G.). **Les Tremblements de terre,** avec gravures.

FAQUE (L.). **L'Indo-Chine française.** *Cochinchine, Cambodge, Annam, Tonkin.* 2e édition, mise à jour jusqu'en 1910.

AGRICULTURE

Acloque. Insectes nuis.
Berget. Viticulture.
— Pratique des vins.
— Les Vins de France.
Larbalétrier. L'agriculture française.
— Plantes d'appartem.
Petit. Économie rurale.
Vaillant. Petite chimie de l'agriculteur.

TECHNOLOGIE

Bellet. Grands ports maritimes.
Brothier. Hist. de la terre.
Dufour. Dict. des falsif.
Gastineau. Génie et science.
Genevoix. Matières premières.
— Procédés industriels.
Gossin. La machine à vapeur.
Maigne. Mines de France.
Mayer. Les chem. de fer.

HYGIÈNE — MÉDECINE

Cruveilhier. Hygiène.
Laumonier. Hygiène de la cuisine.
Merklen. La tuberculose.
Monin. Les maladies épidémiques.
Sérieux et Mathieu. L'alcool et l'alcoolisme.
Turck. Médecine populaire.

PHYSIQUE — CHIMIE

Bouant. Hist. de l'eau.
— Princ. faits de la chimie.
Huxley. Premières notions sur les sciences.
Albert Lévy. Hist. de l'air.
Zurcher. L'atmosphère.

SCIENCES NATURELLES

H. Beauregard. Zoologie.
Coupin. Vie dans les mers.
Eisenmenger. Tremblements de terre.
Geikie. Géologie.
Gérardin. Botanique.
Jouan. La chasse et la pêche des anim. marins.
Zaborowski. L'homme préhistorique.
— Migrations des anim.
— Les grands singes.
— Les mondes disparus.
Zurcher et Margollé. Télescope et microscope.

ÉCONOMIE POLITIQUE ET SOCIALE

Coste. Richesse et bonh.
— Alcoolisme ou Epargne.
Guyot (Yves). Préjugés économiques.
Jevons. Économie polit.
Larrivé. L'assistance publique.
Leneveux. Le travail manuel.
Mongredien. Libre-échange en Angleterre.
Paul-Louis. Lois ouvr.

ENSEIGNEMENT BEAUX-ARTS

Collier. Les beaux-arts.
Jourdy. Le patriotisme à l'école.
G. Meunier. Hist. de l'art.
— Hist. de la littérature française.
Pichat. L'art et les artist.
H. Spencer. De l'éducat.

PHILOSOPHIE — DROIT

Enfantin. La vie éternelle.
Ferrière. Darwinisme.
Jourdan. Justice crimin.
Morin. La loi civile.
Eug. Noël. Voltaire et Rousseau.
F. Paulhan. La physiologie de l'esprit.
Renard. L'homme est-il libre ?
Robinet. Philos. posit.
Zaborowski. L'origine du langage.

HISTOIRE

Antiquité.

Combes. La Grèce.
Creighton. Histoire rom.
Mahaffy. L'ant. grecque.
Ott. L'Asie et l'Égypte.

France.

Bastide. La Réforme.
Bère. L'armée française.
Buchez. Mérovingiens.
— Carlovingiens.
Carnot. La Révolution française. 2 vol.
Debidour. Rapports de l'Église et de l'État (1789-1871).
Doneaud. La marine française.
Faque. L'Indo-Chine française.
Larrivière. Origines de la guerre de 1870.
Fréd. Lock. Jeanne d'Arc.
— La Restauration.
Quesnel. Conquête de l'Algérie.
Zevort. Louis-Philippe.

Pays étrangers.

Bondois. L'Europe cont.
Collas et Driault. L'Empire ottoman.
Eug. Despois. Les révolutions d'Angleterre.
Doneaud. La Prusse.
Faque. Indo-Chine.
Henneguy. L'Italie.
E. Raymond. L'Espagne.
Regnard. L'Angleterre.
Ch. Rolland. L'Autriche.

GÉOGRAPHIE COSMOGRAPHIE

Amigues. A travers le ciel.
Blerzy. Colon. anglaises.
Catalan. Astronomie.
Gaffarel. Frontières françaises.
Girard de Rialle. Peuples de l'Asie et de l'Europe.
Grove. Continents, Océans.
Jouan. Iles du Pacifique.
Zurcher et Margollé. Les phénomènes célestes.

HISTOIRE UNIVERSELLE DU TRAVAIL

Publiée sous la direction de **G. RENARD**, professeur au Collège de France.

Sera publiée en 12 volumes.

Chaque volume in-8, avec gravures . . . . **5 fr.**

Viennent de paraître :

PAUL LOUIS. **Le travail dans le monde romain.** 1 vol. avec 41 gravures.

RENARD (G.) et DULAC (A.). **L'évolution industrielle et agricole depuis cent cinquante ans.** 1 vol. avec 34 gravures.

PUBLICATIONS

HISTORIQUES, PHILOSOPHIQUES ET SCIENTIFIQUES

qui ne se trouvent pas dans les collections précédentes.

Volumes parus en 1910, 1911 et 1912.

AMICUS. **Pensées libres.** *Questions internationales, religieuses, bio-sociologiques, historiques, philosophiques. Les Femmes.* 1911. 1 vol. in-8........................ 5 fr.

Annales de l'Institut supérieur de philosophie de Louvain. Tome I. 1912, par MM. N. Balthasar, C. Jacquart, J. Lemaire, J. Lottin, A. Mansion, A. Michotte, P. Nève, C. Ransy. 1 vol. gr. in-8.. 10 fr.

Année musicale (L'), publiée par MM. Michel Brenet, J. Chantavoine, L. Laloy, L. de la Laurencie. 1re année 1911. 1 vol. gr. in-8................................ 10 fr.

ARON (M.). **Le Journal d'une Sévrienne.** 1912. 1 vol. in-16. (*Cour. par l'Acad. franç.*) 3 fr. 50

ARRÉAT. **Réflexions et Maximes.** 1911. 1 vol. in-16.......... 2 fr. 50. (V. p. 6 et 31.)

BASTIDE (Ch.), doct. ès lettres, prof. agrégé au lycée Charlemagne. **Anglais et français du XVIIe siècle.** 1912. 1 fort. vol. in-16................................ 4 fr.

BESANÇON (A.), docteur ès lettres. **Les Adversaires de l'hellénisme à Rome pendant la période républicaine.** 1910. 1 vol. gr. in-8. (*Couronné par l'Institut.*).......... 10 fr.

BRENET (M.). * **Musique et musiciens de la vieille France.** *Les musiciens de Philippe le Hardi. Ockeghem. Mauduit. Origines de la musique descriptive.* 1911. 1 vol. in-16. 3 fr. 50

BRUNHES (J.), professeur au Collège de France. * **La Géographie humaine.** *Essai de classification positive. Principes et exemples.* 2e édition revue et augmentée. 1 vol. grand in-8, avec 272 grav. et cartes dans le texte et hors texte. (*Couronné par l'Académie française et Médaille d'or de la Société de Géographie.*)...................... 20 fr.

CAHEN (G.), chargé de mission en Russie, doct. ès lettres. **Histoire des relations de la Russie avec la Chine sous Pierre-le-Grand (1689-1730).** 1 vol. gr. in-8. 1912....... 10 fr.

Ce qu'on a fait de l'Eglise. Etude d'histoire religieuse avec une humble supplique à sa sainteté le pape Pie X. 6e édition. 1912. 1 vol. in-16........................ 3 fr. 50

CHANTAVOINE (J.). **Musiciens et poètes.** *Goethe musicien. Le neveu de Beethoven. La ballade allemande et Carl Lœwe. Le Don Sancho de Liszt. Liszt et Heine. L'italianisme de Chopin. Schumann.* 1912. 1 vol. in-16................................ 3 fr. 50

CHABRIER (Dr). **Les Émotions et états organiques.** 1911. 1 vol. in-16........... 2 fr. 50

COHEN (H.), professeur à l'Université de Marburg. **Le Judaïsme et le progrès religieux de l'humanité.** Trad. de l'allemand. 1911. Broch. in-8.............................. 0 fr. 50

COUBERTIN (P. de). **L'Éducation des adolescents au XXe siècle.** II. Éducation intellectuelle : *L'analyse universelle.* 1911. 1 vol. in-16.................. 2 fr. 50 (V. p. 31.)

CREMER (Th.). **Le Problème religieux dans la philosophie de l'action** (*MM. Blondel et le P. Laberthonnière*). Préface de V. Delbos, de l'Institut, 1912. 1 vol. gr. in-8. 3 fr.

DARBON (A.), docteur ès lettres. **Le Concept du hasard dans la philosophie de Cournot.** 1910. Brochure in-8.. 2 fr. (V. p. 6.)

DELVAILLE (J.). doct. ès lettres. * **La Chalotais éducateur.** 1911. 1 vol. in-8. 5 fr. (V. p. 7 et 14.)

DEPLOIGE (S.), prof. à l'Université catholique de Louvain. **Le Conflit de la morale et de la sociologie.** 1911. 1 vol. gr. in-8.. 7 fr. 50

DUPUY (P.). **Le Positivisme d'Auguste Comte.** 1911. 1 vol. in-8......... 5 fr. (V. p. 32.)

DUSSAUZE (H.), doct. ès lettres. **Les règles esthétiques et les lois du sentiment.** 1911. 1 vol. in-8.. 10 fr.

GASTÉ (M. de). **Réalités imaginatives.... Réalités positives.** *Essai d'un code moral basé sur la science.* Préface de F. Le Dantec. 1910. 1 vol. in-8......................... 7 fr. 50

GRASSERIE (R. de la). **Études de psychosociologie.** I. *De l'Instinct cryptologique et de l'instinct phanérique.* 1911. In-8. 2 fr. — II. *De l'hybridité mentale et sociale.* 1911. In-8. 2 fr. — III. *Parasitisme, Paradynamisme et paramorphisme sociologique.* 1911. In-8., 2 fr. (V. p. 7.)

HOCHREUTINER (B.-P.-G.), docteur ès sciences. **La Philosophie d'un naturaliste.** *Essai de synthèse du monisme mécaniste et de l'idéalisme solipsiste.* 1910. 1 vol. in-8. 7 fr. 50

JAELL (Mme Marie). **Un nouvel État de conscience.** *La coloration des sensations tactiles.* 1910. 1 vol. in 8 avec 33 planches........................... 4 fr. (V. p. 4.)

JOUBERT (G.), prof. à l'école normale de Mons. **Les Humanités primaires.** 1911. 1 vol. in-16.. 5 fr.

LABROUE (H.), prof. agrégé d'histoire au lycée de Bordeaux. * **L'Esprit public en Dordogne pendant la Révolution.** Préface de G. Monod, de l'Institut. 1912. 1 vol. in-8. 4 fr. (V. p. 32.)

LANESSAN (de), ancien ministre de la Marine. **Nos Forces navales.** *Organisation, répartition.* 1911. 1 vol. in-16.................. 3 fr. 50 (V. p. 10, 16, 17, 19, 27, 30 et 32.)

LATOUR (M.). **Premiers principes d'une théorie générale des émotions.** 1912. 1 vol. in-8.. 3 fr. 50

LISZT (Fr.). **Pages romantiques.** Publiées avec une introduction et des notes par J. Chantavoine. 1912. 1 vol. in-16.. 3 fr. 50

MAXWELL (J.). **Psychologie sociale contemporaine.** 1911. 1 vol. in-8.. 6 fr. (V. p. 10.)

Mélanges littéraires, publiés à l'occasion du Centenaire de la Faculté des lettres de Clermont-Ferrand (1810-1910). 1 vol. gr. in-8, avec planches.......................... 10 fr.

PÉRÈS (J.). **L'Individualité et la destinée.** 1911. Brochure in-16.......... 1 fr. (V. p. 11.)

MIRABAUD (R.). **L'un-multiple.** *Esquisse d'une métaphysique.* 1912. 1 vol. in-16.... 2 fr.

PETIT (Edouard), inspecteur général de l'Instruction publique. **De l'École à la cité.** *Étude sur l'éducation populaire.* 1910. 1 vol. in-16.................................. 3 fr. 50

PIAT (G.), prof. à l'Institut catholique de Paris. **Insuffisance des philosophies de l'intuition.** 1 vol. in-8. . . . . 5 fr.
POCHHAMMER (A.). **L'Anneau de Nibelung de Richard Wagner.** *Analyse dramatique et musicale*, traduit de l'allemand par J. CHANTAVOINE. 1911. 1 vol. in-16. . . . . 2 fr. 50
POËY (A.). **L'Anarchie mondiale.** *La psychologie morbide*, 1912. 1 vol. in-16. 3 fr. 50 (V. p. 31.)
REMACLE. **La Philosophie de S. S. Laurie.** 1910. 1 vol. in-8. . . . . 7 fr. 50
ROBIQUET (P.). **Le cœur d'une reine.** *Anne d'Autriche, Louis XIII et Mazarin*. 1912. 1 vol. in-8, avec 1 pl. hors texte. . . . . 4 fr.
ROZET (G.). * **Défense et illustration de la race française.** 1911. 1 vol. in-16. . . 3 fr. 50
SERMYN (Dr W. C.). **Contribution à l'étude de certaines facultés cérébrales méconnues.** *Philosophie scientifique.* 1911. 1 vol. in-8 . . . . 7 fr. 50
SERVIÈRES (G.). **Emmanuel Chabrier (1841-1894).** 1912. 1 vol. in-16. . . . . 2 fr. 50
TERRAILLON (E.), doct. ès lettres, prof. au lycée de Carcassonne. **La morale de Geulincx dans ses rapports avec la philosophie de Descartes.** 1912. 1 vol. in-8. . . . . . . 3 fr. 75
URTIN (H.), avocat, docteur ès lettres. **Le Fondement de la responsabilité pénale.** *Essai de philosophie appliquée.* 1911. 1 vol. in-8. . . . . 2 fr. 50 (V. p. 6.)
VAN BIERVLIET (J.-J.). prof. à l'Univ. de Gand. **Premiers Éléments de pédagogie expérimentale.** *Les Bases.* Préface de G. COMPAYRÉ, de l'Institut. 1911. 1 vol. in-8. 7 fr.
— **Esquisse d'une éducation de l'attention.** 1912. 1 vol. in-16. . . . . 2 fr. 50
VAN BRABANT (W.). **Psychologie du vice infantile.** 1910. 1 vol. gr. in-8. . . . . 3 fr. 50
VAUTHIER (M.), prof. à l'Université de Bruxelles. **Essais de philosophie sociale.** 1912. 1 vol. gr. in-8. . . . . 7 fr. 50
WEILL (J.). **Zadoc Kahn (1839-1905).** 1912. 1 vol. in-16, avec 2 portraits. . . . . . . 3 fr. 50
WINDSTOSSER (M.), doct. ès lettres. **Étude sur la " Théologie germanique "** suivie d'une traduction française faite sur les éditions originales de 1516 et de 1518. 1 vol. gr. in-8, 1912. . . . . 5 fr.
WULFF (M. de), prof. à l'Université de Louvain. **Histoire de la philosophie en Belgique.** 1910. 1 vol. gr. in-8. . . . . 7 fr. 50 (V. p. 14 et 33.)

Précédemment parus :

ALAUX. **Philosophie morale et politique.** 1 vol. in-8. 1893. . . . . 7 fr. 50
— **Théorie de l'âme humaine.** 1 vol. in-8. 1895. . . . . 10 fr.
— **Dieu et le Monde.** *Essai de philosophie première.* 1901. 1 vol. in-12. 2 fr. 50 (Voir p. 2.)
AMIABLE (Louis). **Une Loge maçonnique d'avant 1789.** 1 vol. in-8. . . . . 6 fr.
ANDRE (L.), docteur ès lettres. **Michel Le Tellier et l'organisation de l'armée monarchique.** 1 vol. in-8. (*Couronné par l'Institut.*) 1906. . . . . 14 fr.
— **Deux Mémoires inédits de Claude Le Pelletier.** 1 vol. in-8. 1906. . . . . . . 3 fr. 50
ARDASCHEFF (P.), professeur d'histoire à l'Université de Kiew. * **Les Intendants de province sous Louis XVI.** Traduit du russe par L. Jousserandot, sous-bibliothécaire à l'Université de Lille. 1 vol. grand in-8. (*Cour. par l'Acad. Impér. de St-Pétersbourg.*) 10 fr.
ARMINJON (P.), prof. à l'Ecole Khédiviale de Droit du Caire. **L'Enseignement, la doctrine et la vie dans les universités musulmanes d'Égypte.** 1 vol. in-8. 1907. . . . . 6 fr. 50
ARRÉAT. **Une Éducation intellectuelle.** 1 vol. in-18. . . . . 2 fr. 50
— **Journal d'un philosophe.** 1 vol. in-18. . . . . 3 fr. 50
* **Autour du monde**, par les BOURSIERS DE VOYAGE DE L'UNIVERSITÉ DE PARIS. (*Fondation Albert Kahn.*) 1 vol. gr. in-8. 1904. . . . . 10 fr.
ASLAN (G.). **La Morale selon Guyau** 1 vol. in-16. 1906. . . . . 2 fr.
— **Le Jugement chez Aristote.** Br. in-18. 1908. . . . . . . 1 fr. (Voir p. 2.)
BACHA (E.). **Le Génie de Tacite.** 1 vol. in-18. . . . . 4 fr.
BELLANGER (A.), docteur ès lettres. **Les Concepts de cause et l'activité intentionnelle de l'esprit.** 1 vol. in-8. 1905. . . . . 5 fr.
BEMONT (Ch.), et MONOD (G.). — **Histoire de l'Europe au Moyen âge (395-1270).** Nouvelle édit. 1 vol. in-18, avec grav. et cartes en couleurs . . . . . 5 fr. (Voir p. 21 et 24.)
BENOIST-HANAPPIER (L.), professeur-adjoint à l'Univ. de Nancy. **Le drame naturaliste en Allemagne.** 1 v. in-8. 1905. (*Couronné par l'Académie française.*). . . . . . . 7 fr. 50
BLUM (E.), professeur au lycée de Lyon. **La Déclaration des droits de l'homme et du citoyen.** Préface de G. COMPAYRÉ, inspecteur général. 4e édit. 1909. 1 vol. in-8. (*Récompensé par l'Institut.*). . . . . 3 fr. 75
BOURDEAU (Louis). **Théorie des sciences.** 2 vol. in-8. . . . . 20 fr.
— **La Conquête du monde animal.** 1 vol. in-8. . . . . 5 fr.
— **La Conquête du monde végétal.** 1 vol. in-8. 1893 . . . . 5 fr.
— **L'Histoire et les historiens.** 1 vol. in-8. . . . . 7 fr. 50
— * **Histoire de l'alimentation.** 1894. 1 vol. in-8. . . . . . . 5 fr. (Voir p. 7 et 26.)
BOURDIN. **Le Vivarais**, essai de géographie régionale, 1 vol. in-8. (Ann. de l'Univ. de Lyon). 6 fr.
BOURGEOIS (E.). **Lettres intimes de J.-M. Alberoni adressées au comte J. Rocca.** 1 vol. in-8. (Ann. de l'Univ. de Lyon.). . . . . 10 fr.
BOUTROUX (Em.), de l'Institut. * **De l'Idée de la loi naturelle.** In-8. 2 fr. 50 (Voir p. 3 et 7.)
BRANDON-SALVADOR (Mme). **A travers les moissons.** *Ancien Testament. Talmud. Apocryphes. Poètes et moralistes juifs du moyen âge.* 1 vol. in-16. 1903. . . . . . 4 fr.
BRASSEUR. **Psychologie de la force.** 1 vol. in-8. 1907. . . . . 3 fr. 50
BROOKS ADAMS. **Loi de la civilisation et de la décadence.** 1 vol. in-8. . . . . . 7 fr. 50
BROUSSEAU (K.). **Éducation des nègres aux États-Unis.** 1 vol. in-8. . . . . . 7 fr. 50
BUDÉ (E. DE). **Les Bonaparte en Suisse.** 1 vol. in-12. 1905. . . . . 3 fr. 50
CANTON (G.). **Napoléon antimilitariste.** 1902. 1 vol. in-16. . . . . 3 fr. 50
CARDON (G.), docteur ès lettres. * **La Fondation de l'Université de Douai.** 1 vol. in-8. 10 fr.
CAUDRILLIER (G.), docteur ès lettres, inspecteur d'Académie. **La Trahison de Pichegru et les intrigues royalistes dans l'Est avant fructidor.** 1 vol. gr. in-8. 1908. . . . . 7 fr. 50
CHARRIAUT (H.). **Après la Séparation.** *L'avenir des églises.* 1 vol. in-12. 1905. 3 fr. 50

CLAMAGERAN. La Lutte contre le mal. 1 vol. in-18. 1897 .... 3 fr. 50
— Philosophie religieuse. *Art et voyages.* 1 vol. in-12. 1904 .... 3 fr. 50
— Correspondance (1849-1902). 1 vol. gr. in-8. 1905 .... 10 fr.
COLLIGNON (A.). Diderot. *Sa vie, ses œuvres.* 2ᵉ édit. 1907. 1 vol. in-12 .... 3 fr. 50
COMBARIEU (J.), chargé de cours au Collège de France. * Les Rapports de la musique et de la poésie. 1 vol. in-8. 1893 .... 7 fr. 50
IVᵉ Congrès international de Psychologie, Paris 1900. 1 vol. in-8 .... 20 fr.
COTTIN (Cᵗᵉ P.), ancien député. Positivisme et anarchie. Agnostiques français. *Auguste Comte, Littré, Taine.* 1 vol. in-16. 1908 .... 2 fr.
COUBERTIN (P. DE). L'Éducation des adolescents au XXᵉ siècle. I. ÉDUCATION PHYSIQUE *La gymnastique utilitaire.* 3ᵉ édit. 1905. 1 vol. in-16 .... 2 fr. 50
DANTU (G.), docteur ès lettres. Opinions et critiques d'Aristophane sur le mouvement politique et intellectuel à Athènes. 1 vol. gr. in-8. 1907 .... 3 fr.
— L'éducation d'après Platon. 1 vol. gr. in-8. 1907 .... 6 fr.
DAREL (Th.). Le Peuple-roi. *Essai de sociologie universaliste.* 1 vol. in-18. 1904. 3 fr. 50
DAURIAC. Croyance et réalité. 1 vol. in-18. 1889 .... 3 fr. 50 (V. p. 3 et 7.)
DAVILLÉ (L.), docteur ès lettres. Les Prétentions de Charles III, duc de Lorraine, à la couronne de France. 1 vol. grand in-8. 1909 .... 6 fr. 50 (Voir p. 13.)
DERAISMES (Mˡˡᵉ Maria). Œuvres complètes. 4 vol. in-8. Chacun .... 3 fr. 50
DEROCQUIGNY (J.). Charles Lamb. *Sa vie et ses œuvres.* In-8. (Trav. de l'Univ. de Lille). 12 fr.
DESCHAMPS. Principes de morale sociale. 1 vol. in-8. 1903 .... 3 fr. 50
DOLLOT (R.), docteur en droit. Les Origines de la neutralité de la Belgique (1609-1830). 1 vol. in-8. 1902 .... 10 fr.
DUBUC (P.), doct. ès lettres. *Essai sur la méthode de la métaphysique. 1 vol. in-8.. 5 fr.
DUGAS (L.), docteur ès lettres. * L'Amitié antique. 1 vol. in-8. 7 fr. 50 (V. p. 2, 3, 6 et 8.)
DUNAN. * Sur les Formes a priori de la sensibilité. 1 vol. in-8. 5 fr. (Voir p. 2 et 3.)
DUPUY (Paul). Les Fondements de la morale. 1 vol. in-8. 1900 .... 5 fr.
— Méthodes et concepts. 1 vol. in-8. 1903 .... 5 fr.
* Entre Camarades, par les anciens élèves de l'Université de Paris. *Histoire, littérature, philologie, philosophie.* 1901. 1 vol. in-8 .... 10 fr.
FABRE (P.). Le Polyptique du chanoine Benoît. In-8. (Trav. de l'Univ. de Lille.).. 3 fr. 50
FERRÈRE (F.). La situation religieuse de l'Afrique romaine depuis la fin du IVᵉ siècle jusqu'à l'invasion des Vandales. 1 vol. in-8. 1898 .... 7 fr. 50
Fondation universitaire de Belleville (La). Ch. GIDE. *Travail intellectuel et travail manuel* : J. BARDOUX. *Premiers efforts et première année.* 1 vol. in-16 .... 1 fr. 50
FOUCHER DE CAREIL (Cᵗᵉ). Descartes, *la Princesse Élisabeth et la Reine Christine,* d'après des lettres inédites. Nouvelle édit. 1 vol. in-8. 1909 .... 4 fr.
GELEY (G.). Les Preuves du transformisme. 1 vol. in-8. 1901 .... 6 fr. (Voir p. 3.)
GILLET (M.). Fondement intellectuel de la morale. 1 vol. in-8 .... 3 fr. 75
GIRAUD-TEULON. Les Origines de la papauté. 1 vol. in-12. 1905 .... 2 fr.
GOURD, prof. Univ. de Genève. Le Phénomène. 1 vol. in-8 .... 7 fr. 50 (Voir p. 6.)
GRIVEAU (M.). Les Éléments du beau. 1 vol. in-18 .... 4 fr. 50
— La Sphère de beauté. 1901. 1 vol. in-8 .... 10 fr.
GUEX (F.), professeur à l'Université de Lausanne. Histoire de l'Instruction et de l'Éducation. 1 vol. in-8 avec gravures. 1906 .... 6 fr.
GUYAU. Vers d'un philosophe. 1 vol. in-18. 7ᵉ édit. 1911.. 3 fr. 50 (Voir p. 3, 9 et 13.)
HALLEUX (J.). L'Évolutionnisme en morale (*H. Spencer*). 1 vol. in-12 .... 3 fr. 50
HALOT (C.). L'Extrême-Orient. 1 vol. in-16. 1905 .... 4 fr.
HARTENBERG (Dʳ P.). Sensations païennes. 1 vol. in-16. 1907 .... 3 fr. (Voir p. 9.)
HOCQUART (E.). L'Art de juger le caractère des hommes par leur écriture, préface de J. Crépieux-Jamin. Br. in-8. 1898 .... 1 fr.
HOFFDING (H.), prof. à l'Université de Copenhague. * Morale. *Essais sur les principes théoriques et leur application aux circonstances particulières de la vie.* Trad. par L. POITEVIN, prof. au Collège de Nantua. 2ᵉ édit. 1 vol. in-8. 1907 .... 10 fr. (Voir p. 6 et 9.)
ICARD. Paradoxes ou vérités. 1 vol. in-12. 1895 .... 3 fr. 50
JAMES (William). L'Expérience religieuse, traduit par F. ABAUZIT, agrégé de philosophie. 1 vol. in-8. 2ᵉ édit. 1908. (*Cour. par l'Acad. française.*) .... 10 fr.
— * Causeries pédagogiques. Trad. par L. PIDOUX, préface de M. Payot, recteur de l'Académie d'Aix. 3ᵉ édition augmentée. 1 vol. in-16. 1912 .... 2 fr. 50 (Voir p. 4.)
JANET (Pierre), professeur au Collège de France. L'État mental des hystériques. *Les stigmates mentaux des hystériques, les accidents mentaux des hystériques, études sur divers symptomes hystériques. Le traitement psychologique de l'hystérie.* 2ᵉ édition. 1911. 1 vol. grand in-8, avec gravures .... 18 fr. (Voir p. 9 et 24.)
— et RAYMOND (F.), professeur de la clinique des maladies nerveuses à la Salpêtrière. Névroses et idées fixes. I. *Études expérimentales sur les troubles de la volonté, de l'attention, de la mémoire. sur les émotions, les idées obsédantes et leur traitement.* 2ᵉ édition 1904. 1 vol. grand in-8, avec 97 fig .... 12 fr.
II. *Névroses, maladies produites par les émotions, les idées obsédantes et leur traitement.* 2ᵉ édition 1908. 1 vol. gr. in-8, avec 68 grav .... 14 fr.
(*Ouvrage couronné par l'Académie des sciences et par l'Académie de médecine.*)
— Les obsessions et la psychasthénie. I. *Études cliniques et expérimentales sur les idées obsédantes, les impulsions, les manies mentales, la folie du doute, les tics, les agitations, les phobies, les délires du contact, les angoisses, les sentiments d'incomplétude, la neurasthénie, les modifications des sentiments du réel, leur pathogénie et leur traitement.* 2ᵉ édition. 1908. 1 vol. grand in-8, avec 32 gravures .... 18 fr.
II. *États neurasthéniques, aboulies, incomplétude, agitations et angoisses diffuses, algies, phobies, délires du contact, tics, manies mentales, folies du doute, idées obsédantes, impulsions.* 2ᵉ édit. 1911. 1 vol. grand in-8 avec 32 gravures .... 14 fr.
JANSSENS (E.). Le Néo-criticisme de Ch. Renouvier. 1 vol. in-16. 1904 .... 3 fr. 50
— La Philosophie et l'apologétique de Pascal. 1 vol. in-16 .... 4 fr.
JOURDY (Général). L'Instruction de l'armée française, de 1815 à 1902. 1 vol. in-16. 1903. 3 fr. 50

JOYAU. **Essai sur la liberté morale.** 1 vol. in-18.................... 3 fr. 50 (Voir p. 15.)
KARPPE (S.), docteur ès lettres. **Les Origines et la nature du Zohar,** précédé d'une *Étude sur l'histoire de la Kabbale.* 1901. 1 vol. in-8..................... 7 fr. 50 (Voir p. 10.)
KAUFMANN. **La cause finale et son importance.** 1 vol. in-12................ 2 fr. 50
KEIM (A.). **Notes de la main d'Helvétius,** 1 vol. in-8. 1907.............. 3 fr. (Voir p. 10.)
KINGSFORD (A.) et MAITLAND (E.). **La Voie parfaite ou le Christ ésotérique,** précédé d'une préface d'Édouard Schuré. 1 vol. in-8. 1892.............................. 6 fr.
KOSTYLEFF (N.). **Évolution dans l'histoire de la philosophie.** 1 vol. in-16....... 2 fr. 50
— **Les Substituts de l'âme dans la psychologie moderne.** 1 vol. in-8.. 4 fr. (Voir p. 2.)
LABROUE (H.), prof. au lycée de Bordeaux. **Le Conventionnel Pinet.** Broch. in-8. 1907. 3 fr.
— **Le Club Jacobin de Toulon (1790-1796).** Broch. gr. in-8. 1907................. 2 fr.
LACAZE-DUTHIERS (G. de). **Le Culte de l'idéal ou l'aristocratie.** In-8. 1909... 7 fr. 50
LALANDE (A.), professeur-adjoint à la Sorbonne. * **Précis raisonné de morale pratique** par questions et réponses. 1 vol. in-16. 2e édit. 1909................. 1 fr. (Voir p. 10.)
LANESSAN (de), ancien ministre de la Marine. **Le Programme maritime de 1900-1906.** 1 vol. in-12. 2e édit. 1903.. 3 fr. 50
— * **L'éducation de la femme moderne.** 1 vol. in-16. 1907......................... 3 fr. 50
— **Le Bilan de notre marine.** 1 vol. in-16. 1909.................................. 3 fr. 50
LASSERRE (A.). **La Participation collective des femmes à la Révolution française.** 1 vol. in-8. 1905.. 5 fr.
LASSERRE (E.). **Les Délinquants passionnels et le criminaliste Impallomeni.** 1908. 1 vol. in-16... 2 fr.
LAVELEYE (Em. de). **De l'Avenir des peuples catholiques.** Br. in-8.. 0 fr. 25 (V. p. 10.)
LECLÈRE (A.), professeur à l'Université de Berne. * **La Morale rationnelle** dans ses relations avec la philosophie générale. 1 vol. in-8. 1908.............. 7 fr. 50 (Voir p. 10.)
LEFEVRE (G.). * **Les Variations de Guillaume de Champeaux et la Question des Universaux.** 1898. 1 vol. in-8. (Trav. de l'Univ. de Lille)............................ 3 fr.
LEMAIRE (P.). **Le Cartésianisme chez les Bénédictins.** 1 vol. in-8.............. 6 fr. 50
LÉON (A.), docteur ès lettres. **Les Éléments cartésiens de la doctrine spinoziste sur les rapports de la pensée et de son objet.** 1 vol. grand in-8. 1909................ 6 fr.
LEVY (L.-G.), docteur ès lettres. **La Famille dans l'antiquité israélite.** 1 vol. in-8. 1905. (*Couronné par l'Académie française.*)............................ 5 fr. (V. p. 15.)
LÉVY-SCHNEIDER (L.), professeur à l'Université de Lyon. **Le Conventionnel Jean Bon Saint-André (1749-1813).** 1901. 2 vol. in-8..................................... 15 fr.
LUQUET (G.-H.), agrégé de philosophie. **Éléments de logique formelle.** Br. in-8. 1 fr. 50
MABILLEAU (L.). **Histoire de la philosophie atomistique.** 1 vol. in-8. 1895........ 12 fr.
MAC-COLL (Malcolm). **Le Sultan et les grandes puissances.** Essai historique, traduit de l'anglais par J. RONGUET, préface d'Urbain Gohier. 1899. 1 vol. gr. in-8.......... 5 fr.
MAINDRON (Ernest). * **L'Académie des Sciences.** 1 vol. in-8 cavalier, avec 53 grav., portraits, plans, 8 pl. hors texte et 2 autographes..................................... 6 fr.
MARIÉTAN (J.). **La Classification des sciences, d'Aristote à saint Thomas.** 1 vol. in-8. 1901.. 3 fr.
MARTIN (W.). **La Situation du catholicisme à Genève (1815-1907).** In-16. 1909. 3 fr. 50
MATAGRIN. **L'Esthétique de Lotze.** 1 vol. in-12. 1900............................. 2 fr.
MATTEUZI. **Les Facteurs de l'évolution des peuples.** 1900. 1 vol. in-16.......... 6 fr.
MAUGÉ (F.), docteur ès lettres. **Le Rationalisme comme hypothèse méthodologique.** 1 vol. grand in-8. 1909.. 10 fr.
MERCIER (le Cardinal). **Cours de philosophie :**

I. — *Logique.* 5e édit. 1 vol. in-8.. 5 fr.
II. — *Notions d'ontologie ou de métaphysique générale.* 5e édit. 1 vol. in-8....... 10 fr.
III. — *Psychologie.* 2 vol. in-8, 8e édit... 10 fr.
IV. — *Critériologie générale.* 1 vol. in-8, 6e édit.................................. 6 fr.
V. — *La philosophie médiévale,* par M. DE WULF. 4e édit. 1 vol. in-8............... 10 fr.
VI. — *Cosmologie,* par M. NYS. 1 vol. in-8. 2e édit................................ 10 fr.

— **Les Origines de la psychologie contemporaine.** 2e édit. 1908. 1 vol. in-18..... 3 fr. 50
MILHAUD (G.), professeur à la Sorbonne. * **Le Positivisme et le progrès de l'esprit.** 1 vol. in-16. 1902.. 2 fr. 50 (Voir p. 4 et 13.)
MODESTOV (B.). * **Introduction à l'Histoire romaine.** *L'ethnologie préhistorique, les influences civilisatrices à l'époque préromaine et les commencements de Rome,* traduit du russe par MICHEL DELINES. Avant-propos de M. Salomon Reinach, avec 39 planches hors texte et 27 figures dans le texte. 1907.. 15 fr.
MONNIER (Marcel). * **Le Drame chinois** (juillet-août 1900). 1 vol. in-16. 1900... 2 fr. 50
MORIN (JEAN), archéologue. **Archéologie de la Gaule et des pays circonvoisins** *depuis les origines jusqu'à Charlemagne,* suivie d'une description raisonnée de la collection Morin. 1 vol. in-8 avec 74 fig. dans le texte et 26 pl. hors texte........................ 6 fr.
NODET (V.). **Les Agnoscies, la cécité psychique.** 1 vol. in-8. 1899.................. 4 fr.
NORMAND (Ch.), docteur ès lettres, prof. au lycée Condorcet. * **La Bourgeoisie française au XVIIe siècle.** *La vie publique. Les idées et les actions politiques.* (1604-1661.) Études sociales. 1 vol. gr. in-8, avec 8 pl. hors texte. 1907................................. 12 fr.
NYS. Voy. MERCIER, ci-dessus.
PALHORIÈS (F.), docteur ès lettres. **La Théorie idéologique de Galuppi dans ses rapports avec la philosophie de Kant.** 1 vol. in-8. 1909.................... 4 fr. (Voir p. 15.)
PARISET (G.), professeur à l'Université de Nancy. **La Revue germanique de Dollfus et Nefftzer.** Br. in-8. 1906... 2 fr.
PAULHAN (Fr.). **Le Nouveau Mysticisme.** 1 vol. in-18... 2 fr. 50 (Voir p. 2, 4, 11 et 29.)
PELLETAN (Eugène). * **La Naissance d'une ville** (Royan). 1 vol. in-18................ 2 fr.
— * **Jarousseau, le pasteur du désert.** nouv. édit. 1 vol. in-18. 1907................. 2 fr.
— * **Un Roi philosophe.** *Frédéric le Grand.* 1 vol. in-18.......................... 3 fr. 50
— **Droits de l'homme.** 1 vol. in-16... 3 fr. 50
PENJON (A.). **Pensée et Réalité,** de A. SPIR, trad. de l'allem. In-8. (Trav. de l'Univ. de Lille.)... 10 fr.
— **L'Énigme sociale.** 1902. 1 vol. in-8. (Travaux de l'Université de Lille.)....... 2 fr. 50

PEREZ (Bernard). **Mes deux Chats.** 1 vol. in-12. 2e édition .... 1 fr. 50
— **Jacotot et sa Méthode d'émancipation intellectuelle.** 1 vol. in-18............... 3 fr.
— **Dictionnaire abrégé de philosophie.** 1893. 1 vol. in-18. .... 1 fr. 50 (V. p. 1, 14.)
PHILBERT (Louis). **Le Rire.** 1 vol. in-8. (*Cour. par l'Académie française.*)...... 7 fr. 50
PHILIPPE (J.). **Lucrèce dans la théologie chrétienne.** 1 vol. in-8. 2 fr. 50 (V. p. 2, 4 et 5.)
PIAT (C.), prof. à l'Institut catholique de Paris. **L'Intellect actif.** 1 vol. in-8........ 4 fr.
— **L'Idée ou critique du Kantisme.** 2e édition. 1901. 1 vol. in-8.................... 6 fr.
— **De la Croyance en Dieu.** 1 vol. in-18. 2e édit. 1909....... 3 fr. 50 (Voir p. 11, 14 et 15.)
PICARD (Ch.). **Sémites et Aryens.** 1 vol. in-18. 1893.......................... 1 fr. 50
PICTET (Raoul). **Étude critique du matérialisme et du spiritualisme par la physique expérimentale.** 1 vol. gr. in-8.. 10 fr.
PILASTRE (E.). **Vie et caractère de Mme de Maintenon.** 1 vol. in-8, ill. 1907..... 5 fr.
— **La Religion au temps du duc de Saint-Simon,** d'après ses écrits rapprochés de documents anciens ou récents, avec une introduction et des notes. 1 vol. in-8. 1909........... 6 fr.
PINLOCHE (A.), professeur honoraire de l'Université de Lille. *** Pestalozzi et l'éducation populaire moderne.** 1 vol. in-16. 1902. (*Cour. par l'Institut.*).................. 2 fr. 50
— *** Principales Œuvres de Herbart.** 1 vol. in-8. (Trav. de l'Univ. de Lille)............ 7 fr. 50
PITOLLET (C.), agrégé d'espagnol. **La Querelle caldéronienne de Johan Nikolas Böhl von Faber et José Joaquin de Mora.** 1 vol. in-8. 1909.............................. 15 fr.
— **Contributions à l'étude de l'hispanisme de G.-E. Lessing.** 1 vol. in-8. 1909..... 15 fr.
POËY. **Littré et Auguste Comte.** 1 vol. in-18.................................. 3 fr. 50
— **Le Positivisme.** 1 vol. in-18. 1876.. 4 fr. 50
PRADINES (M.), docteur ès lettres. **Critique des conditions de l'action.** (*Récompensé par l'Institut.*)
TOME I. *L'Erreur morale établie par l'histoire et l'évolution des systèmes.* 1 vol. in-8. 1909... 10 fr.
TOME II. *Principes de toute philosophie de l'action.* 1 vol. in-8. 1909............. 5 fr.
PRAT (Louis), docteur ès lettres. **Le Mystère de Platon.** 1 vol. in-8................ 4 fr.
— **L'Art et la beauté.** 1 vol. in-8. 1903......................... 5 fr. (Voir page 11.)
REGNAUD (P.). **Origine des idées et science du langage.** 1 vol. in-12. 1 fr. 50 (V. p. 5.)
RENOUVIER, de l'Inst. **Uchronie.** 2e éd. 1901. 1 vol. in-8......... 7 fr. 50 (Voir page 11.)
Revue Germanique (*Allemagne, Angleterre, États-Unis, Pays-Scandinaves*) 5 années — 1905 à 1909, chaque année, 1 fort volume grand in-8.......................... 14 fr.
REYMOND (A.). **Logique et mathématiques.** *Essai historique et critique sur le nombre infini.* 1 vol. in-8. 1909... 5 fr.
ROBERTY (J.-E.). **Auguste Bouvier,** pasteur et théologien protestant. 1826-1893. 1 fort vol. in-12. 1901.. 3 fr. 50
ROISEL. **Chronologie des temps préhistoriques.** In-12. 1900......... 1 fr. (Voir page 5.)
ROSSIER (E.). **Profils de Reines.** *Isabelle de Castille, Catherine de Médicis, Élisabeth d'Angleterre, Anne d'Autriche, Marie-Thérèse, Catherine II, Louise de Prusse, Victoria.* Préface de G. Monod, de l'Institut. 1 vol. in-16. 1909......................... 3 fr. 50
SABATIER (C.). **Le Duplicisme humain.** 1 vol. in-18. 1906..................... 2 fr. 50
SECRETAN (H.). **La Société et la morale.** 1 vol. in-12. 1897................... 3 fr. 50
SEIPPEL (P.), professeur à l'École polytechnique de Zurich. **Les deux Frances et leurs origines historiques.** 1 vol. in-8. 1906.. 7 fr. 50
SOREL (Albert), de l'Acad. française. **Traité de Paris de 1815.** 1 vol. in-8........ 4 fr. 50
TARDE (G.), de l'Institut. **Fragment d'histoire future.** 1 vol. in-8. 5 fr. (Voir p. 5, 12 et 16.)
VAN BIERVLIET (J.-J.). **Psychologie humaine.** 1 vol. in-8.......................... 8 fr.
— **La Mémoire.** Br. in-8. 1893.. 2 fr.
— **Études de psychologie.** (*Homme droit. — Homme gauche.*) 1 vol. in-8. 1901. ... 4 fr.
— **Causeries psychologiques.** 2 vol. in-8. Chacun................................ 3 fr.
— **Esquisse d'une éducation de la mémoire.** 1904. 1 vol. in-16................... 2 fr.
— **La Psychologie quantitative.** 1 vol. in-8. 1907................................ 4 fr.
VAN OVERBERGH. **La Réforme de l'enseignement.** 2 vol. in-1. 1906............ 10 fr.
VERMALE (F.) et ROCHET (A.). **Registre des délibérations du Comité révolutionnaire d'Aix-les-Bains** (*Documents pour l'Histoire de la Révolution en Savoie*). 1 vol. in-8. 4 fr.
VITALIS. **Correspondance politique de Dominique de Gabre.** 1 vol. in-8....... 12 fr. 50
WULFF (M. de). Voy. MERCIER (p. 33).
WYLM (Dr). **La Morale sexuelle.** 1 vol. in-8. 1907................................ 5 fr.
ZAPLETAL. **Le Récit de la création dans la Genèse.** 1 vol. in-8.................. 3 fr. 50

Envoi franco, **contre demande, des autres Catalogues**

DE LA LIBRAIRIE FÉLIX ALCAN

CATALOGUE DES LIVRES DE FONDS, SCIENCES ET MÉDECINE (anciennement Germer Baillière et Cie).

CATALOGUE DES LIVRES DE FONDS, ÉCONOMIE POLITIQUE, SCIENCE FINANCIÈRE (anciennement Guillaumin et Cie).

LIVRES CLASSIQUES, ENSEIGNEMENT SECONDAIRE.

LIVRES CLASSIQUES, ENSEIGNEMENT PRIMAIRE SUPÉRIEUR ET POPULAIRE.

CATALOGUE GÉNÉRAL ET COMPLET PAR ORDRE ALPHABÉTIQUE DE NOMS D'AUTEURS.

TABLE ALPHABÉTIQUE DES AUTEURS

PEREZ (Bernard). **Mes deux Chats.** 1 vol. in-12. 2e édition .... 1 fr. 50
— **Jacotot et sa Méthode d'émancipation intellectuelle.** 1 vol. in-18.................. 3 fr.
— **Dictionnaire abrégé de philosophie.** 1893. 1 vol. in-18.......... 1 fr. 50 (V. p. 1, 14.)
PHILBERT (Louis). **Le Rire.** 1 vol. in-8. (*Cour. par l'Académie française.*)...... 7 fr. 50
PHILIPPE (J.). **Lucrèce dans la théologie chrétienne.** 1 vol. in-8. 2 fr. 50 (V. p. 2, 4 et 5.)
PIAT (C.), prof. à l'Institut catholique de Paris. **L'Intellect actif.** 1 vol. in-8........ 4 fr.
— **L'Idée ou critique du Kantisme.** 2e édition. 1901. 1 vol. in-8....................... 6 fr.
— **De la Croyance en Dieu.** 1 vol. in-18. 2e édit. 1909....... 3 fr. 50 (Voir p. 11, 14 et 15.)
PICARD (Ch.). **Sémites et Aryens.** 1 vol. in-18. 1893............................ 1 fr. 50
PICTET (Raoul). **Étude critique du matérialisme et du spiritualisme par la physique expérimentale.** 1 vol. gr. in-8... 10 fr.
PILASTRE (E.). **Vie et caractère de Mme de Maintenon.** 1 vol. in-8, ill. 1907..... 5 fr.
— **La Religion au temps du duc de Saint-Simon,** d'après ses écrits rapprochés de documents anciens ou récents, avec une introduction et des notes. 1 vol. in-8. 1909........... 6 fr.
PINLOCHE (A.), professeur honoraire de l'Université de Lille. * **Pestalozzi et l'éducation populaire moderne.** 1 vol. in-16. 1902. (*Cour. par l'Institut.*)................. 2 fr. 50
— * **Principales Œuvres de Herbart.** 1 vol. in-8. (Trav. de l'Univ. de Lille)............ 7 fr. 50
PITOLLET (C.), agrégé d'espagnol. **La Querelle caldéronienne de Johan Nikolas Böhl von Faber et José Joaquin de Mora.** 1 vol. in-8. 1909.................................. 15 fr.
— **Contributions à l'étude de l'hispanisme de G.-E. Lessing.** 1 vol. in-8. 1909..... 15 fr.
POËY. **Littré et Auguste Comte.** 1 vol. in-18... 3 fr. 50
— **Le Positivisme,** 1 vol. in-18. 1876... 4 fr. 50
PRADINES (M.), docteur ès lettres. **Critique des conditions de l'action.** (*Récompensé par l'Institut.*)
TOME I. *L'Erreur morale établie par l'histoire et l'évolution des systèmes.* 1 vol. in-8. 1909.. 10 fr.
TOME II. *Principes de toute philosophie de l'action.* 1 vol. in-8. 1909............. 5 fr.
PRAT (Louis), docteur ès lettres. **Le Mystère de Platon.** 1 vol. in-8...................... 4 fr.
— **L'Art et la beauté.** 1 vol. in-8. 1903............................ 5 fr. (Voir page 11)
REGNAUD (P.). **Origine des idées et science du langage.** 1 vol. in-12. 1 fr. 50 (V. p. 5.)
RENOUVIER, de l'Inst. **Uchronie.** 2e éd. 1901. 1 vol. in-8......... 7 fr. 50 (Voir page 11.)
Revue Germanique (*Allemagne, Angleterre, Etats-Unis, Pays-Scandinaves*) 5 années — 1905 à 1909, chaque année, 1 fort volume grand in-8............................. 14 fr.
REYMOND (A.). **Logique et mathématiques.** *Essai historique et critique sur le nombre infini.* 1 vol. in-8. 1909... 5 fr.
ROBERTY (J.-E.). **Auguste Bouvier,** pasteur et théologien protestant. 1826-1893. 1 fort vol. in-12. 1901.. 3 fr. 50
ROISEL. **Chronologie des temps préhistoriques.** In-12. 1900......... 1 fr. (Voir page 5.)
ROSSIER (E.). **Profils de Reines.** *Isabelle de Castille, Catherine de Médicis, Elisabeth d'Angleterre, Anne d'Autriche, Marie-Thérèse, Catherine II, Louise de Prusse, Victoria.* Préface de G. Monod, de l'Institut. 1 vol. in-16. 1909............................ 3 fr. 50
SABATIER (C.). **Le Duplicisme humain.** 1 vol. in-18. 1906........................ 2 fr. 50
SECRETAN (H.). **La Société et la morale.** 1 vol. in-12. 1897....................... 3 fr. 50
SEIPPEL (P.), professeur à l'Ecole polytechnique de Zurich. **Les deux Frances et leurs origines historiques.** 1 vol. in-8. 1906...................................... 7 fr. 50
SOREL (Albert), de l'Acad. française. **Traité de Paris de 1815.** 1 vol. in-8........ 4 fr. 50
TARDE (G.), de l'Institut. **Fragment d'histoire future.** 1 vol. in-8. 5 fr. (Voir p. 5, 12 et 16.)
VAN BIERVLIET (J.-J.). **Psychologie humaine.** 1 vol. in-8............................ 8 fr.
— **La Mémoire.** Br. in-8. 1893.. 2 fr.
— **Études de psychologie.** (*Homme droit. — Homme gauche.*) 1 vol. in-8. 1901. ... 4 fr.
— **Causeries psychologiques.** 2 vol. in-8. Chacun .... 3 fr.
— **Esquisse d'une éducation de la mémoire.** 1904. 1 vol. in-16..................... 2 fr.
— **La Psychologie quantitative.** 1 vol. in-8. 1907................................. 4 fr.
VAN OVERBERGH. **La Réforme de l'enseignement.** 2 vol. in-4. 1906.... .... 10 fr.
VERMALE (F.) et ROCHET (A.). **Registre des délibérations du Comité révolutionnaire d'Aix-les-Bains** (*Documents pour l'Histoire de la Révolution en Savoie*). 1 vol. in-8. 4 fr.
VITALIS. **Correspondance politique de Dominique de Gabre.** 1 vol. in-8 .... 12 fr. 50
WULFF (M. de). Voy. MERCIER (p. 33).
WYLM (Dr). **La Morale sexuelle.** 1 vol. in-8. 1907.................................. 5 fr.
ZAPLETAL. **Le Récit de la création dans la Genèse.** 1 vol. in-8.................... 3 fr. 50

Envoi franco, **contre demande, des autres Catalogues**

DE LA LIBRAIRIE FÉLIX ALCAN

CATALOGUE DES LIVRES DE FONDS, SCIENCES ET MÉDECINE (anciennement Germer Baillière et Cie).

CATALOGUE DES LIVRES DE FONDS, ÉCONOMIE POLITIQUE, SCIENCE FINANCIÈRE (anciennement Guillaumin et Cie).

LIVRES CLASSIQUES, ENSEIGNEMENT SECONDAIRE.

LIVRES CLASSIQUES, ENSEIGNEMENT PRIMAIRE SUPÉRIEUR ET POPULAIRE.

CATALOGUE GÉNÉRAL ET COMPLET PAR ORDRE ALPHABÉTIQUE DE NOMS D'AUTEURS.

TABLE ALPHABÉTIQUE DES AUTEURS

4-277-12. — Coulommiers. — Imp. Paul BRODARD. — 9-12.

www.ingramcontent.com/pod-product-compliance
Ingram Content Group UK Ltd.
Pitfield, Milton Keynes, MK11 3LW, UK
UKHW020436200726
13857UKWH00002B/438

9 782011 933065